"十三五"普通高等教育本科规划教材

建筑材料项目化教程

主　　编　王明玉　刘小华
副主编　高　榕　董芳菲
参　　编　赵文芳　王佳蓉　李　萌　王丽丽　陈克凡
主　　审　杜应吉

U0230004

本书数字资源总码　约 20MB
建筑材料拓展知识内容

中国电力出版社
CHINA ELECTRIC POWER PRESS

内 容 提 要

本书为"十三五"普通高等教育本科规划教材。

本书根据土木工程材料在工程中的应用,结合项目化教学要求,依据最新国家标准和行业规范、知识内容及应用,共设置十个项目单元,内容包括气硬性胶凝材料、水泥、混凝土、建筑砂浆、石材、钢材等常用土木工程材料,通过项目化任务了解并掌握材料的基本组成、技术性质及其检测与应用。本书章节结构根据教学安排,内容注重理论联系实际和对学生实践技能的培养,教学环节丰富,便于教师教学和学生阅读。

本书可作为高等院校土木建筑类的专业教材,也可作为建筑行业广大工程技术人员的工作参考用书。

图书在版编目(CIP)数据

建筑材料项目化教程/王明玉,刘小华主编 . —北京:中国电力出版社,2017.8

"十三五"普通高等教育本科规划教材

ISBN 978 - 7 - 5198 - 0495 - 4

Ⅰ.①建… Ⅱ.①王… ②刘… Ⅲ.①建筑材料-高等学校-教材 Ⅳ.①TU5

中国版本图书馆 CIP 数据核字(2017)第 162861 号

出版发行:中国电力出版社

地　　址:北京市东城区北京站西街 19 号(邮政编码 100005)

网　　址:http://www.cepp.sgcc.com.cn

责任编辑:熊荣华(010 - 63412543)　彭莉莉

责任校对:马　宁

装帧设计:左　铭

责任印制:吴　迪

印　　刷:北京同江印刷厂印刷

版　　次:2017 年 8 月第一版

印　　次:2017 年 8 月北京第一次印刷

开　　本:787 毫米×1092 毫米　16 开本

印　　张:16.75

字　　数:408 千字

定　　价:40.00 元

前　　言

　　"土木工程材料"是土木工程专业必修的专业基础课程，课程的任务是使学生具有土木工程材料的基本知识，掌握和了解常用土木工程材料的性能与使用，为后续的专业课程（如有关土木工程的结构设计、施工技术、质量管理等方面的课程）的学习打好基础。

　　本书根据全国高等学校土木工程专业指导委员会对土木工程专业学生的基本要求和审定的教学大纲，依据建筑行业标准《建筑石膏》（GB/T 9776—2008）、《混凝土外加剂应用技术规定》（GB 50119—2013）、《建设用砂》（GB/T 14684—2011）、《建设用碎石、卵石》（GB/T 14685—2011）、《碳素结构钢》（GB/T 700—2006）、《预应力混凝土用钢丝力》（GB/T 5223—2014）及有关规范和规程而编写。教材体系和内容汲取了课程教学上取得的项目化教学经验，并适当反映了近年来国内外在土木工程材料方面的新技术、新产品。

　　本书共分十个项目，作者的编写分工为：王明玉编写项目三、项目六的单元项目一、项目七；高榕编写项目二的单元项目二、项目四、项目八；刘小华编写项目五、项目十的单元项目一；董芳菲编写项目一、项目二的单元项目一、项目九；李萌编写项目六的单元项目二；王丽丽编写项目十的单元按项目二；赵文芳老师、王佳蓉老师、陈克凡老师提供了部分基础资料，并在编写内容上给予了建议。全书由王明玉统稿，杜应吉教授主审。

　　本书编写过程中，马斌教授在编写思路、大纲及主要内容方面均给予指导，梁亚平副教授给予指导和帮助，胡雯雯、赵琦惠、罗程做了大量的文字校对工作，在此一并致以衷心的感谢。

　　限于作者水平，本书难免有不妥或疏忽之处，敬请读者批评指正。

编　者

2017 年 4 月

本书数字资源总码　约 20MB

建筑材料拓展知识内容

目　录

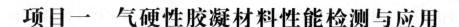

项目一　气硬性胶凝材料性能检测与应用

能力目标	气硬性胶凝材料是只能在空气中凝结、硬化、保持和发展强度的胶凝材料，其中石灰、石膏和水玻璃是建筑工程中最常见的三种气硬性胶凝材料。要求了解石灰、石膏、水玻璃的原料和生产；理解石灰、石膏、水玻璃的水化、凝结、硬化的规律；掌握石灰、石膏、水玻璃的性质、技术要求和应用，并根据工程要求选择适宜的材料
知识目标	掌握工程常用的气硬性胶凝材料的类型及特性；正确分析石灰的生产工艺，掌握石灰水化特性，能分析石灰水化膨胀的原因及控制膨胀的措施，能熟练进行建筑石灰的检测与质量评定；正确分析石膏胶凝材料的水化及硬化过程，掌握石膏胶凝材料硬化体结构性能；熟知水玻璃特性及应用
能力训练任务	根据工程特点及所处环境，正确选择、合理使用气硬性胶凝材料；运用现行标准规范检测、分析和处理建筑工程施工中出现的技术问题；进行气硬性胶凝材料各项性能指标的检测

单元项目　气硬性胶凝材料的性能检测与应用

☆ 任务描述

　　每组学生通过项目任务，熟悉并掌握常用气硬性胶凝材料特性及技术要求，正确选择、合理使用气硬性胶凝材料。针对不同学习小组给出不同的工程背景，运用现行标准规范分析和处理建筑工程施工中出现的技术问题，并进行气硬性胶凝材料各项性能指标的检测。

　　任务一：学生通过教师讲解及自主学习，能正确分析常用气硬性胶凝材料的生产工艺，掌握气硬性胶凝材料的特性、技术要求及应用注意事项。

　　任务二：对因气硬性胶凝材料使用不当造成的工程质量问题可以进行分析，并能提出相应的防治措施。

　　任务三：进行气硬性胶凝材料的性能检测与质量评定。

　　各小组选用不同的工程背景，具体工程概况如下：

　　小组一：

　　某住宅室内抹灰采用石灰砂浆，交付使用后出现墙面普遍鼓包开裂的情况。在掌握石灰的特性、技术要求及应用注意事项的基础上，试分析其原因，说明应采取什么措施来避免该情况的发生，并在实验室完成石灰的性能检测与质量评定。

　　小组二：

　　某工地急需配置石灰砂浆。有消石灰粉、生石灰粉及生石灰材料可供选择，其中生石灰价格相对较为便宜，便以生石灰作为原料，并马上加水配置石灰膏，再配置石灰砂浆。使用数日后，石灰砂浆出现大量凸出的膨胀性裂缝。在掌握石灰的特性、技术要求及应用注意事项的基础上，结合该情况分析原因，说明应采取什么措施来避免该情况的发生，并在实验室完成石灰的性能检测与质量评定。

小组三：

某单位宿舍楼的内墙采用石灰砂浆抹面，数月后墙面上出现了许多不规则的网状裂纹，同时在个别部位还发现了部分凸出的放射状裂纹。在掌握石灰的特性、技术要求及应用注意事项的基础上，试分析其原因，说明应采取什么措施来避免该情况的发生，并在实验室完成石灰的性能检测与质量评定。

小组四：

上海某住宅楼，2015 年 9～11 月进行内外墙粉刷，2016 年 3 月交付甲方使用。此后陆续发现内外墙粉刷层发生爆裂。至 5 月阴雨天，爆裂点迅速增多，破坏范围上万平方米。爆裂源为微黄色粉粒或粉料。经了解，粉刷过程已发现"水灰"中有一些粗颗粒。对爆裂采集的微黄色爆裂物做 X 射线衍射分析，证实其除含石英、长石、CaO、$Ca(OH)_2$、$CaCO_3$ 外，还含有较多的 MgO、$Mg(OH)_2$ 及少量白云石。在掌握石灰的特性、技术要求及应用注意事项的基础上，试分析其原因，说明应采取什么措施来避免该情况的发生，并在实验室完成石灰的性能检测与质量评定。

小组五：

某住宅装饰装修工程，因设计需要，均采用普通石膏浮雕板作为装饰。使用一段时间后，客厅、卧室效果很好，但厨房、卫生间的石膏制品出现发霉、变形。要求在掌握石膏的特性、技术要求及应用注意事项的基础上，分析其原因，并说明应采取什么措施来避免该情况的发生。

小组六：

某工人用建筑石膏粉拌水成为一桶石膏浆，用以在光滑的天花板上直接粘贴，石膏饰条粘贴半小时完工，几天后最后粘贴的两条石膏饰条突然坠落。要求在掌握石膏的特性、技术要求及应用注意事项的基础上，分析其原因，并说明应采取什么措施来避免该情况的发生。

小组七：

在某高速公路基层施工过程中所用材料是石灰粉煤灰综合稳定碎石（也就是俗称的二灰碎石）。第一天铺筑了 500m 且碾压完毕，密实度与平整度都能满足要求。但是等到第二天继续施工时，发现已摊铺完的基层发生了巨大变化，原本碾压得很平坦的基层鼓起了一个个的包，整条路段向上不停地冒着蒸汽，场面颇为壮观，整个路段成为废品。由于石灰和粉煤灰本身的性质，已经铺筑的材料不可能收回重新利用了，施工单位损失巨大。在掌握石灰的特性、技术要求及应用注意事项的基础上，试分析其原因，说明应采取什么措施来避免该情况的发生，并在实验室完成石灰的性能检测与质量评定。

🔍 任务分析

本单元介绍了气硬性胶凝材料的生产工艺、技术性质、应用及性能检测等，学生通过课堂学习及查阅文献资料，能正确检测气硬性胶凝材料的各项性能指标，根据工程特点及所处环境，正确选择、合理使用气硬性胶凝材料，并运用现行标准规范检测、分析和处理建筑工程施工中出现的技术问题。

⚙ 任务实施

学生分组讨论，制定工作计划，进行任务分配，利用图书馆、网络等多种途径获取信息和资料，组织学习和探讨，进行信息资料整理和归纳，完成教师制定的学习任务。在课堂上，学生以团队形式进行汇报，展示学习成果，并由其他团队及教师进行点评。

知识链接

在物理、化学作用下，把块状、颗粒状或纤维状材料黏结为整体并具有一定力学强度的材料，称为胶凝材料，又称胶结材料。

胶凝材料按其化学组成可分为有机胶凝材料和无机胶凝材料两大类。

无机胶凝材料是自身经过一系列物理、化学作用，或与其他物质（水或适量的盐类水溶液）混合后，由浆体变成坚硬的固体，并能将散粒（如砂、石等）或块、片状材料（如砖、石块等）胶结成整体的物质。

有机胶凝材料是以天然或合成的高分子化合物（例如沥青、树脂、橡胶等）为基本组分的胶凝材料。

无机胶凝材料按硬化条件的不同可分为气硬性胶凝材料和水硬性胶凝材料。气硬性胶凝材料是指只能在空气中凝结、硬化、保持和发展强度的胶凝材料，如石灰、石膏、水玻璃；水硬性胶凝材料是指既能在空气中硬化，更能在水中凝结、硬化、保持和发展强度的胶凝材料，如各种水泥。

知识链接一：石灰的性能检测与应用

石灰是一种以氧化钙为主要成分的气硬性无机胶凝材料，用石灰石、白云石、白垩、贝壳等碳酸钙含量高的原料，经 900～1100℃ 煅烧而成。石灰有生石灰和熟石灰（即消石灰）之分，按其氧化镁含量不同又可分为钙质石灰和镁质石灰。

1. 石灰的原料

生产石灰的原料主要是含碳酸钙为主的天然岩石，如石灰石、白垩、白云质石灰石等，这些天然原料中的黏土杂质一般控制在 8% 以内。石灰的另一来源是化学工业副产品，如用电石（碳化钙）制取乙炔的电石渣，其主要成分是 $Ca(OH)_2$，即消石灰。

2. 石灰的生产

石灰石经过煅烧生成以 CaO 为主的生石灰，其化学反应式表示如下：

$$CaCO_3 \xrightarrow{900～1100℃} CaO + CO_2 \uparrow$$

生石灰烧制过程中，一种情况是往往由于石灰石原料尺寸过大或窑中温度不均匀等原因，生石灰中残留有未烧透的内核，这种石灰称为欠火石灰。另一种情况是由于烧制的温度过高或时间过长，使得石灰表面出现裂缝或玻璃状的外壳，体积收缩明显，颜色呈灰黑色，这种石灰称为过火石灰。过火石灰与水作用的速度极慢，这对石灰的使用极为不利。

因石灰原料中常含有一些碳酸镁成分，所以经煅烧生成的生石灰中，也相应含有 MgO 成分。我国建材行业标准《建筑生石灰》（JC/T 479—2013）规定：MgO 含量小于或等于 5% 时，称为钙质石灰（用 CL 表示）；MgO 含量大于 5% 时，称为镁质生石灰（用 ML 表示）；按加工情况分为建筑生石灰（用 Q 表示）和建筑生石灰粉（用 QP 表示）。例如标号 CL90－QP，其中 90 表示（CaO＋MgO）的百分含量大于 90%。

3. 石灰的熟化

生石灰（CaO）与水发生作用生成熟石灰 $Ca(OH)_2$ 的过程，称为石灰的熟化（或称消解、消化），其反应如下：

$$CaO+H_2O \longrightarrow Ca(OH)_2+64.9kJ/mol$$

石灰熟化时放出大量的热，并且体积迅速膨胀 1～2.5 倍。

生石灰熟化理论需水量仅为石灰质量的 32.1%，但由于部分水的蒸发，实际加水量达石灰质量的 70% 左右。若加水过多，会使温度下降，石灰熟化速度减慢，从而延长熟化时间。生石灰中常含有过火石灰，过火石灰表面有一层深褐色熔融物，熟化很慢，当石灰已经硬化后，其中过火颗粒才开始熟化，体积膨胀，引起隆起和开裂。为了消除过火石灰的危害，石灰浆应在储灰池中陈伏两周以上。陈伏期间，石灰浆表面应留有一层水，与空气隔绝，以免石灰碳化。以建筑生石灰为原料，经水化和加工可制得建筑消石灰。根据我国建材行业标准《建筑消石灰》（JC/T 481—2013）的规定，建筑消石灰按扣除游离水和结合水后（CaO+MgO）的百分含量分为钙质消石灰（用 HCL 表示）和镁质消石灰（用 HML 表示）。例如标号 HCL90，其中 90 表示（CaO+MgO）的百分含量，即钙质消石灰粉，其（CaO+MgO）含量大于 90%。

4. 石灰的硬化

石灰在空气中的硬化包括以下两个同时进行的过程：

（1）结晶作用（干燥作用）。游离水分蒸发，$Ca(OH)_2$ 逐渐从饱和溶液中结晶，促进石灰浆体的硬化，同时干燥使浆体紧缩而产生强度。

（2）碳化作用。$Ca(OH)_2$ 与空气中的 CO_2 化合生成 $CaCO_3$ 结晶，释放水分并被蒸发。形成的 $CaCO_3$ 晶体使石灰浆体结构致密，强度提高。化学反应式如下：

$$Ca(OH)_2+CO_2+nH_2O \longrightarrow CaCO_3 \downarrow + (n+1)H_2O$$

由于空气中 CO_2 的浓度很低，因此碳化过程极为缓慢。当石灰浆体含水量过少，处于干燥状态时，碳化反应几乎停止。石灰浆体含水过多时，孔隙中几乎充满水，CO_2 气体难以向内部渗透，即碳化作用仅限于在表面进行。当碳化生成的碳酸钙达到一定厚度时，则阻碍 CO_2 向内部渗透，也阻碍内部水分向外蒸发，从而减慢碳化速度。

从以上分析可知，石灰浆体硬化慢，硬化后石灰浆体强度低、耐水性差。

5. 石灰的技术要求

根据 JC/T 479—2013 和 JC/T 481—2013，建筑工程中所用的石灰分成两个品种，即建筑生石灰和建筑消石灰粉。相应的技术指标见表 1-1 和表 1-2。产品各项技术值均达到相应表内某等级规定的指标时，则评定为合格品。

表 1-1　　　　　　　　建筑生石灰的技术指标（JC/T 479—2013）

项目	钙质生石灰（CL）						镁质生石灰（ML）			
	CL90		CL85		CL75		ML85		ML80	
	CL90—Q	CL90—QP	CL85—Q	CL85—QP	CL75—Q	CL75—QP	ML85—Q	ML85—QP	ML80—Q	ML80—QP
（CaO+MgO）含量（%）≥	90	90	85	85	75	75	85	85	80	80
MgO 含量（%）	≤5						>5			
CO_2（%）≤	4		7		12		7			

续表

项目		钙质生石灰（CL）						镁质生石灰（ML）			
		CL90		CL85		CL75		ML85		ML80	
		CL90－Q	CL90－QP	CL85－Q	CL85－QP	CL75－Q	CL75－QP	ML85－Q	ML85－QP	ML80－Q	ML80－QP
SO₃（%）≤		2									
产浆量（dm³/10kg）≥		26	—	26	—	26	—	—	—	—	—
细度	0.2mm 筛的筛余（%）≤	—	2	—	2	—	2	—	2	—	7
	90μm 筛的筛余（%）≤	—	7	—	7	—	7	—	7	—	2

表 1-2　　　　　建筑消石灰粉的技术指标（JC/T 481—2013）

项目		钙质生石灰			镁质生石灰	
		HCL90	HCL85	HCL75	HML85	HML80
(CaO＋MgO) 含量	≥	90	85	75	85	80
MgO 含量		≤5			>5	
SO₃	≤	2				
游离水	≤	2				
安定性		合格				
细度	0.2mm 筛的筛余 ≤	2				
	90μm 筛的筛余 ≤	7				

6. 石灰的性质与应用

（1）石灰的性质。

1）保水性与可塑性好。熟化的氢氧化钙颗粒极其细小，总表面积大，使得氢氧化钙颗粒表面吸附有一层较厚的水膜，所以石灰加水后，具有较强的保水性。由于颗粒间的水膜较厚，颗粒间的滑移较易进行，即可塑性好。利用这一性质，可将其掺入水泥砂浆中来改善水泥砂浆保水性差的缺点。

2）凝结硬化慢、强度低。由于石灰浆在空气中的碳化过程非常慢，碳酸钙的生成量少且缓慢，因此石灰硬化后的强度也不高。根据试验，1:3 石灰浆 28d 抗压强度通常只有 0.2~0.5MPa，不宜用于重要建筑物的基础。

3）耐水性差。潮湿环境中石灰浆体不会产生凝结硬化。硬化后的石灰浆体主要成分为氢氧化钙，仅有少量的碳酸钙。由于氢氧化钙微溶于水，因此石灰的耐水性很差。

4）体积收缩大。石灰浆在硬化过程中，要蒸发大量水分，引起体积收缩，易出现干缩裂缝，因此除调成石灰乳做粉刷外，不宜单独使用。在使用时，常在其中掺加砂、麻刀、纸筋等使用。

（2）石灰的应用。

1）用于建筑室内粉刷。将消石灰粉或熟化好的石膏加入过量的水搅拌稀释，成为石灰乳。它是一种廉价的涂料，主要用于内墙和天棚刷白，增加室内美观和亮度。

2）拌制建筑砂浆。消石灰浆和消石灰粉都可以单独或与水泥一起配制砂浆，前者称石灰砂浆，后者称混合砂浆。石灰砂浆可用作砖墙和混凝土基层的抹灰，混合砂浆则用于砌筑，也常用于抹灰。

3）配制石灰土和三合土。石灰粉与黏土按一定比例配合，可制成石灰土。石灰粉与黏土、砂石、炉渣等可拌制成三合土。在潮湿环境中石灰与黏土表面的活性氧化硅或氧化铝反应，生成具有水硬性的水化硅酸钙或水化铝酸钙，所以石灰土或三合土的强度和耐水性会随使用时间的延长而逐渐提高，适于在潮湿环境中使用。石灰土与三合土主要用在一些建筑物的基础、地面的垫层和公路的路基上。

4）生产硅酸盐制品。石灰粉可与含硅材料（如石英砂、粉煤灰、矿渣等）混合，经加工制成硅酸盐制品。如常用的各种粉煤灰砖及砌块、灰砂砖及砌块、加气混凝土等，主要用作墙体材料。

7. 石灰的储运与安全

建筑生石灰应分类、分等储存在干燥的仓库内，且不宜长期储存。因为存放过程中，生石灰会吸收空气中的水分而熟化成熟石灰，再与空气中的二氧化碳作用而成为碳酸钙，失去胶凝性能。长期存放时应在密闭条件下储存，注意防潮、防水，且不得与易燃、易爆等危险物品及液体物品混合堆放。运输时不得与易燃、易爆和液体物体混装，并且需要采取防水措施。

石灰属强碱，有刺激和腐蚀作用，对呼吸道有强烈刺激性，吸入石灰粉尘可致化学性肺炎；对眼和皮肤有强烈刺激性，可致灼伤；口服会刺激和灼伤消化道；长期接触可致手掌皮肤角化、皲裂，指甲变形，是引发建筑施工人员职业病的重要原因。

中毒的处理方法：

（1）皮肤接触。立即脱去污染的衣物，先用植物油或矿物油清洗，再用大量的流动清水冲洗，并就医。

（2）眼睛接触。提起眼睑，用流动清水或生理盐水冲洗，并就医。

（3）吸入。迅速脱离现场至空气新鲜处，保持呼吸道通畅，如呼吸困难，给输氧，如呼吸停止，立即进行人工呼吸，并就医。

（4）食入。用水漱口，给饮牛奶或蛋清，并就医。

8. 石灰的检测与质量评定

（1）建筑生石灰检测的一般规定。

1）出厂检验。建筑生石灰由生产厂的质检部门批量进行出厂检验。检验项目为技术要求全项。

a. 批量检验：日产量200t以上，每批量不大于200t；日产量不足200t，每批量不大于100t；日产量不足100t，每批量不大于日产量。

b. 取样：按上述规定的批量取样，从整批物料的不同部位选取。取样点不少于25个，每点的取样量不少于2kg，缩分至4kg装入密封容器内。

2）复检。用户对产品质量产生异议时，可以复检以上全部项目，取样方法相同，由质量监督部门指定单位检验。

（2）产浆量和未消化残渣含量检验。

1）仪器设备。圆孔筛，孔径 5、20mm 各一只；生石灰浆渣测定仪，如图 1-1 所示；500mL 玻璃量筒；天平，称量 1000g，分度值 1g；200mm×300mm 搪瓷盘；300mm 钢板尺；烘箱，最高温度 200℃；保温套。

2）试样制备。将 4kg 试样破碎全部通过 20mm 圆孔筛，其中小于 5mm 以下粒度的试样量不大于 30%，混匀、备用，生石灰粉样混匀即可。

图 1-1 生石灰浆渣测定仪

3）检测步骤。称取已制备好的生石灰试样 1kg 倒入装有 2500mL、（20±5）℃清水的筛筒（筛筒置于外筒内），盖上盖，静置消化 20min，用圆木棒连续搅动 2min，继续静置消化 40min，再搅动 2min。提起筛筒，用清水冲洗筛筒内残渣至水流不浑浊（冲洗用清水仍倒入筛筒内，水总体积控制在 3000mL），将残渣移入搪瓷盘（或蒸发皿）内，在 100～105℃烘箱中烘干至恒重，冷却至室温后用 5mm 圆孔筛筛分。称量筛余物，计算未消化残渣含量。浆体静置 24h 后，用钢板尺量出浆体高度（外筒内总高度减去筒口至浆面的高度）。

4）结果处理。按下式计算未消化残渣量：

$$W = \frac{m'}{m} \times 100\% \tag{1-1}$$

式中 W——未消化残渣含量，%；

       m'——未消化残渣质量，g；

       m——试样质量，g。

按下式计算产浆量：

$$Q = \frac{R^2 \pi H}{1 \times 10^6} \tag{1-2}$$

式中 Q——产浆量，L/kg；

       R——浆筒半径，mm；

       H——浆体高度，mm。

产浆量和未消化残渣含量的计算结果精确至 0.01。

（3）CaO 和 MgO 含量的测定。用 EDTA 标准溶液滴定法检测 CaO 和 MgO 的含量。

（4）质量评定。所检测项目的技术指标全部达到《建筑生石灰》（JC/T 479—2013）技术要求中的相应等级时，判定为该相应等级；其中有一项指标低于合格品的要求时，判定为不合格。

◁)) 知识链接二：石膏的性能检测与应用

石膏是以硫酸钙为主要成分的矿物，当石膏中结晶水的多少不同时，可形成多种性能不同的石膏。按原材料不同，石膏可分为天然建筑石膏（代号 N）、脱硫建筑石膏（代号 S）和磷建筑石膏（代号 P）三类，按 2h 强度（抗折）可分为 3.0、2.0、1.6 三个等级。石膏及石膏制品具有轻质、高强、隔热、耐火、吸声、容易加工等一系列优良性能，具有广阔的发展前景。

1. 建筑石膏的生产

建筑工程中所使用的石膏是由天然二水石膏（又称生石膏）经加工而成的半水石膏，也称熟石膏。天然二水石膏在加工时随加热方式和温度的不同，可以得到不同性质的石膏产品。

建筑工程中最常用的品种是建筑石膏，主要成分是 β 型半水熟石膏。它是将天然二水石膏在 107～170℃ 温度下煅烧成半水石膏，再经磨细而成的一种粉末状材料。国家标准规定其中 $\beta-CaSO_4 \cdot 0.5H_2O$ 的含量不应低于 60%。

$$CaSO_4 \cdot 2H_2O \xrightarrow{107-170℃} CaSO_4 \cdot 0.5H_2O + 1.5H_2O$$
（生石膏）　　　　　　　　（β 型半水熟石膏）

2. 建筑石膏的凝结与硬化

建筑石膏与适量的水混合后，起初形成均匀的石膏浆体，但紧接着石膏浆体失去塑性，成为坚硬的固体，见图 1-2。这是因为半水石膏遇水后，将重新水化生成二水石膏，二水石膏溶解度比半水石膏小很多，所以二水石膏胶体微粒不断从过饱和溶液（即石膏浆体）中沉淀析出，放出热量，并逐渐凝结硬化。反应式如下：

$$CaSO_4 \cdot 0.5H_2O + 1.5H_2O \longrightarrow CaSO_4 \cdot 2H_2O$$

石膏浆体的凝结与硬化过程是连续进行的过程。从加水拌和一直到浆体刚开始失去可塑性这段时间称为初凝时间。从加水拌和直到浆体完全失去可塑性这段时间称为终凝时间。

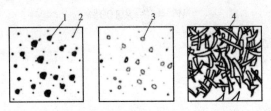

图 1-2　建筑石膏的凝结与硬化示意图
1—半水石膏；2—二水石膏胶体微粒；3—二水石膏晶体；4—交错的晶体

3. 建筑石膏的性质

（1）凝结硬化快。建筑石膏在加水拌和后，浆体在 10min 内开始失去可塑性，30min 内完全失去可塑性而产生强度。2h 的抗压强度可达 3～6MPa，7d 的抗压强度可达 8～12MPa，因初凝时间短，为满足施工要求，一般均须加入缓凝剂，以延长凝结时间。常掺入建筑石膏用量 0.1%～0.2% 的动物胶或掺入 1% 的亚硫酸酒精废液，也可使用硼砂或柠檬酸。掺缓凝剂后，石膏制品强度将有所降低。

（2）体积微膨胀。建筑石膏硬化过程中体积略有膨胀，其体积膨胀率为 0.05%～0.15%。硬化时不出现裂缝，所以可以不掺加填料而单独使用，可以浇筑成型制得尺寸准确、表面致密光滑的构件或装饰图案。

（3）孔隙率高。石膏水化理论需水量为 18.6%，为使石膏浆体具有可塑性，实际用水量高达 60%～80%，多余的水分蒸发后便留下许多开口孔隙，孔隙率高达 40%～60%，因此石膏制品质轻、隔热、吸声性好。但孔隙率大使石膏制品强度低、吸水率大。

（4）耐水性差。建筑石膏制品在潮湿条件下吸湿性强，软化系数仅为 0.3～0.45，若吸水后受冻，将因水分凝结膨胀而崩裂，因此建筑石膏的耐水性和抗冻性都较差，不宜用于室外。在建筑石膏中加入适量水泥、粉煤灰、磨细的粒化高炉矿渣以及各种有机防水剂，可提高制品的耐水性。

（5）防火性好。建筑石膏硬化后的主要成分是 $CaSO_4 \cdot 2H_2O$，遇火时，其中的结晶水脱出，能吸收热量，生成的无水石膏为良好的热绝缘体。

（6）可加工性能好。石膏制品表面细腻、平整，形体饱满，色洁白，具幽静感，因此石膏制品具有良好的装饰性。石膏制品可锯、可刨和可钉，便于施工。

4. 建筑石膏的技术要求

建筑石膏呈洁白粉末状，密度为 2.6～2.75g/cm³，堆积密度为 0.8～1.1g/cm³。《建筑石膏》（GB/T 9776—2008）规定，建筑石膏的技术指标主要有强度、细度和凝结时间，并按强度分为三个等级，各项指标见表 1-3。

表 1-3　　　　　　建筑石膏的物理力学性能（GB/T 9776—2008）

等级	细度 (0.2mm方孔筛筛余，%)	凝结时间（min）		2h强度（MPa）	
		初凝	终凝	抗折	抗压
3.0				≥3.0	≥6.0
2.0	≤10	≥3	≤30	≥2.0	≥4.0
1.6				≥1.6	≥3.0

建筑石膏产品标记的顺序为产品名称、抗折强度、标准号。例如，等级为 2.0 的天然建筑石膏标记如下：建筑石膏 2.0GB/T 9776—2008。

5. 建筑石膏的应用

建筑石膏在工程中可用作室内抹灰、粉刷、油漆打底等材料，还可以制造建筑装饰制品、石膏板，以及水泥原料中的调凝剂和激发剂。

（1）室内抹灰和粉刷。建筑石膏加水、砂及缓凝剂合成石膏砂浆，用于室内抹灰。抹灰的表面光滑、细腻、洁白、美观。石膏砂浆也作为油漆等的打底层，并可直接涂刷油漆或粘贴墙布、墙纸等。建筑石膏加水及缓凝剂合成石膏浆体，可作为室内粉刷涂料。

（2）石膏板。石膏板具有轻质、隔热保温、吸声、防火、尺寸稳定及施工方便等性能，在建筑中得到广泛的应用，是一种很有发展前途的新型建筑材料。常用石膏板有纸面石膏板、石膏空心条板、石膏装饰板、纤维石膏板等。

（3）其他用途。建筑石膏可以作为生产硅酸盐制品的添加剂。如在水泥的生产中可以用作调节水泥凝结时间的缓凝剂。

6. 建筑石膏及其制品的储运

建筑石膏在储运过程中，应防止受潮及混入杂物。储存期不宜超过三个月，否则强度将降低 30% 左右。超过储存期限的石膏应重新进行质量检验，以确定其等级。

储存石膏板材时，应按不同品种、规格及等级在室内分类、水平堆放，底层应用垫条与地面隔开，堆高不超过 300mm。在储存和运输过程中，应防止板材受潮和碰损。

🔊 知识链接三：水玻璃的性能检测与应用 ▌

1. 水玻璃的组成

水玻璃俗称泡花碱，由不同比例的碱金属氧化物和二氧化硅组成，如硅酸钠（$Na_2O \cdot$

$nSiO_2$）、硅酸钾（$K_2O \cdot nSiO_2$）等。钠水玻璃和钾水玻璃是水玻璃的两大类，建筑上常用的水玻璃为 $Na_2O \cdot nSiO_2$ 的水溶液，它是无色或淡黄色、青灰色黏稠液，通常采用石英粉（SiO_2）加上纯碱（Na_2CO_3），在 1300～1400℃的高温下煅烧生成固体，再在高温或高温高压水中溶解，制得溶液状水玻璃产品。当工程技术要求较高时，采用钾水玻璃。n 为 SiO_2 与 Na_2O 的摩尔数比值，称为水玻璃模数。n 值越大，则水玻璃黏度越大，黏结性、强度、耐酸性、耐热性也越高，但黏度太大不利于施工。建筑上常用水玻璃的模数为 2.6～3.0。

2. 水玻璃硬化

水玻璃溶液在空气中的凝结固化与石灰非常相似，主要通过碳化和脱水结晶固结两个过程来实现。随着碳化反应的进行，硅胶含量增加，接着自由水分蒸发，硅胶脱水成无定形硅酸而逐渐干燥，凝结硬化。水玻璃在空气中吸收二氧化碳的反应为：

$$Na_2O \cdot nSiO_2 + CO_2 + mH_2O \longrightarrow Na_2CO_3 + nSiO_2 \cdot mH_2O$$

由于空气中 CO_2 浓度较低，这个过程进行得很慢，在使用过程中，常将水玻璃加热或加入促硬剂（12%～15%的氟硅酸钠），初凝时间可缩短到 30min，以加快水玻璃的硬化速度。水玻璃中加入氟硅酸钠后会发生下列反应，促使硅酸凝胶加速析出：

$$2(Na_2O \cdot nSiO_2) + Na_2SiF_6 + mH_2O \longrightarrow (2n+1)SiO_2 \cdot mH_2O + 6NaF$$

氟硅酸钠的适宜用量为水玻璃质量的 12%～15%。氟硅酸钠也能提高水玻璃的耐水性。

3. 水玻璃特性

（1）耐酸性好。硬化后的水玻璃的主要成分是硅酸凝胶，所以它能抵抗除氢氟酸（HF）、热磷酸和高级脂肪酸以外几乎所有的无机酸和有机酸的侵蚀，尤其是在强氧化酸中仍有较高的化学稳定性，常用来配制耐酸砂浆、混凝土，但水玻璃不耐碱性介质侵蚀。

（2）耐热性好。硬化后的水玻璃形成二氧化硅无定性硅酸凝胶，在高温下强度并不降低，甚至有所增加，因此具有良好的耐热性能。

（3）黏结力强。水玻璃在硬化后，其主要成分为二氧化硅凝胶和氧化硅，比表面积很大，因此具有较高的黏结力和强度。用水玻璃拌制的混凝土强度可达到 15～40MPa。

（4）耐碱性、耐水性差。水玻璃在加入氟硅酸钠后仍不能完全硬化，仍然有一定量的水玻璃 $Na_2O \cdot nSiO_2$。由于 SiO_2 和 $Na_2O \cdot nSiO_2$ 均可溶于碱，且 $Na_2O \cdot nSiO_2$ 可溶于水，因此水玻璃硬化后不耐碱、不耐水。为提高其耐水性，常采用中等浓度的酸对已硬化的水玻璃进行酸洗处理。

4. 水玻璃应用

水玻璃具有黏结性和成模性好、不燃烧、不易腐蚀、价格便宜、原料易得等优点，多用于建筑涂料、胶结材料及防腐、耐酸材料。

（1）涂刷材料。常用水将液体水玻璃稀释至比重为 1.35 左右的溶液，用于多次浸渍或涂刷黏土砖、水泥混凝土、硅酸混凝土、石材等多孔材料，可提高材料的密实度、强度、抗渗性、抗冻性及耐水性等，从而提高材料的抗风化能力。这是因为水玻璃与空气中的二氧化碳反应生成硅酸凝胶。但水玻璃不能用于涂刷或浸渍石膏制品，因为硅酸钠会与硫酸钙生成硫酸钠，在制品孔隙中结晶，体积显著膨胀，从而导致制品破坏。

（2）配置速凝防水剂。以水玻璃为基料，加入两种、三种、四种或五种矾制成的速凝防水剂，分别称为二矾、三矾、四矾或五矾防水剂。这种防水剂可以在 1min 内凝结，适用于堵塞漏洞、缝隙等局部抢修。多矾防水剂常用胆矾（硫酸铜）、红矾（重铬酸钾）、明矾（也称白矾、硫酸铝钾）、紫矾四种。

（3）加固地基。用水玻璃和氯化钙水溶液交替灌入土壤中，反应生成的硅胶起胶结作用，能包裹土粒并填充其孔隙，而生成物氢氧化钙又能与加入的氯化钙起反应，生成氯氧化钙，也起胶结和填充孔隙作用。这不仅能提高地基的承载力，而且也可以增强其不透水性。

（4）水玻璃混凝土。以水玻璃为胶结材料，以氟硅酸钠为固化剂，掺入铸石粉等粉状填料和砂、石骨料，经混合搅拌、振捣成型、干燥养护及酸化处理等加工而成的复合材料叫水玻璃混凝土。若采用的填料和骨料为耐酸材料，则称为水玻璃耐酸混凝土；若采用的填料和骨料为耐热的砂、石骨料，则称为水玻璃耐热混凝土。

NO.1 工程中常见纸面石膏板

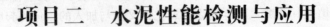

项目二　水泥性能检测与应用

能力目标	水泥是一种水硬性胶凝材料，能将砂、石等材料牢固地胶结在一起，配置成各种混凝土和砂浆。水泥是土木工程材料三大材料之一。 目前，通用硅酸盐水泥在土建工程中应用最广、用量最大。掌握如何根据工程环境选择通用硅酸盐水泥的品种，同时熟悉所选水泥品种的组分、组成、凝结硬化、技术性质和检测是本章学习的主要任务
知识目标	掌握通用硅酸盐水泥的组成材料、水化反应、凝结硬化过程以及混合材料的种类和作用；掌握硅酸盐水泥的技术性质、检测方法以及评定方法；掌握水泥石腐蚀的常见类型与防治；掌握通用硅酸盐水泥的主要特性及使用范围；了解其他品种水泥的组成、技术要求、特性以及应用
能力训练任务	通过子项目任务，建立小组，分配任务，查找相关文献资料，根据工程所处的环境选择水泥品种。同时掌握水泥相关技术指标的检测方法

单元项目一　通用硅酸盐水泥

★ 任务描述

每组学生通过项目任务，完成通用硅酸盐水泥品种的选择，熟悉并掌握通用硅酸盐水泥在实际工程中的应用。针对不同的学习小组，给出不同的工程条件，依据实际工程对水泥的技术要求，确定其种类，并在实验室完成所选水泥技术性能的检测。

任务一：了解通用硅酸盐水泥的种类，针对不同环境进行水泥品种的选择。

任务二：掌握所选通用硅酸盐水泥的组成材料、组分、凝结硬化、生产工艺、技术性质。

任务三：完成所选通用硅酸盐水泥技术性能的检测。

各小组选用不同的工程背景，具体工程概况如下：

小组一：

北京市东城区某小区兴建一住宅楼，建筑面积 39600m²，层高 3.3m，共 33 层，混凝土剪力墙结构，筏板基础，建筑抗震设防烈度 8 度。结构耐火等级二级，建筑设计使用年限 50 年。

该工程地处交通要道，施工面积有限，现根据所给工程特点选择适宜的水泥品种及规格，并检验材料的技术性质。

小组二：

陕西省某水库，大坝为二级建筑物，是一座变圆心、变半径的钢筋混凝土双曲拱坝，最大坝高 88m，最大底宽 27.3m，坝顶宽 5m，坝顶弧长 254m，坝顶高程 620m，正常挡水位 618m。坝体中部设高 8m、宽 7m 的泄洪闸门 6 孔，最大泄水量 5250m³/s。

现针对该水库选择适宜的水泥，并分析其组成材料、组分、凝结硬化、生产工艺、技术性质，同时对其进行技术性能的检测。

小组三：

南通市某立交桥工程，三层立交方案，其中地面层路线总长 643.080m，道路红线宽 44.5m，双向 6 车道，上跨桥全长 264.04m，桥跨组合为 3×25m＋（30＋45＋30）m＋3×25m，单跨最大 45m，双向车道，下穿通道路线长 529.699m，净空 4.5m，道路红线宽 15m，双向 4 车道。

现针对该桥梁选择适宜的水泥，并分析其组成材料、组分、凝结硬化、生产工艺、技术性质，同时对其进行技术性能的检测。

小组四：

武汉市郊区某造纸厂新建一化学处理池，处理的污水有酸碱性等有毒有害物质。

现针对该水厂选择适宜的水泥，并分析其组成材料、组分、凝结硬化、生产工艺、技术性质，同时对其进行技术性能的检测。

小组五：

海南省某学院位于三亚市，现需修建一标准游泳池，长 50m、宽 21m，水深大于 1.8m，有 8 个泳道，每道宽 2.5m，为室外游泳池，并设有观众台。

现针对该游泳池选择适宜的水泥，并分析其组成材料、组分、凝结硬化、生产工艺、技术性质，同时对其进行技术性能的检测。

小组六：

内蒙古某图书馆是一所综合性大型公共图书馆，位于沈河区青年路，建筑面积 4 万 m^2，6 层，层高 4.5m，为钢筋混凝土框架结构，设计使用年限 50 年。

现针对该图书馆选择适宜的水泥，并分析其组成材料、组分、凝结硬化、生产工艺、技术性质，同时对其进行技术性能的检测。

任务分析

水泥是一种水硬性胶凝材料，广泛用于建筑、水利、交通和国防建设。随着我国经济的高速发展，正确合理地选用水泥将对保证工程质量和降低工程造价起到重要的作用。

通常根据结构设计强度、建筑设计及施工条件等因素选择适宜的水泥品种。

任务实施

学生根据提供的背景资料和知识链接，利用图书馆和网络等多种资源，合理进行项目规划，做出小组任务分配，完成任务，并以团队形式汇报展示成果，由其他小组和老师进行点评和打分，从而使学生掌握各种通用硅酸盐水泥的特性及应用。

知识链接

水泥是水硬性胶凝材料的总称，是土木工程中最常用的矿物胶凝材料。粉末状的水泥与水混合后，经过一系列物理化学过程，能够在空气中或水中凝结硬化，而由可塑性浆体逐渐变成坚硬的石状体，并可将砂石等散状材料胶结成整体。

水泥是目前土木工程建设中最重要的材料之一，它在各种工业与民用建筑、道路与桥梁、水利与水电、海洋与港口、矿山及国防等工程中广泛应用。水泥在这些工程中可用于制作各种混凝土与钢筋混凝土构筑物和建筑物，并可用于配制各种砂浆及其他胶结材料等。

按性能和用途不同，可分为通用硅酸盐水泥、专用水泥和特性水泥。

通用硅酸盐水泥是土木工程中用量最大的水泥，现行国家标准《通用硅酸盐水泥》（GB 175—2007）定义：通用硅酸盐水泥是指以硅酸盐水泥熟料和适量的石膏及规定的混合材料制成的水硬性胶凝材料。按混合材料的品种和掺量不同，通用硅酸盐水泥分为硅酸盐水泥、普通硅酸盐水泥、矿渣硅酸盐水泥、火山灰质硅酸盐水泥、粉煤灰硅酸盐水泥和复合硅酸盐水泥等。

专用水泥是指适应专门用途的水泥，如中低热硅酸盐水泥、道路硅酸盐水泥、砌筑水泥等。

特性水泥是指具有某种比较突出性能的水泥，如快硬硅酸盐水泥、白色硅酸盐水泥、抗硫酸盐水泥、膨胀水泥和自应力水泥等。

知识链接一：通用硅酸盐水泥的生产工艺

通用硅酸盐水泥的生产工艺可分为生料制备、熟料煅烧和水泥粉磨3个过程。

烧制硅酸盐水泥熟料的主要原料材料是石灰质原料，如石灰石和白垩等，主要提供 CaO；黏土、黏土质页岩等，主要提供 SiO_2、Al_2O_3 及 Fe_2O_3。有时，两种原料化学组成不能满足要求，还要加入少量校正原料（如铁矿粉等）调整。

以上几种原料材料经破碎，按一定比例配合，在磨碎机中磨细，并调配均匀。制备成生料；生料在水泥窑内煅烧至部分熔融，得到以硅酸钙为主要成分的硅酸盐水泥熟料；在熟料中加入适量石膏，与不同种类、数量的混合材料共同磨细，即可制成通用硅酸盐水泥。

通用硅酸盐水泥的生产过程可以概括为"两磨一烧"，其生产工艺流程如图 2-1 所示。

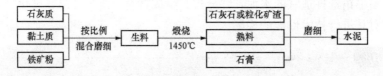

图 2-1　通用硅酸盐水泥生产工艺流程图

知识链接二：通用硅酸盐水泥的矿物组成及特性

1. 矿物组成

根据 GB 175—2007 的规定，硅酸盐水泥熟料是指主要由含 CaO、SiO_2、Al_2O_3、Fe_2O_3 的原料，按适当比例磨成细粉烧至部分熔融得到的以硅酸钙为主要矿物成分的水硬性胶凝物质。其中硅酸钙矿物含量（质量分数）≥66%，CaO 和 SiO_2 质量比≥2.0。

硅酸盐水泥熟料矿物成分及含量如下：

硅酸三钙 $3CaO \cdot SiO_2$，简写 C_3S，含量 45%～60%；

硅酸二钙 $2CaO \cdot SiO_2$，简写 C_2S，含量 15%～30%；

铝酸三钙 $3CaO \cdot Al_2O_3$，简写 C_3A，含量 6%～12%；

铁铝酸四钙 $4CaO \cdot Al_2O_3 \cdot Fe_2O_3$，简写 C_4AF，含量 6%～8%。

在以上的矿物组成中，硅酸三钙和硅酸二钙的总含量大约占 75% 以上，而铝酸三钙和铁铝酸四钙的总含量仅占 25% 左右，硅酸盐占绝大部分，故称为硅酸盐水泥。

除上述主要熟料矿物成分外，水泥中还有少量的游离氧化钙、游离氧化镁，其含量过高，会引起水泥体积安定性不良。水泥中还含有少量的碱（Na_2O、K_2O），碱含量高的水泥如果遇到活性骨料，易产生碱—骨料膨胀反应。所以水泥中游离氧化钙、游离氧化镁和碱的含量应加以限制。

各种矿物单独与水作用时，表现出不同的性能，详见表 2 - 1。

表 2 - 1　　　　　　　　　　硅酸盐水泥熟料的主要矿物特性

矿物名称	密度（g/cm^3）	水化反应速率	水化放热量	强度	耐腐蚀性
$3CaO \cdot SiO_2$	3.25	快	大	高	差
$2CaO \cdot SiO_2$	3.28	慢	小	早期低后期高	好
$3CaO \cdot Al_2O_3$	3.04	最快	最大	低	最差
$4CaO \cdot Al_2O_3 \cdot Fe_2O_3$	3.77	快	中	低	中

不同熟料矿物的强度增长情况如图 2 - 2 所示，水化热的释放情况如图 2 - 3 所示。

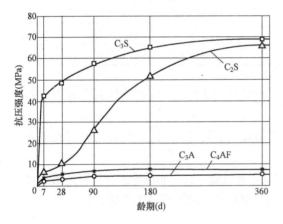

图 2 - 2　不同熟料矿物的强度增长曲线图

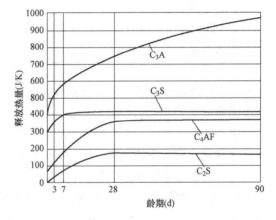

图 2 - 3　不同熟料矿物的水化热释放曲线图

由表 2 - 1 及图 2 - 2、图 2 - 3 可知，不同熟料矿物单独与水作用的特性是不同的。

（1）硅酸三钙的水化速度较快，早期强度高，28d 强度可达一年强度的 70%～80%；水化热较大，且主要是早期放出，其含量也最高，是决定水泥性质的主要矿物。

（2）硅酸二钙的水化速度最慢，水化热最小，且主要是后期放出，是保证水泥后期强度的主要矿物，且耐化学侵蚀性好。

（3）铝酸三钙的凝结硬化速度最快（需掺入适量石膏作缓凝剂），也是水化热最大的矿物。其强度值最低，但形成最快，3 天几乎接近最终强度。但其耐化学侵蚀性最差，且硬化时体积收缩最大。

（4）铁铝酸四钙的水化速度也较快，仅次于铝酸三钙，其水化热中等，且有利于提高水泥抗折强度。

水泥是几种熟料矿物的混合物，改变矿物成分比例时，水泥性质即发生相应的变化，可制成不同性能的水泥。如增加 C_3S 含量，可制成高强、早强水泥（我国水泥标准规定的 R 型水泥）。若增加 C_2S 含量而减少 C_3S 含量，水泥的强度发展慢，早期强度低，但后期强度高，其更大的优势是水化热降低。若提高 C_4AF 的含量，可制得抗折强度较高的道路水泥。

2. 通用硅酸盐水泥的组分

根据国家标准《通用砖酸盐水泥》（GB 175—2007）的要求，通用硅酸盐水泥的组分应符合表 2-2 的规定。

表 2-2　　　　　　　　　　　　通用硅酸盐水泥的组分

品种	代号	组分				
		熟料＋石膏	粒化高炉矿渣	火山灰质混合材料	粉煤灰	石灰石
硅酸盐水泥	P·Ⅰ	100	—	—	—	—
	P·Ⅱ	≥95	≤5	—	—	—
		≥95	—	—	—	≤5
普通硅酸盐水泥	P·O	≥80且<95		>5且≤20		
矿渣硅酸盐水泥	P·S·A	≥50且<80	>20且≤50	—	—	—
	P·S·B	≥30且<50	>50且≤70	—	—	—
火山灰质硅酸盐水泥	P·P	≥60且<80	—	>20且≤40	—	—
粉煤灰硅酸盐水泥	P·F	≥60且<80	—	—	>20且≤40	—
复合硅酸盐水泥	P·C	≥50且<80		>20且≤50		

普通硅酸盐水泥的活性混合材料，允许用不超过水泥质量 8% 的非活性混合材料或不超过水泥质量 5% 的窑灰代替。

矿渣硅酸盐水泥中的粒化高炉矿渣，允许用不超过水泥质量 8% 的活性混合材料或非活性混合材料或窑灰中的任意一种材料代替。

复合硅酸盐水泥为由两种（含）以上的活性混合材料或（和）非活性混合材料组成，其中允许用不超过水泥质量 8% 的窑灰代替。掺矿渣混合材料的掺量不得与矿渣硅酸盐水泥重复。

◁)) 知识链接三：通用硅酸盐水泥的水化、凝结硬化 ▌

水泥加水拌和均匀后可成为具有可塑性与流动性的水泥浆，其中部分熟料矿物成分很快与水产生水化反应，随着水化反应的进行，逐渐失去流动能力而达到初凝状态；随着时间的延长，就会逐渐失去可塑性，直至开始产生结构强度，从而表现为终凝状态。随着水化过程的不断进行，浆体逐渐转变为具有一定强度的坚硬固体水泥石，这一过程称为水泥的硬化。因此，水泥浆凝结硬化过程中的水泥水化是其产生凝结硬化的前提，而其凝结硬化则是水泥水化的结果。

1. 硅酸盐水泥的水化

水泥与水拌和后，其颗料表面的熟料矿物会立即与水发生化学反应，各组分开始溶解，形成水化物，并放出一定热量，之后随着水化产物的结晶与沉淀，也使固相体积逐渐增加。

因为水泥是多矿物的集合体，各矿物的水化也会互相影响。熟料单矿物的水化反应式如下：

$$2(3CaO \cdot SiO_2) + 6H_2O \longrightarrow 3CaO \cdot 2SiO_2 \cdot 3H_2O + 3Ca(OH)_2$$

　　硅酸三钙　　　　　　　　水化硅酸钙（凝胶体）　　氢氧化钙（晶体）

$$2(2CaO \cdot SiO_2) + 4H_2O \longrightarrow 3CaO \cdot 2SiO_2 \cdot 3H_2O + Ca(OH)_2$$

　　硅酸二钙　　　　　　　　水化硅酸钙（凝胶体）　　氢氧化钙（晶体）

$$3CaO \cdot Al_2O_3 + 6H_2O \longrightarrow 3CaO \cdot Al_2O_3 \cdot 6H_2O$$

　　铝酸三钙　　　　　　　　　　　水化铝酸钙（晶体）

$$4CaO \cdot Al_2O_3 \cdot Fe_2O_3 + 7H_2O \longrightarrow 3CaO \cdot Al_2O_3 \cdot 6H_2O + CaO \cdot Fe_2O_3 \cdot H_2O$$

　　铁铝酸四钙　　　　　　　　水化铝酸钙（晶体）　　　　水化铁酸钙（凝胶体）

在四种熟料矿物中，$3CaO \cdot Al_2O_3$ 的水化速度最快，若不加以抑制，水泥的凝结就会过快，影响正常使用。为了调节水泥凝结时间，在水泥中加入适量石膏共同粉磨，石膏起缓凝作用，其机理为：熟料与石膏一起迅速溶解于水，并开始水化，形成石膏、石灰饱和溶液，而熟料中水化最快的 $3CaO \cdot Al_2O_3$ 的水化产物 $3CaO \cdot Al_2O_3 \cdot 6H_2O$ 在石膏、石灰的饱和溶液中生成高硫型水化硫铝酸钙，又称钙矾石，反应式如下：

$$3CaO \cdot Al_2O_3 \cdot 6H_2O + 3(CaSO_4 \cdot 2H_2O) + 19H_2O \longrightarrow 3CaO \cdot Al_2O_3 \cdot 3CaSO_4 \cdot 31H_2O$$

　水化铝酸钙　　　　　　　　　石膏　　　　　　　　　水化硫铝酸钙（钙矾石晶体）

钙矾石是一种针状晶体，不溶于水，且形成时体积膨胀 1.5 倍。钙矾石在水泥熟料颗粒表面形成一层较致密的保护膜，封闭熟料组分的表面，阻滞水分子及离子的扩散，从而延缓了熟料颗粒，特别是 $3CaO \cdot Al_2O_3$ 的水化速度。加入适量的石膏不仅能调节凝结时间达到标准所规定的要求，而且适量石膏能在水泥水化过程中与水化铝酸钙生成一定数量的水化硫铝酸钙晶体，交错地填充于水泥石的空隙中，从而增加水泥石的致密性，有利于提高水泥强度，尤其是早期强度的发挥。但如果石膏掺量过多，会引起水泥体积安定性不良。

硅酸盐水泥的主要水化产物有水化硅酸钙凝胶体、水化铁酸钙凝胶体、氢氧化钙晶体、水化铝酸钙晶体和水化硫铝酸钙晶体。在完全水化的水泥石中，水化硅酸钙约占 50%，氢氧化钙约占 25%。

2. 硅酸盐水泥的凝结与硬化

水泥的凝结硬化是个非常复杂的物理化学过程，可分为以下几个阶段。

水泥颗粒与水接触后，首先是最表层的水泥与水发生水化反应，生成水化产物，组成水泥-水-水化产物混合体系。反应初期，水化速度很快，不断形成新的水化产物扩散到水中，使混合体系很快成为水化产物的饱和溶液。此后，水泥继续水化，所生成的产物不再溶解，而是以分散状态的颗粒析出，附在水泥粒子表面，形成凝胶膜包裹层，使水泥在一段时间内反应缓慢，水泥浆的可塑性基本保持不变。

由于水化产物不断增加，凝胶膜逐渐增厚而破裂并继续扩展，水泥粒子又在一段时间内加速水化，这一过程可重复多次。由水化产物组成的水泥凝胶在水泥颗粒之间形成了网状结构，水泥浆逐渐变稠，并失去塑性而出现凝结现象。此后，由于水泥水化反应的继续进行，水泥凝胶不断扩展而填充颗粒之间的孔隙，使毛细孔越来越少，水泥石就具有越来越高的强度和胶结能力。

综上所述，水泥的凝结硬化是一个由表及里、由快到慢的过程。较粗颗粒的内部很难完全水化。因此，硬化后的水泥石是由水泥水化产物凝胶体（内含凝胶孔）及结晶体、未完全水化的水泥颗粒、毛细孔（含毛细孔水）等组成的不匀质结构体。

3. 影响硅酸盐水泥凝结、硬化的因素

水泥的凝结硬化过程也就是水泥强度发展的过程，受到许多因素的影响，有内部的和外界的，其主要影响因素分析如下：

（1）矿物组成。矿物组成是影响水泥凝结硬化的主要内因，如前所述，不同的熟料矿物成分单独与水作用时，水化反应的速度、强度发展的规律、水化放热是不同的，因此改变水泥的矿物组成，其凝结硬化将产生明显的变化。

（2）水泥细度。水泥颗粒的粗细程度直接影响水泥的水化、凝结硬化、强度、干缩及水化热等。水泥的颗粒粒径一般在 $7 \sim 200 \mu m$ 之间，颗粒越细，与水接触的比表面积越大，水化速度较快且较充分，水泥的早期强度和后期强度都很高。但水泥颗粒过细，在生产过程中消耗的能量越多，机械损耗也越大，生产成本增加，且水泥颗粒越细，需水量越大，在硬化时收缩也增大，因而水泥的细度应适中。

（3）石膏掺量。石膏掺入水泥中的目的是为了延缓水泥的凝结、硬化速度，调节水泥的凝结时间。需注意的是石膏的掺入要适量，掺量过少，不足以抑制 C_3A 的水化速度；过多掺入石膏，其本身会生成一种促凝物质，反而使水泥快凝；如果石膏掺量超过规定的限量，则会在水泥硬化过程中仍有一部分石膏与 C_3A 及 C_4AF 的水化产物 $3CaO \cdot Al_2O_3 \cdot 6H_2O$ 继续反应生成水化硫铝酸钙针状晶体，体积膨胀，使水泥石强度降低，严重时还会导致水泥体积安定性不良。适宜的石膏掺量主要取决于水泥中 C_3A 的含量和石膏的品种及质量，同时与水泥细度及熟料中 SO_3 的含量有关，一般生产水泥时石膏掺量占水泥质量的 $3\% \sim 5\%$，具体掺量应通过试验确定。

（4）水灰比。拌和水泥浆时，水与水泥的质量比称为水灰比。从理论上讲，水泥完全水化所需的水灰比为 0.22 左右。但拌和水泥浆时，为使浆体具有一定塑性和流动性，所加入的水量通常要大大超过水泥充分水化时所需用水量，多余的水在硬化的水泥石内形成毛细孔。因此拌和水越多，硬化水泥石中的毛细孔就越多，当水灰比为 0.4 时，完全水化后水泥石的总孔隙率为 29.6%，而水灰比为 0.7 时，水泥石的孔隙率高达 50.3%。水泥石的强度随其孔隙增加而降低。因此，在不影响施工的条件下，水灰比小，则水泥浆稠易于形成胶体网状结构，水泥的凝结硬化速度快，同时水泥石整体结构内毛细孔少，强度也高。

（5）温、湿度。温度对水泥的凝结硬化影响很大，提高温度，可加速水泥的水化速度，有利于水泥早期强度的形成。就硅酸盐水泥而言，提高温度可加速其水化，使早期强度能较快发展，但对后期强度可能会产生一定的影响（因而硅酸盐水泥不适宜用于蒸汽养护、压蒸养护的混凝土工程）。而在较低温度下进行水化，虽然凝结硬化慢，但水化产物较致密，可获得较高的最终强度。但当温度低于 $0℃$ 时，强度不仅不增长，而且还会因水的结冰而导致水泥石被冻坏。

湿度是保证水泥水化的一个必备条件，水泥的凝结硬化实质是水泥的水化过程。因此，在干燥环境中，水化浆体中的水分蒸发，导致水泥不能充分水化，同时硬化也将停止，并会因干缩而产生裂缝。

在工程中，保持环境的温、湿度，使水泥石强度不断增长的措施称为养护，水泥混凝土在浇筑后的一段时间里应十分注意控制温、湿度的养护。

（6）龄期。龄期指水泥在正常养护条件下所经历的时间。水泥的凝结、硬化是随龄期的增长而渐进的过程，在适宜的温、湿度环境中，随着水泥颗粒内各熟料矿物水化程度的提高，凝胶体不断增加，毛细孔相应减少，水泥的强度增长可持续若干年。在水泥水化作用的最初几天内强度增长最为迅速，如水化 7d 的强度可达到 28d 强度的 70% 左右，28d 以后的强度增长明显减缓，如图 2-4 所示。

水泥的凝结、硬化除上述主要影响因素之外，还与水泥的存放时间、受潮程度及掺入的外加剂种类等因素有关。

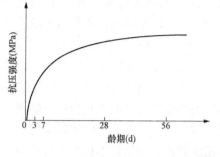

图 2 - 4　硅酸盐水泥强度发展与龄期的关系

和技术标准▍

1. 通用硅酸盐水泥的技术性质

为满足土木工程对水泥性能的要求，通用硅酸盐水泥的主要技术性质应满足以下要求：

（1）细度是指水泥颗粒的粗细程度。水泥细度的评定可采用筛分析法和比表面积法。筛分析法是用 $80\mu m$ 的方孔筛对水泥试样进行筛分析试验，用筛余百分数表示；比表面积法是指单位质量的水泥粉末所具有的总表面积，以 m^2/kg 表示，水泥颗粒越细，比表面积越大，可用勃氏比表面积测定仪测定。根据《通用硅酸盐水泥》（GB 175—2007）的规定，硅酸盐水泥比表面积应大于 $300m^2/kg$。凡细度不符合规定者均为不合格品。

（2）凝结时间。凝结时间分初凝和终凝。初凝为水泥加水拌和开始至水泥标准稠度的净浆开始失去可塑性所需的时间；终凝为水泥加水拌和开始至标准稠度的净浆完全失去可塑性所需的时间。

根据 GB 175—2007 的规定，硅酸盐水泥的初凝时间不得早于 45min，终凝时间不得迟于 6.5h。水泥的凝结时间是采用标准稠度的水泥净浆在规定温度及湿度的环境下，用水泥净浆时间测定仪测定的。凝结时间的规定对工程有着重要的意义，为使混凝土、砂浆有足够的时间进行搅拌、运输、浇筑、砌筑，顺利完成混凝土和砂浆的制备，并确保制备的质量，初凝不能过短，否则在施工中将失去流动性和可塑性而无法使用；当浇筑完毕时，为了使混凝土尽快凝结、硬化，产生强度，顺利地进入下一道工序，规定终凝时间不能太长，否则将减缓施工进度，降低模板周转率。标准中规定，凡初凝时间不符合规定者为废品；终凝时间不符合规定者为不合格品。

（3）标准稠度用水量。在进行水泥的凝结时间、体积安定性等测定时，为了使所测得的结果有可比性，要求必须采用标准稠度的水泥净浆来测定。水泥净浆达到标准稠度所需用水量即为标准稠度用水量，以水占水泥质量的百分数表示，用标准维卡仪测定。对于不同的水泥品种，水泥的标准稠度用水量各不相同，一般在 24%～33% 之间。

水泥的标准稠度用水量主要取决于熟料矿物组成、混合材料的种类及水泥细度。

（4）体积安定性。水泥的体积安定性是指水泥浆体在凝结硬化过程中体积变化的均匀性。当水泥浆体硬化过程发生不均匀变化时，会导致膨胀开裂、翘曲等现象，称为体积安定性不良。安定性不良的水泥会使混凝土构件产生膨胀性裂缝，从而降低建筑物质量，引起严重事故。因此，国家标准规定水泥体积安定性必须合格，否则水泥作为废品处理，严禁用于工程中。

引起水泥体积安定性不良的原因主要是：

1）水泥中含有过多的游离氧化钙和游离氧化镁。当水泥原料比例不当、煅烧工艺不正常或原料质量差（$MgCO_3$ 含量高）时，会产生较多游离状态的氧化钙和氧化镁（f - CaO、f - MgO），它们与熟料一起经历了 1450℃ 的高温煅烧，属严重过火的氧化钙、氧化镁，水化极慢，在水泥凝结硬化后很长时间才进行熟化。生成的 $Ca(OH)_2$ 和 $Mg(OH)_2$ 在已经硬化的水泥石中膨胀，使水泥石出现开裂、翘曲、疏松和崩溃等现象，甚至完全破坏。

2）石膏掺量过多。当石膏掺量过多时，在水泥硬化后，残余石膏与固态水化铝酸钙反应生成水化硫铝酸钙，体积增大约 1.5 倍，从而导致水泥石开裂。

《水泥标准稠度用水量、凝结时间、安定性检验方法》（GB/T 1346—2011）中规定，硅酸盐水泥的体积安定性经沸煮法（分标准法和代用法）检验必须合格。

用沸煮法只能检测出 f-CaO 造成的体积安定性不良。f-MgO 产生的危害与 f-CaO 相似，但由于氧化镁的水化作用更缓慢，其含量过多造成的体积安定性不良，必须用压蒸法才能检验出来。石膏造成的体积安定性不良则需长时间在温水中浸泡才能发现。由于后两种原因造成的体积安定性不良都不易检验，因此国家标准规定：熟料中 MgO 含量不宜超过 5%，经压蒸试验合格后，允许放宽到 6%，S_2O_3 含量不得超过 3.5%。

（5）强度。强度是水泥力学性质的一项重要指标，是确定水泥强度等级的依据。根据《水泥胶砂强度检验方法（ISO 法）》（GB/T 17671—1999）的规定，将水泥、标准砂和水按规定比例（水泥∶标准砂∶水＝1∶3.0∶0.5）用规定方法制成的规格为 40mm×40mm×160mm 的标准试件，在标准养护的条件下养护，测定其 3d、28d 的抗压强度、抗折强度。按照 3d、28d 的抗压强度、抗折强度，将硅酸盐水泥分为 42.5、42.5R、52.5、52.5R、62.5、62.5R 六个强度等级。各等级、各龄期的强度值不得低于表 2-3 中的数值。

由于水泥的强度随着放置时间的延长而降低，因此为了保证水泥在工程中的使用质量，生产厂家在控制出厂水泥 28d 强度时，均留有一定的富余强度。通常富余系数为 1.06～1.18。

表 2-3   通用硅酸盐水泥的强度指标

品种	强度等级	抗压强度（MPa）		抗折强度（MPa）	
		3d	≥28d	3d	28d
硅酸盐水泥	42.5	≥17.0	≥42.5	≥3.5	≥6.5
	42.5R	≥22.0		≥4.0	
	52.5	≥23.0	≥52.5	≥4.0	≥7.0
	52.5R	≥27.0		≥5.0	
	62.5	≥28.0	≥62.5	≥5.0	≥8.0
	62.5R	≥32.0		≥5.5	
普通硅酸盐水泥	42.5	≥17.0	≥42.5	≥3.5	≥6.5
	42.5R	≥22.0		≥4.0	
	52.5	≥23.0	≥52.5	≥4.0	≥7.0
	52.5R	≥27.0		≥5.0	
矿渣硅酸盐水泥、火山灰质硅酸盐水泥、粉煤灰硅酸盐水泥、复合硅酸盐水泥	32.5	≥10.0	≥32.5	≥2.5	≥5.5
	32.5R	≥15.0		≥3.5	
	42.5	≥15.0	≥42.5	≥3.5	≥6.5
	42.5R	≥19.0		≥4.0	
	52.5	≥21.0	≥52.5	≥4.0	≥7.0

为提高水泥的早期强度，我国现行标准将水泥分为普通型和早强型（R 型）两个型号。早强型水泥的 3d 抗压强度可以达到 28d 抗压强度的 50%；同强度等级的早强型水泥，3d 抗压强度较普通型的可以提高 10%～24%。

2. 通用硅酸盐水泥的技术标准

按《通用硅酸盐水泥》（GB 175—2007）的有关规定，不溶物烧失量，三氧化硫、氧化镁、氯离子含量，凝结时间、安定性及抗压强度中任何一项不符合规定的均为不合格产品。其具体标准见表2-4。

表2-4　　　　　　　　　　　　　通用硅酸盐水泥的技术标准

品种	代号	不溶物含量（%）	烧失量（%）	三氧化硫含量（%）	氧化镁含量（%）	氯离子含量（%）	碱含量（%）	细度			凝结时间（min）		安定性（沸煮法）	抗压强度（MPa）
								比表面积	80μm方孔筛筛余量	45μm方孔筛筛余量	初凝	终凝		
硅酸盐水泥	P·I	≤0.75	≤3.0	≤3.5	≤5.0①	≤0.06③	0.60④	≥300	—	—	≥45	≤390	必须合格	见表2-3
	P·II	≤1.5	≤3.5	≤3.5	≤5.0①	≤0.06③	0.60④	≥300	—	—	≥45	≤390	必须合格	见表2-3
普通硅酸盐水泥	P·O	—	≤5.0	≤3.5	≤5.0①	≤0.06③	0.60④	≥300	—	—	≥45	≤600	必须合格	见表2-3
矿渣硅酸盐水泥	P·S·A	—	—	≤4.0	≤6.0②	≤0.06③	0.60④	—	≤10	≤30	≥45	≤600	必须合格	见表2-3
	P·S·B	—	—	≤4.0	—	≤0.06③	0.60④	—	≤10	≤30	≥45	≤600	必须合格	见表2-3
火山灰质硅酸盐水泥	P·P	—	—	≤3.5	≤6.0②	≤0.06③	0.60④	—	≤10	≤30	≥45	≤600	必须合格	见表2-3
粉煤灰硅酸盐水泥	P·F	—	—	≤3.5	≤6.0②	≤0.06③	0.60④	—	≤10	≤30	≥45	≤600	必须合格	见表2-3
复合硅酸盐水泥	P·C	—	—	≤3.5	≤6.0②	≤0.06③	0.60④	—	≤10	≤30	≥45	≤600	必须合格	见表2-3

①如果水泥压蒸试验合格，则水泥中氧化镁的含量允许放宽至6.0%。

②当水泥中氧化镁的含量大于6.0%时，需进行水泥压蒸安定性试验并合格。

③当有更低要求时，该指标由买卖双方协商确定。

④水泥中碱含量按 $Na_2O+0.658K_2O$ 计算值表示，若使用活性骨料，用户要求提供低碱水泥时，则水泥中的碱含量应不大于0.60%或由买卖双方协商确定。

🔊))) 知识链接五：水泥石的腐蚀与防止

1. 水泥石的腐蚀

硅酸盐水泥硬化后形成的水泥石，在正常环境条件下继续硬化，强度不断增长。但在某些腐蚀性液体或气体的长期作用下，水泥石就会受到不同程度的腐蚀，严重时会使水泥石强度明显降低，甚至完全破坏，这种现象称为水泥石的腐蚀。

引起水泥石腐蚀的原因很多，也很复杂，常见的腐蚀类型有以下几种：

（1）软水侵蚀。软水是指重碳酸盐含量较小的水。硅酸盐水泥属于水硬性胶凝材料，应有足够的抗水能力，但是硬化后，如果不断受到淡水的侵袭，水泥的水化产物就将按照溶解度的大小，依次逐渐被水溶解，产生溶出性侵蚀，最终导致水泥石破坏。

在各种水化产物中，$Ca(OH)_2$ 的溶解度最大，所以首先被溶解。如果水量不多，水中的 $Ca(OH)_2$ 浓度很快就达到饱和而停止溶出。但是在流动水中，特别是在有水压作用且混凝土的渗透性又较大的情况下，$Ca(OH)_2$ 就会不断地被溶出带走，这不仅增加了混凝土的孔隙率，使水更易渗透，而且液相中 $Ca(OH)_2$ 的浓度降低，还会使其他水化产物发生分解。

对于长期处于淡水环境（雨水、雪水、冰川水和河水等）的混凝土，表面将会产生一定的破坏。但对抗渗性良好的水泥石，淡水的溶出过程一般发展很慢，几乎可以忽略不计。

（2）酸和酸性水侵蚀。当水中溶有一些无机酸或有机酸时，硬化水泥石就受到溶析和化学溶解双重作用。

酸类离解出来的 H^+ 离子和酸根 R^- 离子分别与水泥中 $Ca(OH)_2$ 的 OH^-、Ca^{2+} 结合成水和钙盐。其反应式如下：

$$2H^+ + 2OH^- \longrightarrow 2H_2O$$
$$Ca^{2+} + 2R^- \longrightarrow CaR_2$$

在大多数天然水及工业污水中，由于大气中 CO_2 的溶入，常会产生碳酸侵蚀。首先，碳酸与水泥石中的 $Ca(OH)_2$ 作用，生成不溶于水的碳酸钙；然后，水中的碳酸还要与碳酸钙进一步作用，生成易溶性的碳酸氢钙。其反应式如下：

$$3Ca(OH)_2 + CO_2 \longrightarrow CaCO_3 + H_2O$$
$$CaCO_3 + CO_2 + H_2O \longrightarrow Ca(HCO_3)_2$$

（3）盐类侵蚀。绝大部分硫酸盐对水泥石都有明显的侵蚀作用。SO_4^{2-} 主要存在于海水、地下水及某些工业污水中。当溶液中 SO_4^{2-} 大于一定浓度时，碱性硫酸盐就会与水泥石中的 $Ca(OH)_2$ 发生反应，生成硫酸钙 $CaSO_4 \cdot 2H_2O$，并能结晶析出。硫酸钙进一步与水化铝酸钙反应生成钙矾石，体积膨胀，使水泥石产生膨胀开裂以致毁坏。以硫酸钠为例，其反应式如下：

$$Ca(OH)_2 + NaSO_4 \cdot 10H_2O \longrightarrow CaSO_4 \cdot 2H_2O + 2NaOH + 8H_2O$$
$$3CaO \cdot 6Al_2O_3 + 3(CaSO_4 \cdot 2H_2O) + 20H_2O \longrightarrow 3CaO \cdot Al_2O_3 \cdot 3CaSO_4 \cdot 32H_2O$$

镁盐腐蚀也是一种盐类腐蚀形式，主要存在于海水及地下水中。镁盐主要是硫酸镁和氯化镁，与水泥石中的 $Ca(OH)_2$ 发生置换反应。其反应式如下：

$$MgSO_4 + Ca(OH)_2 + 2H_2O \longrightarrow CaSO_4 \cdot 2H_2O + 2Mg(OH)_2$$

$$MgCl_2+Ca(OH)_2 \longrightarrow CaCl_2+Mg(OH)_2$$

反应产物氢氧化镁的溶解度极小，极易从溶解中析出而使反应不断向右进行，氯化钙和硫酸钙易溶于水，尤其是硫酸钙（$CaSO_4 \cdot 2H_2O$）会继续产生硫酸盐的腐蚀。因此，硫酸镁对水泥石的破坏极大，起着双重腐蚀作用。

（4）含碱溶液侵蚀。水泥石在一般情况下能够抵抗碱类的侵蚀，但若长期处于较高浓度的碱溶液中，也会受到腐蚀，而且温度升高，侵蚀作用加快。这类侵蚀主要包括化学侵蚀和物理析晶两类作用。

化学侵蚀是碱溶液与水泥石中的水泥水化产物发生化学反应，生成的产物胶结力差，且易被碱液溶析。其反应式如下：

$$2CaOH \cdot SiO_2 \cdot nH_2O+2NaOH \longrightarrow 2Ca(OH)_2+Na_2SiO_3+(n-1)H_2O$$
$$3CaO \cdot Al_2O_3 \cdot 6H_2O+2NaOH \longrightarrow 3Ca(OH)_2+Na_2O \cdot Al_2O_3+4H_2O$$

结晶侵蚀则是因碱液渗入水泥石孔隙，之后在空气中干燥结晶，因而产生结晶压力所引起的胀裂现象。其反应式如下：

$$2NaOH+CO_2+9H_2O \longrightarrow Na_2CO_3 \cdot 10H_2O$$

2. 水泥石腐蚀的防止

（1）根据环境特点，合理选择水泥品种。如处于软水环境的工程，常选用掺入混合材料的矿渣水泥、火山灰水泥或粉煤灰水泥，因为水泥石中氢氧化钙含量低，对软水侵蚀的抵抗能力强。

（2）提高水泥石的密实度。通过减小水灰比，掺加外加剂，采用机械搅拌和机械振捣，可以提高水泥石的密实度，降低水泥石的孔隙率。

（3）在水泥石表面敷设保护层。

（4）在水泥石的表面涂抹或铺设保护层，隔断水泥石和外界的腐蚀性介质的接触。例如，可在水泥石表面涂抹耐腐蚀的涂料，如水玻璃、沥青及环氧树脂等；或在水泥石的表面铺建筑陶瓷及致密的天然石材等。

◁))）知识链接六：通用硅酸盐水泥的特性与应用

1. 硅酸盐水泥

硅酸盐水泥的主要特点及适用范围如下：

（1）凝结硬化快，早期及后期强度均高。适用于有早强要求的工程（如冬季施工、预制及现浇等工程），高强度混凝土工程（如预应力钢筋混凝土及大坝溢流面部位混凝土工程）。

（2）抗冻性好。适用于抗冻性要求高的工程。

（3）水化热高。不宜用于大体积混凝土工程，但有利于低温季节蓄热施工。

（4）耐腐蚀性差。因水化后氢氧化钙和水化铝酸钙的含量较多，不宜用于流动的淡水接触及有水压作用的工程，也不适用于海水、矿物水等作用的工程。

（5）抗碳化性好。因水化后氢氧化钙含量较多，故水泥石的碱度不易降低，对钢筋的保护作用较强，适用于空气中二氧化碳浓度高的环境。

（6）耐热性差。因水化后氢氧化钙含量高，不适用于承受高温作用的混凝土工程。

（7）耐磨性好。适用于高速公路、道路和地面工程。

2. 普通硅酸盐水泥

由于普通硅酸盐水泥中混合材料的掺量较少，因此普通硅酸盐水泥的特点与硅酸盐水泥差别不大，适用范围与硅酸盐水泥基本相同。

3. 矿渣硅酸盐水泥

在矿渣硅酸盐水泥中，由于掺加了大量的混合材料，相对减少了水泥熟料矿物的含量，因此矿渣硅酸盐水泥的凝结稍慢，早期强度较低。但在硬化后期，28d 以后的强度发展将超过硅酸盐水泥。

矿渣硅酸盐水泥的主要特点及适用范围如下：

（1）与普通硅酸盐水泥一样，能应用于任何地上工程，配制各种混凝土及钢筋混凝土，而且在施工时要求控制混凝土用水量，并尽量排除混凝土表面泌水，加强养护工作；否则，不但强度过早停止发展，而且会产生较大干缩，导致开裂。拆模时间应适当延长。

（2）适用于地下或水中工程，以及经常受较高水压的工程。对于要求耐淡水侵蚀和耐硫酸盐侵蚀的水工或海工建筑尤其适宜。

（3）因水化热较低，适用于大体积混凝土工程。

（4）最适用于蒸汽养护的预制构件。矿渣硅酸盐水泥经蒸汽养护后，不但能获得较好的力学性能，而且浆体结构的微孔变细，能改善制品和构件的抗裂性和抗冻性。

（5）适用于受热（200℃以下）的混凝土工程。还可掺加耐火砖粉等耐热掺料，配制成耐热混凝土。

矿渣硅酸盐水泥不适用于早期强度的混凝土工程；不适用于受冻融或干湿交替环境中的混凝土；对于低温（10℃以下）环境中需要强度发展迅速的工程，如不能采取加热保温或加速硬化等措施，也不易使用。

4. 火山灰质硅酸盐水泥

火山灰质硅酸盐水泥的技术性质与矿渣硅酸盐水泥比较接近，主要适用范围如下：

（1）最适宜用在地下或水中工程，尤其是需要抗渗性、抗淡水及抗硫酸盐侵蚀的工程中。

（2）与普通硅酸盐水泥一样可以用于地面工程，但用软质混合材料的火山灰水泥，由于干缩变形较大，不宜用于干燥地区或高温车间。

（3）适宜用于蒸汽养护生产混凝土预制构件。

（4）由于水化热较低，因此宜用于大体积混凝土工程。

火山灰质硅酸盐水泥不适用于早期强度要求较高、耐磨性要求较高的混凝土工程；其抗冻性较差，不宜用于受冻部位。

5. 粉煤灰硅酸盐水泥

粉煤灰硅酸盐水泥与火山灰硅酸盐水泥有许多相同的特点，但由于掺加的混合材料不同，因此也有不同。

粉煤灰硅酸盐水泥除适用于地面工程外，还非常适用于大体积混凝土以及水中结构工程等。

粉煤灰硅酸盐水泥的缺点是泌水快，易引起失水裂缝，因此在混凝土凝结期间宜适当增加抹面次数，在硬化期应加强养护。

6. 复合硅酸盐水泥

复合硅酸盐水泥的特性与矿渣硅酸盐水泥、火山灰质硅酸盐水泥、粉煤灰硅酸盐水泥相似，并取决于所掺混合材料的种类及相对比例。

　　通用硅酸盐水泥在目前土建工程中应用最广、用量最大。现将通用硅酸盐水泥的主要特性列于表 2-5，在混凝土结构工程中水泥的选用可参考表 2-6。

表 2-5　　　　　　通用硅酸盐水泥的主要特性

名称		硅酸盐水泥	普通硅酸盐水泥	矿渣硅酸盐水泥	火山灰质硅酸盐水泥	粉煤灰硅酸盐水泥
密度（g/cm³）		3.00～3.15	3.00～3.15	2.80～3.10	2.80～3.10	2.80～3.11
堆积密度（kg/m³）		1000～1600	1000～1600	1000～1200	900～1000	900～1000
强度等级		42.5、42.5R、52.5、52.5R、62.5、62.5R	42.5、42.5R、52.5、52.5R	32.5、32.5R、42.5、42.5R、52.5、52.5R		
特性	硬化	快	较快	慢	慢	慢
	早期强度	高	较高	低	低	低
	水化热	高	高	低	低	低
	抗冻性	好	较好	差	差	差
	耐热性	差	较差	好	较差	较差
	干缩性	较小	较小	较大	较大	较小
	抗渗性	较好	较好	差	较好	较好
	耐蚀性	差	较差	较强	较强	较强
	泌水性	较小	较小	明显	小	小

表 2-6　　　　　　通用硅酸盐水泥的选用

混凝土工程特点或所处环境条件		优先选用	可以选用	不宜选用
普通混凝土	在普通气候环境中的混凝土	普通硅酸盐水泥	矿渣硅酸盐水泥 火山灰质硅酸盐水泥 粉煤灰硅酸盐水泥 复合硅酸盐水泥	—
	在干燥环境中的混凝土	普通硅酸盐水泥	矿渣硅酸盐水泥	—
	在高湿度环境中或永远处在水下的混凝土	矿渣硅酸盐水泥	矿渣硅酸盐水泥 火山灰质硅酸盐水泥 粉煤灰硅酸盐水泥 复合硅酸盐水泥	火山灰质硅酸盐水泥
	大厚体积的混凝土	矿渣硅酸盐水泥 火山灰质硅酸盐水泥 粉煤灰硅酸盐水泥 复合硅酸盐水泥	普通硅酸盐水泥	硅酸盐水泥

续表

混凝土工程特点或所处环境条件		优先选用	可以选用	不宜选用
有特殊要求的混凝土	要求快硬的混凝土	硅酸盐水泥	普通硅酸盐水泥	矿渣硅酸盐水泥 火山灰质硅酸盐水泥 粉煤灰硅酸盐水泥 复合硅酸盐水泥
	高强（大于C40）的混凝土	硅酸盐水泥	普通硅酸盐水泥 矿渣硅酸盐水泥	火山灰质硅酸盐水泥 粉煤灰硅酸盐水泥
	严寒地区的露天混凝土，寒冷地区的处在水位升降范围内的混凝土	普通硅酸盐水泥	矿渣硅酸盐水泥	火山灰质硅酸盐水泥 粉煤灰硅酸盐水泥
	严寒地区的处在水位升降范围内的混凝土	普通硅酸盐水泥	—	矿渣硅酸盐水泥 火山灰质硅酸盐水泥 粉煤灰硅酸盐水泥 复合硅酸盐水泥
	有抗渗要求的混凝土	普通硅酸盐水泥 火山灰质硅酸盐水泥	—	矿渣硅酸盐水泥
	有耐磨性要求的混凝土	硅酸盐水泥 普通硅酸盐水泥	矿渣硅酸盐水泥	火山灰质硅酸盐水泥 粉煤灰硅酸盐水泥

◁))知识链接七：通用硅酸盐水泥的包装、标志和储运

1. 包装

（1）水泥可以散装或袋装，袋装水泥每袋净含量 50kg，且应不少于标志质量的 99％。

（2）随机抽取 20 袋总质量（含包装袋）应不少于 1000kg，其他包装形式由供需双方协商确定，但有关袋装质量要求，应符合（1）项规定。

2. 标志

（1）水泥包装袋上应清楚标明：执行标准、水泥品种、代号、强度等级、生产者名称、生产许可证标志（Qs）及编号、出场编号、包装日期、净含量。包装袋两侧应根据水泥的品种采用不同的颜色印刷水泥名称和强度等级，硅酸盐水泥和普通硅酸盐水泥采用红色，矿渣硅酸盐水泥采用绿色，火山灰质硅酸盐水泥、粉煤灰硅酸盐水泥和复合硅酸盐水泥采用黑色或蓝色。

（2）散装发运时，应提交与袋装标志相同内容的卡片。

3. 储运

（1）水泥在运输与储存时不得受潮和混入杂物，不同品种和强度等级的水泥在储运中应避免混杂。

（2）使用时应考虑先存先用，不可储存过久，一般不宜超过 3 个月，否则应重新测定强度等级，按实测强度使用。存放超过 6 个月的水泥必须经过检验合格后才能使用。

◁))知识链接八：水泥技术性质测定方法

为了保证建筑工程的质量和进行施工控制，一般施工前需对水泥的质量进行检验。国家和建材行业颁布了一系列水泥试验标准来指导水泥试验，以保证检验结果的可靠性。

水泥试验的种类很多，且不同水泥品种的试验方法和试验要求有所不同。本知识链接对通用水泥最主要的物理力学性能——细度、标准稠度用水量、凝结时间、体积安定性、胶砂强度试验进行介绍，主要参照的规范有《水泥细度检验方法　筛析法》（GB/T 1345—2005）、《水泥标准稠度用水量、凝结时间、安定性检验方法》（GB/T 1346—2011）、《水泥胶砂强度检验方法（ISO法）》（GB/T 17671—1999）。

试验一：水泥试验的一般规定

（1）取样方法：以同一水泥厂、同品种、同标号、同期到达的产品，一般不超过200t为一批。取样应有代表性，应从20个以上不同部位抽取等量样品，总量不少于12kg。

（2）试样应充分拌匀，通过0.9mm的方孔筛，记录筛余百分率及筛余物情况。将样品分成两份，一份密封保存3个月，一份用于试验。

（3）试验用水必须是洁净的淡水。

（4）试验室温度应为18～22℃，相对湿度应不小于50％。养护箱温度为（20±1）℃，相对湿度应大于90％。养护池水温为（20±1）℃。

（5）水泥试样、标准砂、拌合水及仪器用具的温度应与试验室温度相同。

试验二：水泥细度测定

1. 试验目的和意义

水泥的许多性质（如凝结时间、强度、收缩等）都与水泥的细度有关，因此水泥的细度是评价水泥质量的一个指标。

普通水泥的水泥细度检验用负压筛法或水筛法。如两种方法的检验结果有争议，以负压筛法为准。

2. 水筛法

（1）主要仪器设备。

1）水筛及筛座。水筛采用边长为0.080mm的方孔铜丝筛网，筛框内径125mm，高80mm。

2）喷头。直径55mm，面上均匀分布90个孔，孔径0.5～0.7mm，喷头安装高度离筛网35～75mm为宜。

3）天平（称量100g，感量0.05g）、烘箱等。

（2）试验步骤。

1）称取已通过0.9mm方孔筛的试样50g，倒入水筛内，立即用洁净的自来水冲至大部分细粉通过，再将筛子置于筛座上，用（0.05±0.02）MPa压力的喷头水连续冲洗3min。

2）将筛余物冲到筛的一边，用少量的水将其全部冲移至蒸发皿内，沉淀后将水倒出。

3）将蒸发皿放在烘箱中烘至恒重，称量筛余量。

（3）结果计算。将筛余量的质量克数乘以2即得筛余百分数，结果计算至0.1％，并以一次试验结果作为检验结果。

3. 负压筛法

（1）主要仪器设备。

1）负压筛。采用边长为0.080mm的方孔铜丝筛网，并附有透明的筛盖，筛盖与筛口应有良好的密封性。

2）负压筛仪。由筛座、负压源及收尘器组成。

（2）试验步骤。

1）检查负压系统，压力应在4000～6000Pa范围内。

2）称取过筛（0.9mm方孔筛）水泥试样25g，置于洁净的负压筛中，盖上筛盖，并放在筛座上。

3）启动负压筛并连续筛析2min，在此期间如有试样黏附于筛盖，可轻轻敲击筛盖使试样落下。

4）筛毕取下，用天平称取筛余物的质量，精确至0.05g。

（3）结果计算。以筛余量的质量克数乘以4，即得筛余百分数，结果计算至0.1%，并以一次试验结果作为检验结果。

试验三：水泥标准稠度用水量测定

1. 试验目的和意义

水泥的凝结时间和安定性测定等都与它们的用水量有关。为了便于检验，必须人为规定一个标准稠度，统一用标准稠度的水泥净浆进行检验。该试验的主要目的就是为凝结时间和安定性试验提供标准稠度的水泥净浆，也可用来检验水泥的需水量。

水泥标准稠度用水量可用调整水量法或固定水量法测定，有争议时以调整水量法为准。

2. 主要仪器设备

（1）水泥净浆搅拌机。由主机、搅拌叶和搅拌锅等组成，搅拌叶片能以双转速转动。

（2）标准稠度测定仪。由机身（见图2-5）、试锥和试模（见图2-6）组成，滑动部分（滑杆、指针及试锥）的总质量为（300±2）g。

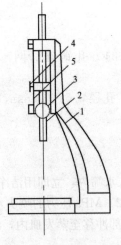
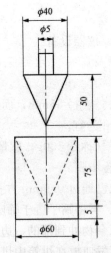

图2-5　标准稠度测定仪
1—支座；2—滑杆；3—止动螺丝；4—指针；5—标尺

图2-6　试锥和试模（单位：mm）

3. 试验步骤

（1）称取水泥试样500g，量取142.5mL（固定水量法时）或适量的净水（调整水量法时）。

（2）用湿布将搅拌锅和搅拌叶片擦湿，将称好的水泥倒入锅内，将锅固定在锅座上，升至搅拌位置。

（3）开动搅拌机慢速搅拌，徐徐加入拌合水，慢速搅拌 120s，停止 15s，再快速搅拌 120s 后停机。

（4）搅拌结束后，立即将水泥净浆装入试锥模内，用小刀插捣并振动数次，排出气泡并刮平，再放置到基座上。将试锥尖降至净浆表面，拧紧止动螺栓，将指针调到零，然后突然放松止动螺栓，让试锥自由沉入浆体中，待试锥停止下沉时，记录下沉深度，整个操作应在搅拌后 1.5min 内完成。

4．试验结果

（1）用调整水量法时，以试锥下沉深度为（28±2）mm 时作为水泥净浆的标准稠度，以用水量/水泥质量的百分数作为标准稠度用水量。如下沉深度小于或大于此范围，则应相应增加或减少用水量，重新试验，直到满足要求为止。

（2）用固定水量法测试时，当试锥下沉深度不小于 13mm 时，可从标准稠度测定仪的标尺上直接读出标准稠度用水量，也可根据试锥下沉深度 S（mm），按下式计算出标准稠度用水量 P（％）：

$$P = 33.4 - 0.185S \qquad (2-1)$$

当试锥下沉深度小于 13mm 时，应改用调整水量法测定。

试验四：水泥凝结时间测定

1．试验目的和意义

水泥加水拌和后形成水泥浆，水泥浆会逐渐失去可塑性而获得强度。从水泥加水起到开始失去可塑性的时间，称为初凝时间；从水泥加水起到完全失去可塑性并具有强度的时间，称为终凝时间。

从施工的角度来说，水泥初凝不宜太早，终凝不宜太迟，以保证水泥拌和以后有足够的时间进行施工，施工结束以后能保证强度的发展。凝结时间是评定水泥质量的一个重要指标。

2．主要仪器设备

（1）凝结时间测定仪，它是将标准稠度测定仪的试锥换成试针，锥模换成圆模（见图 2-7）。

（2）养护箱。

（3）测定标准稠度时所需的仪器。

3．试验步骤

（1）称取水泥试样 500g，按测定的标准稠度用水量乘以水泥质量数加水，搅拌制备标准稠度的水泥净浆，并记录开始加水的时间。

（2）将圆模放置在玻璃板上，内侧涂少许机油。将水泥净浆立即一次装入圆模，振动数次刮平，然后放入养护箱内。

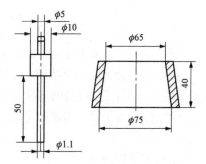

图 2-7　试针及圆模（单位：mm）

（3）调整测定仪，使试针接触圆模底面，将指针调至标尺最下面刻度作为零点。测定时从养护箱中取出试件放到测试仪的试针下，将试针调到与试件表面刚要接触时止住，测定时突然放开止动螺栓，让试针自由插入浆体中，到试针停止下沉时，记录指针刻度数。

最终测定时，为防止撞弯试针，应轻托滑杆，使其徐徐下降。但测定初凝时间时，仍需以自由下落时的读数为准。

（4）从加水时算起，30min 后进行第一次测定，以后每隔一定时间测一次。临近初凝时，每隔 5min 测一次；临近终凝时，每隔 15min 测一次。到达初凝和终凝时应立即重复测一次，两次结论相同时才能得出最终结论。每次测定时，试针贯入的位置至少要距圆模内壁 10mm 以上，并不得让试针落入原测试孔内，每次测定后，均需将试件放回养护箱内，并将试针擦净，试件不得受振动。

4. 试验结果

（1）自加水时刻起，至试针插入净浆中距底板 2～3mm 时所经过的时间为初凝时间，用小时（h）和分（min）表示。

（2）自加水时刻起，至试针插入净浆中 1～0.5mm 时所经历的时间为终凝时间，用小时（h）和分（min）表示。

试验五：水泥安定性试验

1. 试验目的和意义

造成水泥体积安定性不良的主要原因有游离氧化钙过多、氧化镁过多和掺入的石膏过多。对于氧化镁和石膏含量，规定水泥出厂时应符合要求。对游离氧化钙的危害作用，则通过沸煮法来检验。安定性检验分雷氏法和试饼法两种，有争议时以雷氏法为准。

2. 主要仪器设备

（1）测定标准稠度所需的仪器。

（2）雷氏夹。铜质材料制成，形状见图 2-8，用 300g 砝码校正时，两根针尖距离增加应在（17.5±2.5）mm 范围内，见图 2-9。

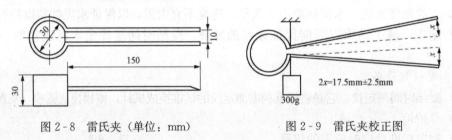

图 2-8 雷氏夹（单位：mm）   图 2-9 雷氏夹校正图

（3）雷氏夹膨胀测定仪。标尺最小刻度为 1mm。

（4）沸煮箱。有效容积为 410mm×240mm×310mm，内设篦板及两组加热器，能在（30±5）min 内将一定量的试验用水由 20℃加热至沸腾，然后保持恒沸 3h。

（5）标准养护箱、玻璃板等。

3. 检验方法

（1）试饼法。

1）将制备好的标准稠度的水泥净浆取出约 150g，分成两等份，使其成球形，分别放在已涂有一层薄机油的玻璃板上，轻轻振动玻璃板使水泥浆摊开，并用小刀由边缘向中间抹，做成直径 70～80mm、中心厚约 10mm、边缘渐薄、表面光滑的试饼，放入标准养护箱内。

2）标准养护（24±2）h 后，编号，除去玻璃板，检查试饼。在无缺陷的情况下将试饼置于沸煮的篦板上，调好水位和水温，接通电源，开启沸煮箱，在（30±5）min 内加热至沸腾，并恒沸 3h±5min。

3）沸煮结束后放掉热水，冷却至室温，如目测未发现裂纹，或用直尺检查平面无弯曲，则体积安定性合格，反之为不合格。当两个试饼的判别结果有矛盾时，也判为不合格。

（2）雷氏法。

1）将两个雷氏夹分别放在已涂有一层薄机油的玻璃板（质量为 75～80g）上，再准备两块同样的玻璃板作盖板。

2）将制备好的标准稠度水泥净浆装入雷氏夹的圆模内，轻扶雷氏夹，用小刀插捣 15 次左右后抹平，盖上玻璃板，送至标准养护箱。

3）养护（24±2）h 后，除去玻璃板，测量每个雷氏夹两个指针尖端间的距离（A），精确至 0.5mm，然后将试件放在沸煮箱的篦板上，指针朝上，在（30±5）min 内将水加热至沸腾，并恒沸 3h±5min。

4）倒出沸煮后冷却至室温的试件，用膨胀值测定仪测量雷氏夹两指针尖间距离（C），计算膨胀值（C−A），取两个试件膨胀值的算术平均值作为试验的结果。当结果不大于 5mm 时，水泥安定性合格，反之为不合格。若两个试件的膨胀值相差超过 5mm，则应用同一样品立即重做一次试验。

试验六：水泥胶砂强度试验

1. 试验的目的和意义

水泥作为主要的胶凝材料，其强度对混凝土的强度有决定性的影响。水泥的强度用标准的水泥胶砂试件抗折和抗压强度来表示，并根据强度测定值来划分水泥的强度等级。

2. 主要仪器设备

（1）胶砂搅拌机。行星式胶砂搅拌机，应符合《行星式水泥胶砂搅拌机》（JC/T 681—2005）的要求。

（2）胶砂振动台。应符合《水泥胶砂振动台》（JC/T 723—2005）的要求。

（3）试模。可装卸的三联模，一次制成的三条试件尺寸都为 40mm×40mm×160mm，如图 2-10 所示。

（4）下料漏斗。与试模配套使用，下料口宽 4～5mm。

（5）水泥电动抗折试验机。应符合《水泥胶砂电动抗折试验机》（JC/T 724—2005）的要求。

（6）压力试验机及抗压夹具。试验机最大量程以 200～300kN 为宜，在较大的 4/5 量程范围内使用时，记录的荷载应有 ±1% 的精度。抗压夹具以硬钢制成，试件受压尺寸为 62.5mm×40mm，加压面须磨平。

（7）刮刀、量筒、天平等。

（8）试验筛。金属丝网试验筛应符合《金属丝编织网试验筛》（GB/T 6003.1—1997）的要求，筛孔尺寸分别为 2.0、1.6、1.0、0.5、0.16、0.080mm。

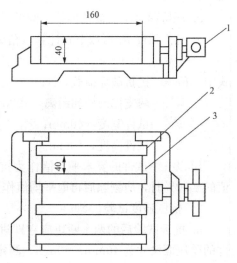

图 2-10　试模（单位：mm）

1—底模；2—侧模；3—挡板

3. 检验方法

(1) 称料。水泥与标准砂的质量比为 1:3，水灰比为 0.50。每成型三条试件需称量水泥 450g、标准砂 1350g、水 225mL（$W/C=0.50$）。

(2) 搅拌。把水加入锅中，再加入水泥，把锅放在固定架上，上升至固定位置。然后立即开动机器，低速搅拌 30s 后，在第二个 30s 开始时同时均匀地将砂子加入。把机器转至高速再拌 30s。停拌 90s，在第一个 15s 内用一胶皮刮具将叶片和锅壁上的胶砂刮入锅中间。在高速下继续搅拌 60s。各个搅拌阶段，时间误差应在 ±1s 以内。

(3) 成型。胶砂制备后立即进行成型。将空试模和模套固定在振实台上，用一个适当的勺子直接从搅拌锅里将胶砂分两层装入试模，装第一层时，每个槽里约放 300g 胶砂，用大播料器垂直架在模套顶部沿每个模槽来回一次，将料层播平，接着振实 60 次，再装入第二层胶砂，用小播料器播平，再振实 60 次。移走模套，从振实台上取下试模，用一金属直尺以近似 90°的角度架在试模模顶的一端，然后沿试模长度方向以横向锯割动作慢慢向另一端移动，一次将超过试模部分的胶砂刮去，并用同一直尺在近乎水平的情况下将试体表面抹平。在试模上作标记或加字条标明试件编号和试件相对于振实台的位置。

(4) 养护与脱模。将成型好的试件连试模送入标准养护箱[温度为（20±1）℃，湿度大于 90%]养护（22±2）h，然后取出脱模。硬化较慢的水泥允许延期脱模，水面至少高出试件 5cm。

(5) 强度试验。

1) 抗折强度。

a. 各龄期试件，规定在 24h±15min、48h±30min、72h±45min、7d±2h、28d±8h 时间范围内进行强度试验。

b. 到时间后，取出三条试件先进行抗折试验。测试前须先擦去试件表面的水分和砂粒，清洁夹具的圆柱表面。

c. 将试件一个侧面放在试验机支撑圆柱上，试件长轴垂直于支撑圆柱，通过加荷圆柱以（50±10）N/s 的速度均匀地将荷载垂直地加在棱柱体相对侧面上，直至折断。

d. 保持两个半截棱柱体处于潮湿状态直至抗压试验。

e. 抗折强度 R_f 可按下式计算（精确至 0.01MPa）：

$$R_f = 1.5F_fL/(bh^2) \tag{2-2}$$

式中　F_f——抗折破坏荷载，N；

　　　L——两支撑圆柱间距离，100mm；

　　　b——试件宽度，40mm；

　　　h——试件高度，40mm。

f. 以三个试件的算术平均值作为抗折强度试验结果。当三个强度值中有一个超过平均值的 ±10% 时，应剔除后再取平均值作为抗折强度试验结果。

2) 抗压强度试验。

a. 抗折试验后的两个断块应立即进行抗压强度试验，抗压试验需用抗压夹具进行，试件的受压面尺寸为 40mm×40mm。测定前应先清除试件受压面与加压板间的砂粒或杂质。测定时应以试件侧面作为受压面，并使夹具对准压力机压板中心。

b. 加荷速度控制在（2.4±0.2）kN/s 范围内，均匀地加荷直至破坏。

c. 抗压强度 R_c 按下式计算（精确至 0.1MPa）：

$$R_c = F_c/A \tag{2-3}$$

式中　F_c——抗压破坏荷载，N；

　　　A——受压面积，通常取 40mm×40mm＝1600mm^2。

d. 以一组三个棱柱体上得到的六个抗压强度测定值的算术平均值作为抗压强度试验结果。如六个测定值中有一个超出六个平均值的±10％，就应剔除这个结果，而以剩下五个的平均值为结果。如果五个测定值中再有超出它们平均值的±10％时，则此组结果作废。

试验七：水泥试验结果评定

水泥试验的结果应根据所试验的水泥品种，参照相应的技术规范进行评定，并应具有明确的结论。

单元项目二　其他品种水泥的选择

⭐ 任务描述 --

每组学生通过项目任务，完成对水泥品种的选择，熟悉并掌握除硅酸盐水泥外其他品种水泥在实际工程中的应用。针对不同的学习小组，给出不同的工程条件，依据实际工程特点，来确定水泥种类，并在实验室完成所选水泥技术性质的检测。

任务一：了解其他的水泥品种，针对不同工程项目进行水泥品种的选择。

任务二：掌握所选水泥的组分、凝结硬化、生产工艺与技术性质等内容。

任务三：掌握所选水泥技术性质的检测方法。

各小组选用不同的工程背景，具体工程概况如下：

小组一：

某化工有限公司位于山东省某工业园，厂区占地面积 8600m^2。该公司有 3 个生产车间，占地面积 1245m^2。生产车间包含了综合库房、熔炼厂房、备料厂房、鼓风机房、配电站等。

现针对该化工厂生产车间选择适宜的水泥，并分析其组成材料、组分、凝结硬化、生产工艺、技术性质，同时对其进行技术性质的检测。

小组二：

某高速公路位于新疆维吾尔自治区阿勒泰地区境内，路线起点位于阿勒泰地区福海县渔场以西约 15km 处，路线终点位于阿勒泰市东南部约 5.5km 处，连接 S230 线，全长 127.7km。中间控制点有福海县渔场、福海县、北屯镇、地区二牧场、地区一牧场、终点阿勒泰市。全线采用高速公路标准建设，设计速度 120km/h。

现针对该高速公路选择适宜的水泥，并分析其组成材料、组分、凝结硬化、生产工艺、技术性质，同时对其进行技术性质的检测。

小组三：

浙江省仙居县城市人行道重新铺设，长度约为 145km，拟采用彩色水泥混凝土，并且对色彩美观有较高要求。

现针对该人行道选择适宜的水泥，并分析其组成材料、组分、凝结硬化、生产工艺、技术性质，同时对其进行技术性质的检测。

小组四：

西安某输水管道全长 69.445km，管道铺设沿山前洪积扇，地面较平坦，管线沿途有多处公路、渠道。地震设防烈度为 8 度，属长距离输水工程，管材拟选择钢筋混凝土管材。考虑本工程管道静压较大（0.8～1.4MPa），采用较大管径，管顶以上覆土厚度为 1.5～7m。

现针对该钢筋混凝土管材选择适宜的水泥，并分析其组成材料、组分、凝结硬化、生产工艺、技术性质，同时对其进行技术性质的检测。

小组五：

青岛港位于前湾新港区南岸，是青岛港集团一次性建设规模最大的集装箱码头，码头岸线全长 3420m，规划建设 10 个水深 −20～−18m 的大型顺岸集装箱泊位，同时配套建设一个国内最大的铁路多式联运物流中心。码头配置起重量最大、外伸距最长、装卸效率最高的 30 多台装卸桥。

现针对该码头选择适宜的水泥，并分析其组成材料、组分、凝结硬化、生产工艺、技术性质，同时对其进行技术性质的检测。

小组六：

某公路试验检测中心对龙湾区一立交桥梁进行了进一步检测，检测报告显示，白楼下立交桥全桥综合评定等级为 4 类桥梁（其中上部结构 4 类，下部结构 3 类，桥面系 4 类），存在很大的安全隐患，需要对该项目进行紧急抢修，保证该路段 54d 通车，不影响正常交通。

现针对该段道路抢修工程选择适宜的水泥，并分析其组成材料、组分、凝结硬化、生产工艺、技术性质，同时对其进行技术性质的检测。

任务分析

目前，市场上水泥品种繁多，按其用途和性能不同，可分为通用水泥、专用水泥和特性水泥 3 大类。一般土木建筑工程中使用的水泥称为通用水泥，如硅酸盐水泥、矿渣硅酸盐水泥等；具有专门用途的水泥称为专用水泥，如中、低热水泥及道路水泥等；具有某种突出性能的水泥称为特性水泥，如快硬硅酸盐水泥及抗酸盐水泥路水泥等。水泥按其化学成分不同，又可以分为硅酸盐系列水泥、铝酸盐系列水泥、硫铝酸盐系列水泥、铁铝酸盐系列水泥及氟铝酸盐系列水泥等。

除了目前应用最为广泛的硅酸盐系列水泥之外，其他品种的水泥，能够满足各种工程的不同需要，在工程项目中的应用也逐步提高。学生需要在完成项目的过程中了解其他品种水泥的特性，根据实际情况选择不同的水泥品种。

任务实施

学生根据提供的背景资料和知识链接，利用图书馆和网络等多种资源，合理进行项目规划，做出小组任务分配，完成任务，并以团队形式汇报展示成果，由其他小组和老师进行点评和打分，从而使学生掌握其他品种水泥的特性及应用。

知识链接

知识链接一：铝酸盐水泥

凡以铝酸钙为主的铝酸盐水泥熟料磨细制成的水硬性胶凝材料，均称为铝酸盐水泥，代号为 CA。

1. 铝酸盐水泥的矿物成分与水化反应

铝酸盐水泥的主要矿物成分是铝酸一钙（$CaO \cdot Al_2O_3$，简写 CA），以及少量的硅酸二钙和其他铝酸盐。

铝酸盐水泥按 Al_2O_3 的质量分数分为以下四类：

CA-50：$50\% \leqslant Al_2O_3 < 60\%$。

CA-60：$60\% \leqslant Al_2O_3 < 68\%$。

CA-70：$68\% \leqslant Al_2O_3 < 77\%$。

CA-80：$77\% \leqslant Al_2O_3$。

铝酸盐水泥的水化和硬化过程主要是铝酸一钙的水化和结晶过程，其水化反应如下：

温度低于 20℃时：

$$CaO \cdot Al_2O_3 + 10H_2O \longrightarrow \underset{CAH_{10}}{CaO \cdot Al_2O_3 \cdot 10H_2O}$$

温度为 20～30℃时：

$$2(CaO \cdot Al_2O_3) + 11H_2O \longrightarrow \underset{C_2AH_8}{2CaO \cdot Al_2O_3 \cdot 8H_2O} + \underset{铝胶}{Al_2O_3 \cdot 3H_2O}$$

温度高于 30℃时：

$$3(CaO \cdot Al_2O_3) + 12H_2O \longrightarrow \underset{C_3AH_6}{3CaO \cdot Al_2O_3 \cdot 6H_2O} + \underset{铝胶}{2Al_2O_3 \cdot 3H_2O}$$

在较低温度下，水化物主要是 CAH_{10} 和 C_2AH_8，为细长针状和板状结晶连生体，形成骨架，析出的铝胶填充于骨架空隙中，形成密实的水泥石，所以铝酸盐水泥水化后密实度大，强度高。经 5～7d 后，水化物的数量就很少增加了。因此，铝酸盐水泥的早期强度增长很快，24h 即可达到极限强度的 80% 左右，后期强度增长不显著。在温度大于 30℃时，水化生成物为 C_3AH_6，密实度较小，强度则大为降低。

值得注意的是低温下形成的水化产物 CAH_{10} 和 C_2AH_8 都是亚稳定体，在温度高于 30℃的潮湿环境中，会逐渐转变为稳定的 C_3AH_6。高温高湿条件下，上述转变极为迅速，晶体转变过程中释放出大量的结晶水，使水泥中固相体积减小 50% 以上，强度大大降低。可见铝酸盐水泥正常使用时，虽然硬化快，早期强度很高，但后期强度会大幅度下降，在湿热环境下尤为严重。

2. 铝酸盐水泥的技术性质

《铝酸盐水泥》（GB/T 201—2015）中规定的主要技术性质如下：

（1）细度。比表面积不小于 $300m^2/kg$ 或 0.045mm 筛余不大于 20%。

（2）凝结时间。凝结时间要求如表 2-7 所示。

表 2-7　　　　　　　　　　　铝酸盐水泥的凝结时间

水泥类型	初凝时间（min）	终凝时间（h）
CA-50		
CA-70	不早于 30	不迟于 6
CA-80		
CA-60	不早于 60	不迟于 18

（3）强度。强度试验按规范规定的方法进行测试，各类型、各龄期强度值不得低于表2-8规定的数值。

表2-8　　　　　　　　　　　　铝酸盐水泥胶砂强度　　　　　　　　　　　　MPa

水泥类型	抗压强度				抗折强度			
	6h	1d	3d	28d	6h	1d	3d	28d
CA-50	20	40	50	—	3.0	5.5	6.5	—
CA-60	—	20	45	85	—	2.5	5.0	10.0
CA-70	—	25	30	—	—	5.0	6.0	—
CA-80	—	25	30	—	—	4.0	5.0	—

3. 主要性质及应用

（1）快硬早强，后期强度下降。铝酸盐水泥加水后迅速与水发生水化反应。其1d强度可达到极限强度的80%左右，3d达到100%。在低温环境下（5～10℃）能很快硬化，强度高，而在温度超过30℃的环境下，强度急剧下降。因此，铝酸盐水泥适用于紧急抢修、低温季节施工、早期强度要求高的特殊工程，但不宜在高温季节施工。

另外，铝酸盐水泥硬化体中的晶体结构在长期使用中会发生转移，引起强度下降，因此一般不宜用于长期承载的结构工程中。

（2）耐热性强。铝酸盐水泥硬化时不宜在较高温度下进行，但硬化后的水泥石在高温下（1000℃以上）仍能保持较高强度（约53%）。主要是因为在高温下各组分发生固相反应，变成烧结状态，代替了水化结合。因此铝酸盐水泥有较好的耐热性，如采用耐火的粗细骨料（如铬铁矿等）可以配制成使用温度为1300～1400℃的耐热混凝土，用于窑炉炉衬。

（3）水化热高，放热快。铝酸盐水泥硬化过程中放热量大且主要集中在早期，1d内即可放出水化热总量的70%～80%，因此适合于寒冷地区的冬季施工，但不宜用于大体积混凝土工程。

（4）抗渗性及耐侵蚀性强。硬化后的铝酸盐水泥石中没有氢氧化钙，且水泥石结构密实，因而具有较高的抗渗、抗冻性。铝酸盐水泥适用于有抗硫酸盐要求的工程，但铝酸盐水泥对碱的侵蚀无抵抗能力。

（5）不得与硅酸盐水泥、石灰等能析出$Ca(OH)_2$的材料混合使用。

铝酸盐水泥水化过程中遇到$Ca(OH)_2$将出现闪凝现象，无法施工，而且硬化后强度很低。此外，铝酸盐制品也不能进行蒸汽养护。

🔊知识链接二：快硬硫铝酸盐水泥▊

1. 定义

凡以硅酸盐水泥熟料和适量石膏磨细制成、以3d抗压强度表示强度等级的水硬性胶凝材料，称为快硬硫铝酸盐水泥，简称快硬水泥。

快硬硫铝酸盐水泥的制造过程与硅酸盐水泥基本相同，只是适当增加了熟料中硬化快的矿物，如硅酸三钙为50%～60%，铝酸三钙为8%～14%，铝酸三钙和硅酸三钙的总量应不少于60%～65%，同时适当增加石膏的掺量（达8%）及提高水泥细度，通常比表面积达450m²/kg。

2. 技术要求

1）细度。快硬水泥的细度用筛余百分数来表示，其值不得超过 10%。

2）凝结时间。初凝时间不得早于 45min，终凝时间不得迟于 10h。

3）体积安定性。用沸煮法检验必须合格。

4）强度。快硬水泥按 3d 强度定等级分为 32.5、37.5、42.5 三种，各龄期强度不得低于表 2-9 中的数值。

表 2-9　　　　　　　　　　　　　快硬水泥各龄期强度值　　　　　　　　　　　　　MPa

强度等级	抗压强度			抗折强度		
	1d	3d	28d	1d	3d	28d
32.5	15.0	32.5	52.5	3.5	5.0	7.2
37.5	17.0	37.5	57.5	4.0	6.0	7.6
42.5	19.0	42.5	62.5	4.5	6.4	8.0

3. 性质及应用

（1）凝结硬化快、早期强度高。快硬硫铝酸盐水泥凝结硬化快，早期强度高，12h 已经有相当高的强度，3d 强度与硅酸盐水泥 28d 强度相当，特别适用于抢修、堵漏、喷锚加固工程。

（2）水化热小、放热快。快硬硫铝酸盐水泥水化速度快，水化放热快，一般集中在 1d 内放出，但水化热较小。又因其早期强度增长迅速，不易发生冻害，所以适用于冬季施工，但不宜用于大体积混凝土工程。

（3）微膨胀、密实度大。快硬硫铝酸盐水泥水化生成大量钙矾石晶体，产生微量体积膨胀，而且水化需要大量结晶水，所以硬化后水泥石致密不透水，适用于有抗渗、抗裂要求的接头，接缝的混凝土工程，可用于配制膨胀水泥和自应力水泥。

（4）耐蚀性好。快硬硫铝酸盐水泥石中不含氢氧化钙和水化铝酸三钙，又因水泥石密度高，所以耐软水、酸类、盐类腐蚀的能力好，抗硫酸盐性能好。

（5）碱度低。快硬硫铝酸盐水泥浆体液相碱度低，pH 值只有 9.8～10.2，对钢筋的保护能力差，不适用于重要的钢筋混凝土结构。由于碱度低，对玻璃纤维腐蚀性小，特别适用于玻璃纤维增强水泥（GRC）制品。

（6）耐热性差。快硬硫铝酸盐水泥的主要水化产物钙矾石含有大量结晶水，在 150℃ 以上开始脱水，结构变得疏松，强度大幅度下降，不宜用于有耐热要求的混凝土工程。

📢》知识链接三：道路硅酸盐水泥▌

国家标准《道路硅酸盐水泥》（GB 13693—2005）规定，由道路硅酸盐水泥熟料、适量石膏，以及加入的符合规定的混合材料磨细制成的水硬性胶凝材料，称为道路硅酸盐水泥，简称道路水泥，代号 P·R。

1. 道路水泥的材料要求

道路水泥熟料中铝酸三钙的含量应不超过 5.0%；三氧化硫的含量应不低于 16.0%。游离氧化钙的含量，旋窑生产应不大于 1.0%，立窑生产应不大于 0.60%；比表面积为 350～450m²/kg；初凝应不早于 1.5h，终凝不得迟于 10h；水泥的强度等级按规定龄期的抗压和抗折强度划分，各龄期的强度值应不低于表 2 - 10 的规定。

表 2 - 10　　　　　　　　　　　道路硅酸盐水泥强度指标　　　　　　　　　　MPa

强度等级	抗折强度		抗压强度	
	3d	28d	3d	28d
32.5	3.5	6.5	16.0	32.5
42.5	4.0	7.0	21.0	42.5
52.5	5.0	7.5	26.0	52.5

2. 道路水泥的特性和应用

道路水泥是一种专用水泥，其主要特性是抗折强度高、干缩性小、耐磨性好，抗冲击性、抗冻性、抗硫酸盐能力较好，特别适用于道路路面、飞机跑道、车站和公共广场等对耐磨、抗干缩性能要求较高的混凝土工程。

知识链接四：抗硫酸盐水泥

国家标准《抗硫酸盐硅酸盐水泥》（GB 748—2005）按抗硫酸盐性能可分为中抗硫酸盐硅酸盐水泥和高抗硫酸盐硅酸盐水泥两类。

以特定矿物组成的硅酸盐水泥熟料，加入适量石膏，磨细制成的具有抵抗中等浓度硫酸根离子侵蚀的水硬性胶凝材料，称为中抗硫酸盐硅酸盐水泥，简称中抗硫酸盐水泥，代号 P·MSR。具有抵抗较高浓度硫酸根离子侵蚀的水硬性胶凝材料，称为高抗硫酸盐水泥，代号 P·HSR。

两种抗硫酸盐水泥的强度等级分为 32.5 和 42.5。水泥中硅酸三钙和铝酸三钙的含量应符合表 2 - 11 规定。

表 2 - 11　　　　　　　抗硫酸盐水泥中硅酸三钙和铝酸三钙的含量　　　　　　　　%

分类	硅酸三钙含量	铝酸三钙含量
中抗硫酸盐水泥	≤55.0	≤5.0
高抗硫酸盐水泥	≤50.0	≤3.0

抗硫酸盐水泥的烧失量应不大于 30%，SO_3 含量应不大于 2.5%，水泥的比表面积应不小于 280m^2/kg。中抗硫酸盐水泥 14d 线膨胀率应不大于 0.06%，高抗硫酸盐水泥 14d 线膨胀率应不大于 0.04%。

知识链接五：白色、彩色硅酸盐水泥

国家标准《白色硅酸盐水泥》（GB/T 2015—2005）定义：由氧化铁含量少的硅酸盐水泥熟料、适量石膏及混合材料（石灰石或窑灰）磨细制成的水硬性胶凝材料，称为白色硅酸盐水泥，简称白水泥，代号 P·W。

普通水泥的颜色主要因其化学成分中所含氧化铁所致。因此，白水泥与普通水泥在制造上的主要区别，在于严格控制水泥原料的铁含量，并严防在生产过程中混入铁质。水泥中氧化铁含量与水泥颜色的关系见表 2 - 12。白水泥中氧化铁含量只有普通水泥的 1/10 左右。此外，锰、铬等氧化物也会导致水泥白度的降低，故生产中也须控制其含量。

表 2 - 12 水泥中氧化铁含量与水泥颜色的关系

氧化铁含量（%）	3～4	0.45～0.7	0.35～0.4
水泥颜色	暗灰色	淡绿色	白色

白色硅酸盐水泥细度要求为 $80\mu m$ 方孔筛筛余量不超过 10%，凝结时间初凝不早于 45min，终凝不迟于 10h，体积安定性沸煮法检验必须合格。同时熟料中氧化镁的含量不宜超过 5.0%，水泥中三氧化硫含量不超过 3.5%。水泥的各龄期强度值不得低于表 2 - 13 的规定。

表 2 - 13 白色硅酸盐水泥强度指标 MPa

强度等级	抗压强度		抗折强度	
	3d	28d	3d	28d
32.5	12.0	32.5	3.0	6.0
42.5	17.0	42.5	3.5	6.5
52.5	22.0	52.5	4.0	7.0

将白水泥样品装入恒压粉体压样器中压制成表面平整的试样板，并测定白度。白水泥的白度值应不低于 87。

白水泥可用于配制白色和彩色灰浆、砂浆及混凝土。

建材行业标准《彩色硅酸盐水泥》（JC/T 870—2012）中规定，由硅酸盐水泥熟料加适量石膏（或白色硅酸盐水泥）、混合材料及着色剂磨细或混合制成的带有色彩的水硬性胶凝材料，称为彩色硅酸盐水泥。

彩色硅酸盐水泥中三氧化硫的含量不得超过 4.0%，$80\mu m$ 方孔筛筛余量不得超过 6.0%，初凝不得早于 1h，终凝不得迟于 10h。水泥的强度等级按 28d 抗压强度分为 27.5、32.5、42.5。

目前生产彩色硅酸盐水泥多采用染色法，就是将硅酸盐水泥熟料（白水泥熟料或普通水泥熟料）、适量石膏和碱性颜料共同磨细而制成。也可将颜料直接与水泥粉混合而配制成彩色水泥，但这种方法颜料用量大，色泽也不易均匀。

生产彩色水泥所用的颜料应满足以下基本要求：不溶于水，分散性好；耐大气稳定性好，耐光性应在 7 级以上；抗碱性强，应具有一级耐碱性；着色力强，颜色浓；不会使水泥强度显著降低，也不能影响水泥正常凝结硬化。无机矿物颜料能较好地满足以上要求，而有机颜料色泽鲜艳，在彩色水泥中只需掺入少量，就能显著提高装饰效果。

白色和彩色硅酸盐水泥在装饰工程中常用来配制彩色水泥浆、装饰混凝土，也可配制各种彩色砂浆用于装饰抹灰，以及制造各种色彩的水刷石、人造大理石及水磨石等制品。

◁))) 知识链接六：中热、低热硅酸盐水泥 ▮

中热硅酸盐水泥，简称中热水泥，是以适当成分的硅酸盐水泥熟料，加入适量石膏，经磨细制成的具有中等水化热的水硬性胶凝材料，代号 P·MH。

低热硅酸盐水泥，简称低热水泥，是以适当成分的硅酸盐水泥熟料，加入适量石膏，经磨细制成的具有低水化热的水硬性胶凝材料，代号 P·LH。

低热矿渣硅酸盐水泥，简称低热矿渣水泥，是以适当成分的硅酸盐水泥熟料，加入矿渣、适量石膏，经磨细制成的具有低水化热的水硬性胶凝材料，代号 P·SLH。水泥中矿渣掺量按水泥质量百分比计为 20%～60%，允许用不超过混合材料总量 50% 的磷渣或粉煤灰代替部分矿渣。

低热矿渣水泥和中热水泥主要是通过限制水化热较高的 C_3A 和 C_3S 含量得到的。根据现行规范《中热硅酸盐水泥、低热硅酸盐水泥及低热矿渣硅酸盐水泥》（GB 200—2003）的规定，其具体技术要求如下：

（1）熟料中 C_3A、C_3S 的含量。

1）熟料中的 C_3A 含量：中热水泥和低热水泥不得超过 6%；低热矿渣水泥不得超过 8%。

2）熟料中的 C_3S 含量：中热水泥不得超过 55%；低热水泥不得超过 40%。

（2）游离 CaO、MgO 及 SO_3 含量。

1）游离 CaO 含量，对于中热水泥和低热水泥不得超过 1.0%，低热矿渣水泥不得超过 1.2%。

2）MgO 含量不宜超过 5%，如水泥经压蒸安定性试验合格，允许放宽到 6%。

3）SO_3 含量不得超过 3.5%。

（3）细度、凝结时间。细度要求，比表面积大于或等于 250m²/kg；初凝时间不得早于 60min，终凝时间不得迟于 10h。

（4）强度。中热水泥和低热水泥的强度等级为 42.5；低热矿渣水泥的强度等级为 32.5。各龄期强度值见表 2-14。

（5）水化热。低热矿渣水泥和中、低热水泥要求水化热不得超过表 2-15 的规定。

表 2-14　　　　　　　中、低热水泥及低热矿渣水泥各龄期强度值　　　　　　　MPa

品种	强度等级	抗压强度			抗折强度		
		3d	7d	28d	3d	7d	28d
中热水泥	42.5	12.0	22.0	42.5	3.0	4.5	6.5
低热水泥	42.5	—	13.0	42.5	—	3.5	6.5
低热矿渣水泥	32.5	—	12.0	32.5	—	3.0	5.5

表 2-15　　　　　　　　　中、低热水泥各龄期水化热值

品种	强度等级	水化热（kJ/kg）	
		3d	28d
中热水泥	42.5	251	293
低热水泥	42.5	230	260
低热矿渣水泥	32.5	197	230

中热水泥主要适用于大坝溢流面或大体积建筑物的面层和水位变化区等部位，要求低水化热和较高耐磨性、抗冻性的工程；低热水泥和低热矿渣水泥主要适用于大坝或大体积混凝土内部及水下等要求低水化热的工程。

◁))知识链接七：膨胀水泥及自应力水泥

一般硅酸盐水泥在空气中硬化时，通常都会产生一定的收缩，使约束状态下的混凝土内部产生拉应力，当拉应力大于混凝土的抗拉强度时，会形成微裂缝，对混凝土的整体性不利。若用硅酸盐水泥来填灌装配式构件的接头、填塞孔洞及修补缝等，均达不到预期的效果。

膨胀水泥是一种能在水泥凝结之后的早期硬化阶段产生体积膨胀的水硬性水泥。过量的膨胀会导致硬化水泥浆体的开裂，但约束条件下适量的膨胀会使结构内部产生预压应力（0.1~0.7MPa），从而抵消部分因约束条件下干燥收缩引起的拉应力。

常用的膨胀水泥按基本组成，可分为以下品种：

（1）硅酸盐膨胀水泥。以硅酸盐水泥为主，外加铝酸盐水泥和石膏配制而成。

（2）铝酸盐膨胀水泥。以铝酸盐水泥为主，外加石膏配制而成。

（3）硫铝酸盐膨胀水泥。以无水硫铝酸钙和硅酸二钙为主要成分，外加石膏配制而成。

（4）铁铝酸钙膨胀水泥。以铁相、无水硫铝酸钙和硅酸二钙为主要矿物，外加石膏配制而成。

以上4种膨胀水泥的膨胀原因均是由于在水泥石中形成钙矾石产生体积膨胀而致。调整各种组成的配合比，控制生成钙矾石的数量，可以制得不同膨胀值的膨胀水泥。

膨胀水泥按自应力的大小，可分为两类：自应力值小于2.0MPa（通常约为0.5MPa）时，称为膨胀水泥；自应力值大于或等于2.0MPa时，则称为自应力水泥。

膨胀水泥适用于补偿混凝土收缩的结构工程，作防渗混凝土；填灌构件的接缝及管道接头；结构的加固与修补；固结机器底座及地脚螺栓等。自应力水泥适用于制造自应力钢筋土压力管及其配件。

NO.2　彩色硅酸盐水泥

项目三　混凝土性能检测与应用

NO.3　3D打印混凝土技术的发展

🎯 能力目标	混凝土是土木工程中最常见的建筑材料之一。由胶结材料、骨料和水等按适当比例配合拌制成混合物，再经浇筑成型、硬化后得到的人工石材。 目前，工程上使用最多的是以水泥为胶凝材料，以砂石为骨料，加水等拌和的水泥混凝土，简称混凝土。掌握如何选择适合的胶凝材料、确定满足要求的配合比、对混凝土拌合物进行工程检测，以及测试硬化后混凝土是否满足设计要求是本章学习的主要任务
👆 知识目标	了解混凝土的分类、适用条件。掌握混凝土拌合物的测试内容，各项测试指标要求、测试方法等。 掌握混凝土抗压强度的测定，掌握混凝土配合比的设计计算
📋 能力训练任务	通过子项目任务，建立小组，分配任务，查找相关文献资料，了解混凝土在结构设计、土建施工中受哪些因素影响，如何选择。 通过试验了解相关数据的测试、调整、确定方法

单元项目一　水泥混凝土组成材料的选择与应用

☆ **任务描述**

每组学生通过项目任务，完成水泥混凝土的各组成材料的选择，熟悉并掌握水泥混凝土在实际工程中的应用。不同小组针对所给条件，依据工程实际选择合适的原材料。确定水泥混凝土各组成材料的种类，依据相关规范确定其技术要求，并通过试验完成各组成材料相关技术要求的检测。

任务一：根据施工环境和施工条件选择适合的水泥混凝土品种，确定水泥、粗细骨料种类与规格。

任务二：参照《混凝土外加剂应用技术规定》（GB 50119—2013），根据施工环境和施工条件选择混凝土外加剂的种类及拌入方法，列表阐述外加剂选择及掺量的确定。

任务三：参照《建设用砂》（GB/T 14684—2011）、《建设用碎石、卵石》（GB/T 14685—2011）等规范，根据工程确定相关材料的技术要求及试验方法。

各小组选用不同的工程背景，具体工程概况如下：

小组一：

某地标建筑，工程概况为：框架﹣剪力墙结构，地下 3 层，地上 33 层，总高 103.6m，每一层为一防火分区的 4 栋平行高层。建筑面积 81400.5m²，其中地下 7297.83m²，地上 74096.42m²。建筑结构的类别为一类，结构设计使用年限为 50 年；抗震设防烈度为 8 度，结构抗震等级主楼剪力墙为一级，基础采用大型筏板基础。

现根据所给工程特点选择适宜的组成材料品种及规格，并检验材料的技术性质。

小组二：

青海省西宁市某城市人行天桥，抗震设防烈度为 7 度。梁底净空高度 5.30m；主梁高度 1.0m。桥面净宽，主通道 5.00m，全宽 5.32m；副通道 4.50m，全宽 4.82m。主通道跨径组合：4m＋22.51m＋19.26m＋4.51m，全长 50.28m。桥面坡度：纵坡由桥面标高控制，设 0.24m 预拱度。

现根据所给工程特点选择适宜的组成材料品种及规格，并检验材料的技术性质。

小组三：

贵州省某县小型水坝，根据坝址区地形地质条件，混凝土重力坝方案设计如下：

枢纽布置：本方案挡水建筑物为混凝土重力坝，首部枢纽主要建筑物由混凝土重力坝、右岸圆筒式取水塔组成。坝体结构：重力坝建基面放置在弱风化中上部基岩上，最大坝高 58.45m，为满足强度和稳定要求，拟定大坝挡水坝段上游坝坡坡比为 1∶0.2，折坡点高程 2173.48m，下游坝坡坡比为 1∶0.8。采用坝身溢流方案，拟定溢流坝段泄洪孔口为 3 孔，每孔宽 10.0m，中间设两道闸墩，闸墩宽度为 3.0m，溢流坝两侧设边墩，边墩厚 1.5m，溢流坝总长度为 39.0m。

现根据所给工程特点选择适宜的组成材料品种及规格，并检验材料的技术性质。

小组四：

某斜拉桥，主塔墩基础为超大型群桩基础，由 131 根长 120m，直径 2.8m 变至 2.5m 的变径钻孔灌注桩组成，承台平面为哑铃形，长 113.75m，宽 48.10m，厚 6.0m。施工工期短。

现根据所给工程特点选择基础适宜的组成材料品种及规格，并检验材料的技术性质。

小组五：

安徽某学院图书馆位于安徽省合肥市，地上六层，结构形式为框架结构。抗震设防类别为丙类；总建筑面积为 20210m，结构的安全等级为二级；结构的设计使用年限为 50 年，建筑高度为 23.95m。图书馆一层为学术报告厅和办公室，二层至六层是阅览室。

现根据所给工程特点选择适宜的组成材料品种及规格，并检验材料的技术性质。

任务六：

重庆江北区某立交桥工程，全长 920m，在终点处设计为 4×40m 预应力桥梁，桥梁下部结构为 11 根直径 2000mm、3 根直径 2300mm，共计 14 根墩柱和一座桥台。该工程紧邻某化工厂，根据地勘报告，地基为厚杂填土层，地下水较多，土质情况不好，含腐蚀性酸离子浓度大。

现根据所给工程特点选择适宜的组成材料品种及规格，并检验材料的技术性质。

任务分析

水泥混凝土中水泥的品种及粗细骨料、外加剂和掺合料的选择受到诸多因素的影响，如不同的地理位置、使用环境、施工条件、施工设备等。通过学习以及翻转课堂使学生了解相关知识点。根据结构的特点、设计强度、耐久性、施工等情况合理地选择材料，才能得到质优价良、高强度、高耐久性的混凝土。

例如大体积混凝土提倡用矿渣水泥，实际工程中大体积混凝土往往是有抗渗要求的（如水坝）。水泥混凝土选择符合规范级配的骨料，可以有效节约水泥用量，保证混凝土强度。又如高强度混凝土中水泥等级对混凝土强度的影响很大，当强度等级不超过 C60 时，可以采用普通 42.5 号水泥，高于 C60 的混凝土，则应采用 52.5 号或更高等级的水泥。之所以采用较低标号的水泥配制较高强度的混凝土，是由于检测水泥标号时采用了较细的标准砂和较大的水灰比，加之混凝土中又加入了高效减水剂，使水泥得到了充分的扩散和水化所致。

混凝土外加剂是在拌制过程中掺入用以改变混凝土和易性、提高混凝土耐久性的物质。学生在学习及阅读相关规范后应了解常用外加剂的种类、掺入的方法和比例。对为节约水泥、改善混凝土的性能所加的掺合料，应注意掺入的比例及相关技术要求。

建筑材料学的发展使得除常见的砂、石之外，还有很多可替代砂石的新材料。学生通过查阅文献，应了解材料的发展，学习新材料的特性，还可在教师引导下通过阅读相关资料掌握建筑材料的二次利用以及绿色建筑材料等相关知识，掌握发展前沿。

⚙ 任务实施

学生自由组队。根据提供的背景资料和知识链接，利用图书馆和网络等多种资源，合理进行项目规划，做出小组任务分配，分工协作完成任务。了解常用的建筑组成材料以及新型建筑组成材料的发展与应用。

针对项目任务的要求，整理和归纳资料，并提交报告。学生以团队形式进行汇报，展示学习成果，并由其他团队及教师进行点评。

📌 知识链接

🔊 知识链接一：混凝土的分类

混凝土的分类通常按照以下几种方法。

1. 按照所用胶凝材料分类

混凝土按其所用胶凝材料可分为水泥混凝土、沥青混凝土、聚合物水泥混凝土、树脂混凝土、石膏混凝土、水玻璃混凝土、硅酸盐混凝土等。

2. 按表观密度分类

混凝土按其表观密度可分为重混凝土、普通混凝土和轻混凝土。

（1）重混凝土。其表观密度大于 2800kg/m³。它是采用了密度很大的重骨料——重晶石、铁矿石、钢屑等配制而成，也可以同时采用重水泥——钡水泥、锶水泥进行配置。重混凝土具有防射线的性能，主要用于防辐射工程，例如核能工程的屏蔽结构、核废料容器等。

（2）普通混凝土。其表观密度为 2000～2800kg/m³，一般在 2400kg/m³ 左右。它是用普通的天然砂、石作骨料配制而成，通常简称混凝土，大量用作各种建筑物、构造物的承重材料。

（3）轻混凝土。其表观密度小于 1950kg/m³。它是采用轻质多孔的骨料，或者不用骨料而掺入加气剂或泡沫剂等，造成多孔结构的混凝土，包括轻骨料混凝土、多孔混凝土、大孔混凝土等，其用途可分为结构用、保温用和结构兼保温等几种。

3. 按用途分类

混凝土按其用途可分为结构混凝土（即普通混凝土）、防水混凝土、耐热混凝土、耐酸混凝土、装饰混凝土、大体积混凝土、膨胀混凝土、防辐射混凝土、道路混凝土等多种。

◁))知识链接二：水泥▮

普通混凝土的基本组成材料是天然砂、石子、水泥和水，为改善混凝土的某些性能还常加入适量的外加剂或外掺料。

在混凝土中，砂、石起骨架作用，因此称为骨料。水泥和水形成的水泥浆包裹在砂粒表面，并填充砂粒间的空隙而形成水泥砂浆，水泥砂浆又包裹在石子表面，并填充石子间的空隙。在混凝土硬化前，水泥浆起润滑作用，赋予混凝土拌合物一定的流动性，便于施工。硬化后，则将骨料胶结成一个坚实的整体，并产生一定的力学强度。混凝土结构如图 3-1 所示。

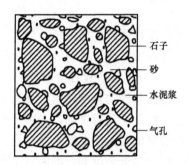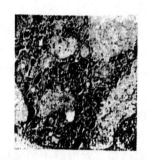

图 3-1　混凝土结构

水泥在混凝土中起胶结作用，是最主要的材料。正确、合理地选择水泥的品种和强度等级是保证混凝土质量的重要因素。合理选择水泥包括以下两方面的问题。

1. 水泥品种的选择

配制混凝土时一般用硅酸盐水泥、普通硅酸盐水泥、矿渣硅酸盐水泥、火山灰质硅酸盐水泥、粉煤灰硅酸盐水泥。水泥质量应符合国家现行标准和规范的要求。对于某个工程具体选用哪种水泥，应当根据工程性质、特点、环境及施工条件，结合各种水泥的特性，合理选择。每个工程所用水泥品种以 1～2 种为宜，重要工程常常是指定生产厂家，生产适合本工程的专用水泥。

2. 水泥强度等级的选择

水泥强度等级的选择应当与混凝土的设计强度等级相适应。原则上是配制混凝土的强度越高，选择的水泥强度等级就越高，反之亦然。通常以水泥强度等级为混凝土强度等级的 1.5～2 倍为宜，对于高强度混凝土可取 0.9～1.5 倍。

◁))知识链接三：细骨料▮

粒径为 0.15～4.75mm 的骨料称为细骨料，简称砂。混凝土所用细骨料主要采用天然砂或机制砂两种。

天然砂是由自然生成、经人工开采和筛分、粒径小于 4.75mm 的岩石颗粒，包括河砂、湖砂、山砂和淡化海砂，但不包括软质岩、风化岩石的颗粒。海砂和河砂由于长期受水流的冲刷作用，颗粒表面比较圆滑、洁净，且产源较广，但海砂中的常含有贝壳碎片及可溶盐等有害杂质。山砂颗粒多具棱角，表面粗糙，砂中含有害杂质较多。建筑工程一般多采用河砂作细骨料。

机制砂是经过除土处理、由机械破碎和筛分制成、粒径小于 4.75mm 的岩石、矿山尾矿或工业废渣颗粒，但不包括轻质、风化的颗粒。一般在当地缺乏天然砂源时，可采用机制砂。

砂按细度模数（M_x）大小分为粗、中、细 3 种规格；按技术要求分为Ⅰ、Ⅱ、Ⅲ类。对砂的质量和技术要求主要有以下几个方面。

1. 有害杂质

（1）含泥量、泥块含量、石粉含量。砂中的含泥量是指粒径小于 0.075mm 的黏土、淤泥、石屑的含量。泥块含量是指经水洗、手捏后粒径变成 0.60mm 的块状黏土含量。黏土、淤泥、石屑黏附在砂粒表面，阻碍砂与水泥石的黏结，且增大干缩率。当黏土以团块存在时，危害性更大。

天然砂一般都具有较好的级配，故只要其细度模数适当，均可用于拌制一般强度等级的混凝土。而机制砂在生产过程中，会产生一定量的石粉，这是机制砂与天然砂最明显的区别之一。它的粒径虽小于 $75\mu m$，但与天然砂中的泥成分不同，粒径分布不同，在使用中所起的作用也不同。天然砂中的泥附在砂粒表面妨碍水泥与砂的黏结，增大混凝土的用水量，降低混凝土的强度和耐久性，增大干缩。因此，它对混凝土是有害的，必须严格控制其含量。

通过研究和多年实践的结论认为，机制砂中适量的石粉对混凝土质量是有益的。因机制砂颗粒尖锐、多棱角，对混凝土的和易性不利，特别是低强度等级的混凝土和易性很差，而适量的石粉存在，可弥补这一缺陷。此外，由于石粉主要是由 $40\sim75\mu m$ 的微粒组成，它能完善细骨料的级配，从而提高混凝土的密实性。故其石粉含量一般控制在 6%～12% 之间为宜。

根据国家标准，天然砂的含泥量和泥块含量及机制砂的石粉含量和泥块含量应分别符合表 3-1 和表 3-2 的规定。

表 3-1　　　　　　　　　　天然砂含泥量和泥块含量　　　　　　　　　%

项目	Ⅰ类	Ⅱ类	Ⅲ类
含泥量（按质量计）	≤1.0	≤3.0	≤5.0
泥块含量（按质量计）	0	≤1.0	≤2.0

表 3-2　　　　　　　　　　机制砂石粉含量和泥块含量　　　　　　　　%

类别		Ⅰ类	Ⅱ类	Ⅲ类
MB 值≤1.4 或快速法试验合格	MB 值	≤0.5	≤1.0	≤1.4 或合格
	石粉含量（按质量计）①		≤10.0	
	泥块含量（按质量计）	0	≤1.0	≤2.0
MB>1.4 或快速法试验不合格	石粉含量（按质量计）	≤1.0	≤3.0	≤5.0
	泥块含量（按质量计）	0	≤1.0	≤2.0

①根据使用地区和用途，经试验验证，可由供需双方协商确定。

（2）有害物质含量。混凝土用砂应颗粒坚实、清洁、不含杂质。但砂中常常含有黏土、泥块、云母、硫化物及硫酸盐、轻物质等有害杂质，会降低水泥石黏结力。因此，砂中有害杂质将直接影响混凝土的强度和耐久性。为保证混凝土质量，有害杂质的含量应不超过限量。各级砂的有害杂质含量应不超过表 3-3 中规定的限值。

表 3-3	砂中有害物质含量		%
项目	Ⅰ类	Ⅱ类	Ⅲ类
云母（按质量计）	≤1.0	≤2.0	
轻物质（按质量计）	≤1.0		
有机物	合格		
硫化物及硫酸盐（按 SO₃ 质量计）	≤0.5		
氯化物（以氯离子质量计）	≤0.01	≤0.02	≤0.06
贝壳（按质量计）①	≤3.0	≤5.0	≤8.0

①仅适用于海砂，其他砂种不作要求。

2. 砂的粗细程度与颗粒级配

砂的颗粒级配，即表示不同大小颗粒和数量比例砂子的组合或搭配情况。在混凝土中砂的空隙是由水泥浆所填充的，为达到节约水泥和提高混凝土强度的目的，应尽量减少砂粒之间的空隙。从图 3-2 可以看出，较好的颗粒级配是在粗颗粒砂的空隙中由中颗粒砂填充，中颗粒砂的空隙再由细颗粒砂填充，这样逐级地填充，使砂形成最密集的堆积，空隙率达到最小值。

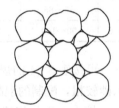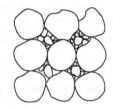

图 3-2　骨料的颗粒级配

砂的颗粒级配和粗细程度常用筛分析的方法进行测定。用级配区表示砂的颗粒级配，用细度模数表示砂的粗细程度。细度模数可通过砂的筛分析试验确定。

筛分析试验是用一套孔径依次为 9.5、4.75、2.36、1.18、0.6、0.3、0.15mm 的标准筛（方孔筛），将 500g 的砂样烘干至恒重。将干砂试样由粗到细依次过筛，然后称量留在各筛上的砂量（9.5mm 筛除外），并计算出筛余百分数 a_1、a_2、a_3、a_4、a_5 和 a_6（各筛上的筛余量占砂样总质量的百分率）及累计筛余百分率 A_1、A_2、A_3、A_4、A_5 和 A_6（各筛和比该筛粗的所有分计筛余百分率之和），即

$A_1 = a_1$

$A_2 = a_1 + a_2$

$A_3 = a_1 + a_2 + a_3$

$A_4 = a_1 + a_2 + a_3 + a_4$

$A_5 = a_1 + a_2 + a_3 + a_4 + a_5$

$A_6 = a_1 + a_2 + a_3 + a_4 + a_5 + a_6$

砂的粗细程度用细度模数 M_x 表示，即

$$M_x = \frac{(A_2 + A_3 + A_4 + A_5 + A_6) - 5A_1}{100 - A_1} \qquad (3-1)$$

砂的细度模数 M_x 越大，表示砂越粗。普通混凝土用砂的细度模数一般在 3.7～1.6 之间，其中 M_x 在 3.7～3.1 之间为粗砂，M_x 在 3.0～2.3 之间为中砂，M_x 在 2.2～1.6 之间为细砂。

对细度模数为 3.7～1.6 的普通混凝土用砂，根据 0.6mm 筛孔的累计筛余百分率分成 I 区、II 区及 III 区共 3 个级配区，见表 3-4。I 区为粗砂区，II 区为中砂区，III 区为细砂区。普通混凝土用砂的颗粒级配，应处于表中的任何一个级配区，才符合级配要求，除 4.75mm 和 0.6mm 筛号外，允许有部分超出分区界限，但其超出总量不应大于 5%。

表 3-4　　　　　　　　　　　　　　　砂的颗粒级配区范围

筛孔尺寸 (mm)	天然砂			机制砂		
	I 区	II 区	III 区	I 区	II 区	III 区
	累计筛余（%）					
4.75	0～10	0～10	0～10	0～10	0～10	0～10
2.36	5～35	0～25	0～15	5～35	0～25	0～15
1.18	35～65	10～50	0～25	35～65	10～50	0～25
0.60	71～85	41～70	16～40	71～85	41～70	16～40
0.30	80～85	70～92	55～85	80～95	70～92	55～85
0.15	90～100	90～100	90～100	85～97	80～94	75～94

为了更直观地反映砂的级配情况，可按表 3-4 的规定画出级配区曲线图，如图 3-3 所示。当筛分曲线偏向右下方时，表示砂较粗，配制的混凝土拌合物和易性不易控制，且内摩擦大，不易浇捣成型；筛分曲线偏向左上方时，表示砂较细，配制的混凝土既要增加较多的水泥用量，而且强度会显著降低。

因此，配制混凝土时宜优先选用 II 区砂。采用 I 区砂时，应适当提高砂率，并保证足够的水泥用量，以满足混凝土的工作性；当采用 III 区砂时，宜适当降低砂率，以保证混凝土的强度。

在实际工程中，若砂的级配不符合级配区的要求，可采用人工掺配的方法来改善，即将粗、细砂按适当比例进行试配，掺和使用；或将砂过筛，筛除过粗或过细的颗粒。

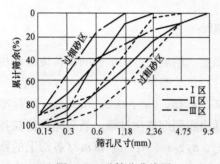

图 3-3　砂筛分曲线图

3. 砂的含水状态

砂的含水状态如图 3-4 所示。砂子含水量的大小，可用含水率表示。当砂粒表面干燥而颗粒内部孔隙含水饱和时，称为饱和面干状态，此时砂的含水率称为饱和面干吸水率。砂的颗粒越坚实，吸水率越小，品质也就越好。一般石英砂的吸水率在 2% 以下。

饱和面干砂既不从新拌混凝土中吸取水分，也不带入水分。我国水工混凝土工程多按饱和面干状态的砂、石来设计混凝土配合比。

在工业及民用建筑工程中，习惯按干燥状态的砂（含水率小于0.5%）及石子（含水率小于0.2%）来设计混凝土配合比。

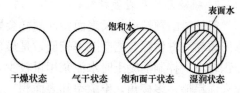

图3-4　骨料颗粒的含水状态示意图

4. 砂的坚固性

混凝土用砂必须具有一定的坚固性，以抵抗各种风化因素及冻融破坏作用。为保证混凝土的耐久性，《建设用砂》（GB/T 14684—2011）规定，采用硫酸钠溶液法进行试验，砂样经5次循环其质量损失应符合表3-5、表3-6的规定。

表3-5　　　　　　　　　　　　　　砂坚固性指标　　　　　　　　　　　　　　%

项　目	Ⅰ类	Ⅱ类	Ⅲ类
质量损失	≤8		≤10

机制砂除满足上述规定外，压碎指标还应符合表3-6的规定。

表3-6　　　　　　　　　　　　　　砂压碎指标　　　　　　　　　　　　　　%

项　目	Ⅰ类	Ⅱ类	Ⅲ类
单级最大压碎指标	≤20	≤25	≤30

◁)) 知识链接四：粗骨料 ▌

粒径大于4.75mm的骨料称为粗骨料，简称石子。普通混凝土常用的粗骨料有卵石和碎石两种，根据国家规范《建设用卵石、碎石》（GB/T 14685—2011）的规定，碎石和卵石的技术要求包括：颗粒级配、含泥量、针片状颗粒含量、有害物质含量的限值及物理性质的要求等。根据技术要求从高到低，碎石和卵石可分为Ⅰ、Ⅱ、Ⅲ类。

GB/T 14685—2011对卵石和碎石的质量及技术要求有以下几个方面。

1. 含泥量和泥块含量

卵石、碎石的含泥量是指粒径小于$75\mu m$的颗粒含量。泥块含量是指粒径大于4.75mm、经水洗及手捏后小于2.36mm的颗粒含量。粗骨料中含泥量及泥块含量应符合表3-7的规定。

表3-7　　　　　　　　　　碎石、卵石中含泥量和泥块含量　　　　　　　　　　%

项　目	Ⅰ类	Ⅱ类	Ⅲ类
含泥量（按质量计）	≤0.5	≤1.0	≤1.5
泥块含量（按质量计）	0	≤0.2	≤0.5

2. 有害杂质的含量

粗骨料中的有害杂质主要有黏土、淤泥、硫化物、硫酸盐、氯化物和有机质。它们的含量应符合表3-8的规定。

表3-8　　　　　　　　　　　碎石、卵石中有害杂质含量　　　　　　　　　　%

项　目	Ⅰ类	Ⅱ类	Ⅲ类
硫化物及硫酸盐（按SO_3质量计）	≤0.5	≤1.0	≤1.0
有机质	合格	合格	合格

3．颗粒形状及表面特征

粗骨料的颗粒形状及表面特征同样会影响其与水泥石的黏结及新拌混凝土的流动性。因球形体和立方体颗粒的空隙率较低，是最佳颗粒形状。卵石表面光滑、少棱角，空隙率及表面积较小，拌制混凝土时水泥浆用量较少，和易性较好，但与水泥石的黏结力较差；碎石颗粒表面粗糙、多棱角，空隙率和表面积较大，新拌混凝土的和易性较差，但碎石与水泥石黏结力较大，在水灰比相同的条件下，比卵石混凝土强度高。故卵石与碎石各有特点，在实际工程中应本着满足工程技术要求及经济性原则进行选用。

粗骨料中颗粒长度大于该颗粒所属粒级平均粒径的 2.4 倍者为针状颗粒；厚度小于平均粒径的 0.4 倍者为片状颗粒。针、片状颗粒使骨料空隙率增大，新拌混凝土流动性变差，且受力后易于被折断，故它会使混凝土强度降低，其含量应不超过表 3-9 的限值。

表 3-9　　　　　　　碎石、卵石中针、片状颗粒含量

项目	Ⅰ类	Ⅱ类	Ⅲ类
针、片状颗粒（按质量计）	≤5	≤10	≤15

4．最大粒径

粗骨料公称粒径的上限值，称为粗骨料最大粒径，用 D_M 表示。粗骨料最大粒径增大时，骨料的空隙率及表面积都减小，在水灰比及混凝土流动性相同的条件下，可使水泥用量减少，且有助于提高混凝土密实性、减少混凝土的发热及收缩，这对大体积混凝土是有利的。

混凝土强度与 D_M 的关系如图 3-5 所示。由图可知：对于水泥用量较少的中、低强度混凝土，D_M 增大时，混凝土强度增大。对于水泥用量较多的中高强混凝土，D_M 由 20mm 增至 40mm 时，混凝土强度最大；$D_M>40mm$ 强度反而降低。对强度大于 C60 的高强混凝土，要求 $D_M≤25mm$。骨料最大粒径大者对混凝土的抗冻性、抗渗性也有不良的影响，尤其会显著降低混凝土的抗气蚀性。因此，适宜的骨料最大粒径与混凝土性能要求有关，建筑行业中所用混凝土骨料最大粒径应不超过 40mm，港工混凝土的最大粒径不大于 80mm，水工混凝土的最大粒径可达 120～150mm。

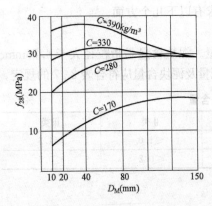

图 3-5　混凝土强度与 D_M 的关系
C—混凝土用量

粗骨料最大粒径的确定，还受到结构尺寸、钢筋疏密及施工条件的限制。一般规定 D_M 不超过钢筋净距的 2/3（水工）～3/4（建筑）、构件断面最小尺寸的 1/4。对于混凝土实心板，允许采用 D_M 为板厚的 1/2，且不得超过 50mm。对于少筋或无筋混凝土结构，应选用较大的粗骨料粒径。骨料最大粒径的确定，也受到施工机具的影响，当混凝土搅拌机的容量小于 0.8m³ 时，D_M 不宜超过 80mm；当使用大容量搅拌机时，也不宜超过 150mm，否则容易打坏搅拌机叶片。

5．颗粒级配

大小不一的粗骨料颗粒相互组合搭配的比例关系称为颗粒级配（见图 3-2）。级配良好的石子，其空隙率和总表面积均小，且可获得较大的堆积密度。石子的级配好坏对混凝土强

度等性能影响较砂更为明显。

粗骨料级配有连续级配和间断级配两种。连续级配是从最大粒径开始，由大到小，每一粒径级都占有适当的比例。配制的新拌混凝土和易性好，不易发生离析，在工程中被广泛采用。

间断级配是在连续级配中剔除一个（或几个）粒级，形成一种不连续的级配，即筛分曲线出现水平段。间断级配颗粒级差大，施工时加强振捣，其空隙率的降低比连续级配快得多，可最大限度地发挥骨料的骨架作用，减少水泥用量。但新拌混凝土易产生离析现象。

石子的颗粒级配同样采用筛分析法测定。按 GB/T 14685—2011 规定，用来确定粗骨料粒径的方孔筛筛孔尺寸分别为 4.75、9.50、16.0、19.0、26.5、31.5、37.5、53.0、63.0、75.0、90.0mm 等，粒径介于相邻两个筛孔尺寸之间的颗粒称一个粒级。

在工程中，通常规定骨料产品的粒径在某一范围内，且各标准筛上的累计筛余百分数符合规定的数值，则该产品的粒径范围称为公称粒级。5~40、5~80mm 这两种公称粒级的骨料的最大粒径分别为 40、80mm。公称粒级有连续级配和单粒级两种，粗骨料的级配原理与细骨料基本相同，即将大小石子适当掺配，使粗骨料的空隙率及表面积都较小，而堆积密度较大，这样拌出的混凝土水泥用量少、强度高。普通卵石和碎石的颗粒级配应符合表 3-10 的要求。

表 3-10　　　　　　　　　碎石或卵石的颗粒级配范围

累计筛余（%）／方孔筛（mm）

公称粒径 (mm)		2.36	4.75	9.5	16.0	19.0	26.5	31.5	37.5	53.0	63.0	75.0	90.0
连续级配	5~16	95~100	85~100	30~60	0~10	0							
	5~20	95~100	90~100	40~80	—	0~10	0						
	5~25	95~100	90~100	—	30~70	—	0~5						
	5~31.5	95~100	90~100	70~100	—	15~45	—	0~5	0				
	5~40	—	95~100	70~90	—	30~65	—		0~5	0			
单粒级	5~10	95~100	80~100	0~15	0								
	10~16		95~100	80~100	0~15								
	10~20		95~100	85~100	0~16	0							
	16~25			95~100	55~70	25~40	0~10						
	16~31.5		95~100		85~100			0~10	0				
	20~40			95~100		80~100			0~10	0			
	40~80					95~100				70~100	30~60	0~10	0

注　1 公称粒径的上限为该粒级的最大粒径，单粒级一般用于组合成具有要求级配的连续粒径，它也可与连续粒径级的碎石配成较大粒径的连续粒径。

　　2 根据混凝土工程和资源的具体情况，进行综合技术分析后，在特殊情况下，允许直接采用单粒级，但必须避免混凝土发生离析。

6. 强度

为保证混凝土强度的要求，粗骨料必须质地坚实，并具有足够的强度。碎石和卵石的强度可采用岩石抗压强度和压碎指标两种方法来检验。

岩石立方体强度检验，是将轧制碎石的母岩制成边长为 50mm 的立方体（或直径、高均为 50mm 的圆柱体）试件，在水饱和状态下，测定其极限抗压强度值。对于火成岩，其强度不宜低于 80MPa，变质岩不宜低于 60MPa，水成岩不宜低于 30MPa。

压碎指标检验是将一定质量气干状态下 9.5～19.0mm 的石子除去针、片状颗粒，装入一定规格的圆筒内，在压力机上按 1kN/s 速度均匀加荷至 200kN，并稳荷 5s，卸荷后用孔径为 2.36mm 的筛筛去被压碎的细粒，称取试样的筛余量。压碎指标可按下式计算：

$$Q_e = \frac{G_1 - G_2}{G_1} \times 100\% \qquad (3-2)$$

式中 Q_e——压碎指标，%；

G_1——试样质量，g；

G_2——试样的筛余量，g。

压碎指标表示粗骨料抵抗受压力破坏的能力，其值越小，表示抵抗压碎的能力越强。压碎指标应符合表 3-11 的规定。

表 3-11   普通混凝土碎石和卵石的压碎指标   %

项目	Ⅰ类	Ⅱ类	Ⅲ类
碎石压碎指标	≤10	≤20	≤30
卵石压碎指标	≤12	≤14	≤16

岩石立方体强度的检验，常用于配制 C60 以上混凝土强度等级、选择采石场、对粗骨料强度有严格要求或对粗骨料质量有争议以及需经常对生产质量进行控制的混凝土。

7. 坚固性

当骨料由于干湿循环或冻融交替等风化作用引起体型变化而导致混凝土破坏时，即认为体积安定性不良。具有某种特征孔结构的岩石会表现出不良的体积稳定性。曾经发现由某些页岩、砂岩等配制的混凝土较易遭受冰冻以及骨料内盐类结晶所导致的破坏。骨料的体积稳定性，可用硫酸钠溶液浸渍检验其坚固性来判定。

采用硫酸钠溶液法检验，碎石和卵石经 5 次循环后，其质量损失应符合表 3-12 的规定。

表 3-12   碎石、卵石的坚固性指标   %

项目	Ⅰ类	Ⅱ类	Ⅲ类
质量损失	≤5	≤8	≤12

◁)) 知识链接五：拌和用水

混凝土用水是混凝土拌和用水和混凝土养护用水的总称，包括饮用水、地表水、地下水、再生水、混凝土企业设备洗刷水和海水等。符合国家标准的生活用水，可拌制各种混凝土。地表水和地下水常溶有较多的有机质和矿物盐类，首次使用前，应按《混凝土拌和用水标准》（JGJ 63—2006）的规定进行检验，合格后方可使用。海水中含有较多的硫酸盐和氯盐，影响混凝土的耐久性和加速混凝土中钢筋的锈蚀，因此海水可用于拌制素混凝土，但不得用于拌制钢筋混凝土和预应力钢筋混凝土，不宜采用海水拌制有饰面要求的素混凝土，以免因表面产生盐析而影响装饰效果。工业废水经检验合格后方可用于拌制混凝土。生活污水的水质比较复杂，不能用于拌制混凝土。

对混凝土用水的质量要求是：不影响混凝土的凝结和硬化；无损于混凝土的强度发展及耐久性；不加快钢筋锈蚀；不引起预应力钢筋脆断；不污染混凝土表面。

对水质有怀疑时，应将待检验水与蒸馏水分别做水泥凝结时间和砂浆或混凝土强度对比试验。对比试验测得的水泥初凝时间差和终凝时间差，均不得超过 30min，且其初凝和终凝时间应符合水泥标准的规定。用待检验水配制的砂浆或混凝土的 28d 抗压强度不得低于用蒸馏水配制的砂浆或混凝土强度的 90％。

◁))知识链接六：混凝土外加剂

混凝土外加剂是指在混凝土拌和前或拌和时掺入的用以改善混凝土性能的物质。掺量一般不超过水泥质量的 5％。

混凝土外加剂的使用是混凝土技术的重大突破。随着混凝土材料的广泛应用，对混凝土性能提出了许多要求，如泵送混凝土要求混凝土高流动性；冬季施工要求混凝土早期强度高；高层建筑、海洋结构要求混凝土高强、高耐久性。要使混凝土具备这些性能，只有使用高性能外加剂。由于外加剂对混凝土技术性能的改善，它在工程中应用的比例越来越大，不少国家使用掺外加剂的混凝土已占混凝土总量的 60％～90％，因此外加剂已逐渐成为混凝土中必不可少的第五种组分。

1. 混凝土外加剂的分类

混凝土外加剂种类繁多，目前有 400 余种，我国生产的外加剂有 200 多个牌号。根据《混凝土外加剂定义、分类、命名与术语》（GB/T 8075—2005）的规定，混凝土外加剂按其主要功能分为以下 4 类：

（1）改善混凝土拌合物流动性能的外加剂，包括各种减水剂和泵送剂等。

（2）调节混凝土凝结时间、硬化性能的外加剂，包括缓凝剂、促凝剂和速凝剂等。

（3）改善混凝土耐久性的外加剂，包括引气剂、防水剂、阻锈和矿物外加剂等。

（4）改善混凝土其他性能的外加剂，包括膨胀剂、防冻剂和着色剂等。

目前在工程中的外加剂主要有减水剂、引气剂、早强剂、缓凝剂和防冻剂等。

2. 减水剂

减水剂是指在混凝土坍落度基本相同的条件下，能显著减少混凝土拌合水量的外加剂。根据减水剂的作用效果及功能情况，可分为普通减水剂、高效减水剂、早强减水剂、缓凝减水剂和引气减水剂等。

（1）减水剂的技术经济效果。在混凝土中加入减水剂后，根据使用目的的不同，一般可取得以下效果：

1）增加流动性。在用水量及水灰比不变时，混凝土坍落度可增大 100～200mm，且不影响混凝土的强度。

2）提高混凝土强度。在保持流动性及水泥用量不变的条件下，可减少拌合水量 10％～15％，从而降低水灰比，使混凝土强度提高 15％～20％，特别是早期强度提高更为显著。

3）节约水泥。在保持流动性及水灰比不变的条件下，可以在减少拌合水量的同时，相应减少水泥用量，即在保持混凝土强度不变时，可节约水泥用量 10%～15%。

4）改善混凝土耐久性。由于减水剂的掺入，显改善了混凝土的孔结构，使混凝土的密实度提高，透水性可降低 40%～80%，从而提高抗渗、抗冻、抗化学腐蚀及抗锈蚀等能力。

此外，掺用减水剂后，还可以改善混凝土拌合物的泌水和离析现象，延缓混凝土拌合物的凝结时间，减慢水泥水化放热速度和配制特种混凝土。

（2）目前常用的减水剂。减水剂是使用最广泛、效果最显著的外加剂。其种类很多，目前有木质素系、萘系、树脂系、糖蜜系和腐殖酸减水剂等。根据其对混凝土凝结、硬化速度的影响，又可分为普通型、早强型和缓凝型三种。

3. 早强剂

早强剂是指能加速混凝土早期强度发展的外加剂。早强剂可促进水泥的水化和硬化进程，加快施工进度，提高模板周转率，特别适用于冬季施工或紧急抢修工程。

目前广泛使用的混凝土早强剂有 3 类，即氯盐类（如 $CaCl_2$、$NaCl$ 等）、硫酸盐类（如 Na_2SO_4 等）和有机胺类，但更多的是使用以它们为基材的复合早强剂。其中，氯化物对钢筋有锈蚀作用，常与阻锈剂亚硝酸钠（$NaNO_2$）复合使用。

4. 引气剂

引气剂是指搅拌混凝土过程中能引入大量均匀分布、稳定而封闭的微小气泡的外加剂。引气剂属憎水性表面活性剂，由于能显降低水的表面张力和界面能，使水溶液在搅拌过程中极易产生许多微小的封闭气泡，气泡直径多在 $50～250\mu m$，同时因引气剂定向吸附在气泡表面，形成较为牢固的液膜，使气泡稳定而不破裂。按混凝土含气量 3%～5% 计（不加引气剂的混凝土含气量为 1%），$1m^3$ 混凝土拌合物中含数百亿个气泡，由于大量微小、封闭且均匀分布的气泡的存在，使混凝土的某些性能在以下几个方面得到明显的改善或改变。

（1）改善混凝土拌合物的和易性。由于大量微小封闭的球状气泡在混凝土拌合物内形成，如同滚珠一样，减少了颗粒间的摩擦力，使混凝土拌合物流动性增加，同时由于水分均匀分布在大量气泡的表面，使能自由移动的水量减少，混凝土拌合物的保水性、黏聚性也随之提高。

（2）显著提高混凝土的抗渗性、抗冻性。大量均匀分布的封闭气泡切断了混凝土中的毛细管渗水通道，改变了混凝土的孔结构，使混凝土抗渗性显著提高。同时，封闭气泡有较大的弹性变形能力，对由水结冰所产生的膨胀应力有一定的缓冲作用，因而混凝土的抗冻性得到提高。

（3）降低混凝土强度。由于大量气泡的存在，减少了混凝土的有效受力面积，使混凝土强度有所降低。混凝土的含气量每增加 1% 时，其抗压强度将降低 4%～5%，抗折强度降低 2%～3%。

引气剂可用于抗渗混凝土、抗冻混凝土、抗硫酸侵蚀混凝土、泌水严重的混凝土、轻混凝土以及对饰面有要求的混凝土等，但引气剂不宜用于蒸养混凝土及预应力钢筋混凝土。

引气剂的掺用量通常为水泥质量的 0.005%～0.015%（以引气剂的干物质计算）。

常用的引气剂有松香热聚物、松香酸钠、烷基磺酸钠、烷基苯磺酸钠及脂肪醇硫酸钠等。

5. 缓凝剂

缓凝剂是指能延缓混凝土凝结时间，并对混凝土后期强度发展无不利影响的外加剂。缓凝剂主要有 4 类：糖类，如糖蜜；木质素磺酸盐类，如木钙、木钠；羟基羧酸及其盐类，如柠檬酸、酒石酸；无机盐类，如锌盐、硼酸盐等。常用的缓凝剂是木钙和糖蜜，其中糖蜜的缓凝效果最好。

糖蜜缓凝剂是由制糖下脚料经石灰处理而成，也是表面活性剂，将其掺入混凝土拌合物中，能吸附在水泥颗粒表面，形成同种电荷的亲水膜，使水泥颗粒相互排斥，并阻碍水泥水化，从而起缓凝作用。糖蜜的适宜掺量为 0.1%～0.3%，混凝土凝结时间可延长 2～4h，掺量过大会使混凝土长期不硬，强度严重下降。

缓凝剂具有缓凝、减水、降低水化热和增强作用，对钢筋也无锈蚀作用，主要适用于大体积混凝土、炎热气候下施工的混凝土，以及需长时间停放或长距离运输的混凝土。缓凝剂不宜用于在日最低气温 5℃以下施工的混凝土，也不宜单独用于有早强要求的混凝土及蒸养混凝土。

6. 防冻剂

防冻剂是指在规定温度下，能显著降低混凝土的冰点，使混凝土液相不冻结或仅部分冻结，以保证水泥的水化作用，并在一定的时间获得预期强度的外加剂。常用的防冻剂有氯盐类（氯化钙、氯化钠）、氯盐阻锈类（以氯盐与亚硝酸钠阻锈剂复合而成）、无氯盐类（以硝酸盐、亚硝酸盐、碳酸盐、乙酸钠或尿素复合而成）。

氯盐类防冻剂适用于无筋混凝土；氯盐阻锈类防冻剂适用于钢筋混凝土；无氯盐类防冻剂可用于钢筋混凝土工程和预应力钢筋混凝土工程。硝酸盐、亚硝酸盐、碳酸盐易引起钢筋的腐蚀，故不适用于预应力钢筋混凝土以及与镀锌钢材或与铝铁相接触部位的钢筋混凝土结构。此外，含有六价铬盐、亚硝酸盐等有毒成分的防冻剂，严禁用于饮水工程及与食品接触的部位。

防冻剂用于负温条件下施工的混凝土。目前，国产防冻剂品种适用于 −15～0℃ 的气温，当在更低气温下施工时，应增加其他混凝土冬季施工的措施，如暖棚法、原料（砂、石、水）预热法等。

7. 速凝剂

速凝剂是指能使混凝土迅速凝结硬化的外加剂。速凝剂主要有无机盐类和有机物类两类。我国常用的速凝剂是无机盐类，主要型号有红星 I 型、7 II 型、728 型及 8604 型等。

红星 I 型速凝剂是由铝氧熟料（主要成分为铝酸钠）、碳酸钠、生石灰按质量 1:1:0.5 的比例配制而成的一种粉状物，适宜掺量为水泥质量的 2.5%～4.0%。7 II 型速凝剂是铝氧熟料与无水石膏按质量比 3:1 配合粉磨而成，适宜掺量为水泥质量的 3%～5%。

速凝剂掺入混凝土后，能使混凝土在 5min 内初凝，10min 内终凝，1h 就可产生强度，1d 强度提高 2～3 倍，但后期强度会下降，28d 强度为不掺时的 80%～90%。速凝剂的速凝早强作用机理是使水泥中的石膏变成 Na_2SO_4，失去缓凝作用，从而促使 C_3A 迅速水化，并在溶液中析出其水化产物晶体，导致水泥浆迅速凝固。

速凝剂主要用于矿山井巷、铁路隧道、引水涵洞及地下工程。

8. 膨胀剂

膨胀剂使混凝土在硬化过程中产生微量的体积膨胀。膨胀剂的种类有硫铝酸盐类、氧化钙类、金属类等。各膨胀剂的成分不同，引起膨胀的原因也不相同。膨胀剂的使用应注意以下问题：

（1）掺入硫铝酸盐类膨胀剂的膨胀混凝土（或砂浆），不得用于温度长期处于80℃以上的工程中。

（2）掺入硫铝酸盐类或氧化钙类膨胀剂的混凝土，不宜同时使用氯盐类外加剂。

（3）掺入铁屑膨胀剂的填充用膨胀砂浆，不得用于有杂散电流的工程，也不得用在与氯镁材料接触的部位。

9. 外加剂的选择和使用

在混凝土中掺入外加剂，可明显改善混凝土的技术性能，取得显著的技术经济效果。若选择和使用不当，会造成事故。因此，在选择和使用外加剂时，应注意以下几点：

（1）外加剂品种的选择。外加剂品种、品牌很多，效果各异，特别是对于不同品种的水泥效果不同。在选择外加剂时，应根据工程需要、现场的材料条件，并参考有关资料，通过试验确定。

（2）外加剂掺量的确定。混凝土外加剂均有适宜掺量，掺量过小，往往达不到预期效果；掺量过大，则会影响混凝土质量，甚至造成质量事故。因此，应通过试验试配确定最佳掺量。

（3）外加剂的掺加方法。外加剂的掺量少，必须保证其均匀分散，一般不能直接加入混凝土搅拌机内。对于可溶于水的外加剂，应先配成一定浓度的溶液，随水加入搅拌机。对不溶于水的外加剂，应与适量水泥或砂混合均匀后再加入搅拌机内。另外，外加剂的掺入时间对其效果的发挥也有很大影响，如为保证减水剂的减水效果，减水剂有同掺法、后掺法及分次掺入3种方法。

◁))知识链接七：混凝土掺合料

混凝土掺合料不同于生产水泥时与熟料一起磨细的混合材料，它是在混凝土（或砂浆）搅拌前或在搅拌过程中，与混凝土（或砂浆）其他组分一样，直接加入的一种外掺料。

用于混凝土的掺合料绝大多数是具有一定活性的固体工业废渣。掺合料不仅可以取代部分水泥、减少混凝土的水泥用量、降低成本，而且可以改善混凝土拌合物和硬化混凝土的各项性能。因此，混凝土中掺用掺合料，其技术、经济和环境效益是十分显著的。

土木工程用作混凝土的掺合料有粉煤灰、硅灰、粒化高炉矿渣粉、磨细自燃煤矸石以及其他工业废渣。其中，粉煤灰是目前用量最大、使用范围最广的一种掺合料。

1. 粉煤灰

（1）粉煤灰的种类及技术要求。拌制混凝土和砂浆用的粉煤灰分为F类粉煤灰和C类粉煤灰两类。F类粉煤灰是由无烟煤或烟煤燃烧收集的，其CaO含量不大于10%或游离CaO含量不大于1%；C类粉煤灰是由褐煤或次烟煤燃烧收集的，其CaO含量大于10%或游离CaO含量大于1%，又称高钙粉煤灰。

F类和C类粉煤灰又根据其技术要求分为Ⅰ、Ⅱ、Ⅲ级。按《用于水泥和混凝土中的粉煤灰》（GB 1596—2005）的规定，其相应的技术要求见表3-13。

表 3 - 13 　　　　　　　　　　拌制混凝土和砂浆用粉煤灰技术要求

项　　目		Ⅰ级	Ⅱ级	Ⅲ级
细度（45μm 方孔筛筛余，%）	F 类粉煤灰	≤12	≤25	≤45
	C 类粉煤灰			
需水量比（%）	F 类粉煤灰	≤95	≤105	≤115
	C 类粉煤灰			
烧失量（%）	F 类粉煤灰	≤5.0	≤8.0	≤15.0
	C 类粉煤灰			
含水量（%）	F 类粉煤灰	≤1.0		
	C 类粉煤灰			
三氧化硫含量（%）	F 类粉煤灰	≤3.0		
	C 类粉煤灰			
游离氧化钙含量（%）	F 类粉煤灰	≤1.0		
	C 类粉煤灰	≤4.0		
安定性：雷氏夹沸煮后增加距离（mm）	C 类粉煤灰	≤5.0		

与 F 类粉煤灰相比，C 类粉煤灰一般具有需水量比小、活性高和自硬性好等特点。但由于 C 类粉煤灰中往往含有游离氧化钙，所以在用作混凝土掺合料时，必须对其体积安定性进行合格检验。

（2）粉煤灰效应及其对混凝土性质的影响。粉煤灰由于其本身的化学成分、结构和颗粒形状等特征，在混凝土中可产生下列效应，统称粉煤灰效应：

1）活性效应。粉煤灰中所含的 SiO_2 和 Al_2O_3 具有化学活性，它们能与水泥水化产生的 $Ca(OH)_2$ 反应，生成类似水泥水化产物中的水化硅酸钙和水化铝酸钙，可作为胶凝材料的一部分而起到增强作用。

2）颗粒形态效应。煤粉在高温燃烧过程中形成的粉煤灰颗粒，绝大多数为玻璃微珠，掺入混凝土中可减小内摩擦力，从而减少混凝土的用水量，起减水作用。

3）微骨料效应。粉煤灰中的微细颗粒均匀分布在水泥浆内，填充孔隙和毛细孔，改善混凝土的孔结构和增大密实度。

由于上述效应的结果，粉煤灰可以改善混凝土拌合物的流动性、保水性、可泵性以及抹面性等性能，并能降低混凝土的水化热，以及提高混凝土的抗化学侵蚀、抗渗及抑制碱 - 骨料反应等性能。

混凝土中掺入粉煤灰取代部分水泥后，混凝土的早期强度将随掺入量增多而有所降低，但 28d 以后长期强度可以赶上甚至超过不掺粉煤灰的混凝土。

（3）混凝土掺用粉煤灰的规定及方法。混凝土工程掺用粉煤灰时，应按《粉煤灰混凝土应用技术规范》（GB/T 50146—2014）的规定，对于不同的混凝土工程，选用相应等级的粉煤灰：

1）Ⅰ级灰适用于钢筋混凝土和跨度小于 6m 的预应力钢筋混凝土。

2）Ⅱ级灰适用于钢筋混凝土和无筋混凝土。

3）Ⅲ级灰主要用于无筋混凝土，但大于 C30 的无筋混凝土，宜采用Ⅰ、Ⅱ级灰。

混凝土中掺用粉煤灰，一般有以下 3 种方法：

1）等量取代法。以等质量的粉煤灰取代混凝土中的水泥，主要适用于掺加Ⅰ级粉煤灰、混凝土超强以及大体积混凝土工程。

2）超量取代法。粉煤灰的掺入量超过其取代水泥的质量，超量的粉煤灰取代部分细骨料。其目的是增加混凝土中胶凝材料用量，以补偿由于粉煤灰取代水泥而造成的强度降低。超量取代法可以使掺粉煤灰的混凝土达到与不掺时相同的强度，并可节约细骨料用量。粉煤灰的超量系数（粉煤灰掺入质量与取代水泥质量之比）应根据粉煤灰的等级而定，通常可按表 3-14 的规定选用。

表 3-14　　　　　　　　　　　　　　　粉煤灰的超量系数

粉煤灰等级	超量系数
Ⅰ	1.1~1.4
Ⅱ	1.3~1.7
Ⅲ	1.5~2.0

3）外加法。外加法是指在保持混凝土水泥用量不变的情况下，外掺一定数量的粉煤灰，其目的只是为改善混凝土拌合物的和易性。

实践证明，当粉煤灰取代水泥量过多时，混凝土的抗碳化耐久性将变差，所以粉煤灰取代水泥的最大限量应符合表 3-15 的规定。

表 3-15　　　　　　　　　　　　粉煤灰取代水泥的最大限量　　　　　　　　　　　　%

混凝土种类	硅酸盐水泥	普通硅酸盐水泥	矿渣硅酸盐水泥	火山灰硅酸盐水泥
预应力钢筋混凝土	25	15	10	—
钢筋混凝土 高强度混凝土 高抗冻融性混凝土 蒸养混凝土	30	25	20	15
中、低强度混凝土 泵送混凝土 大体积混凝土 水下混凝土 地下混凝土 压浆混凝土	50	40	30	20
碾压混凝土	65	55	45	35

（4）粉煤灰掺合料在混凝土工程中的应用。粉煤灰掺合料适用于一般工业与民用建筑结构和构筑物用的混凝土，尤其适用于泵送混凝土、大体积混凝土、抗渗混凝土、抗化学侵蚀的混凝土、蒸汽养护的混凝土、地下和水下工程混凝土以及碾压混凝土等。

2. 粒化高炉矿渣粉

用作混凝土掺合料的粒化高炉矿渣粉，是由粒化高炉矿渣经干燥、粉磨达到相当细度的一种粉体。

按《用于水泥和混凝土中的粒化高炉矿渣粉》（GB/T 18046—2008）的规定，矿渣粉应符合表 3-16 的技术要求。

表 3-16　　　　　　　　　　　　矿渣粉技术要求

项目		S105	S95	S75
密度（g/cm³）		≥2.8		
比表面积（m²/kg）		≥500	≥400	≥300
活性指数（%）	7d	≥95	≥75	≥55
	28d	≥105	≥95	≥75
流动度比（%）		≤95		
含水量（质量分数，%）		≤1.0		
三氧化硫（质量分数，%）		≤4.0		
氯离子（质量分数，%）		≤0.06		
烧失量（质量分数，%）		≤3.0		
玻璃体含量（质量分数，%）		≥85		
放射性		合格		

矿渣粉按其活性指数和流动度比两项指标，可分为 S105、S95、S75 3 个等级。活性指数指以矿渣粉取代 50% 水泥后的试验砂浆强度与对比的水泥砂浆强度之比值。流动度比则是这两种砂浆流动度的比值。

粒化高炉矿渣粉是混凝土的优质掺合料。它不仅可等量取代混凝土中的水泥，而且可以使混凝土的每项性能获得显著改善，如降低水化热、提高抗渗性和抗化学腐蚀等耐久性、抑制碱-骨料反应以及大幅度提高长期强度。

掺矿渣粉的混凝土与普通混凝土的用途一样，可用作钢筋混凝土、预应力钢筋混凝土和素混凝土。大掺量矿渣粉混凝土更适用于大体积混凝土、地下工程混凝土和水下混凝土等。矿渣粉还适用于配制高强度混凝土、高性能混凝土。

矿渣粉混凝土的配合比设计方法与普通混凝土基本相同。掺矿渣粉的混凝土允许同时掺用粉煤灰，但粉煤灰掺量不宜超过矿渣粉。混凝土中矿渣粉的掺量应根据不同强度等级和不同用途通过试验确定。对于 C50 和 C50 以上的高强混凝土，矿渣粉的掺量不宜超过 30%。

3. 硅灰

硅灰又称凝聚硅灰或硅粉，为电弧炉冶炼硅金属或硅铁合金的副产品。在温度高达 2000℃ 下，将石英还原成硅时，会产生 Si 气体，到低温区再氧化成 SiO_2，最后冷凝成极微细的球状颗粒固体。硅灰成分中 SiO_2 含量高达 80% 以上，主要是非晶态的无定形 SiO_2。硅灰颗粒的平均粒径为 0.1~0.2μm，比表面积为 20000~25000m²/kg，密度为 2.2g/cm³，堆积密度只有 250~300kg/m³。硅灰的火山灰活性极高，但因其颗粒极细，单位质量很小，给收集装运及管理等带来了困难。硅灰取代水泥后，其作用与粉煤灰类似，可改善混凝土拌合物的和易性，降低水化热，提高混凝土抗侵蚀、抗冻、抗渗性，抑制碱-骨料反应，且其效果要比粉煤灰好很多。硅灰中的 SiO_2 在早期即可与 $Ca(OH)_2$ 发生反应，生成水化硅酸钙。所以，用硅灰取代水泥可提高混凝土的早期强度。

硅灰取代水泥的量一般在 5%~15% 之间，当超过 20% 以后，水泥浆将变得十分黏稠。

混凝土拌和用水量随硅灰的掺入而增加，为此，当混凝土掺用硅灰时，必须同时掺加减水剂，这样才可获得最佳效果。例如，当以 5％～10％的硅灰等量取代混凝土中的水泥，并同时掺入高效减水剂时，可配制出 100MPa 的高强度混凝土。由于硅灰的售价较高，故目前主要用于配制高强和超高强混凝土、高抗渗混凝土以及其他要求高性能的混凝土。

试验一：混凝土用砂、石试验

一、砂的筛分析试验

为评定砂的粗细程度，需测定混凝土用砂的颗粒级配，计算细度模数。

1. 仪器设备

标准筛：9.5、4.75、2.36、1.18、0.6、0.3、0.15mm 方孔筛及筛底、盖各一个。

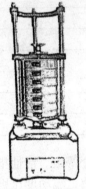

天平（称量为 1000g，感量为 1g）、烘箱、摇筛机（见图 3-6）、大小搪瓷盘及毛刷等。

2. 试验步骤

试验前，砂样应通过 9.5mm 筛，并在（105±5）℃的温度下烘干至恒重，冷却至室温后使用（如砂样含泥量超过 5％，则应先用水洗）。

（1）准确称取试样 500g，置于按筛孔大小顺序排列的套筛的最上一只筛（4.75mm）上，将套筛装入摇筛机，摇筛 10min，然后取出套筛，按筛孔大小顺序，再逐个进行手筛，直至每分钟的筛出量不超过试样总量的 0.1％。通过的颗粒并入下一号筛，顺序过筛，直到筛完为止。

图 3-6　摇筛机　　（2）试样各号筛上的筛余量均不得超过按下式计算的量：

$$质量仲裁时\ m_r = \frac{A\sqrt{d}}{300} \qquad (3-3)$$

$$生产控制检验时\ m_r = \frac{A\sqrt{d}}{200} \qquad (3-4)$$

式中　m_r——筛余量，g；

　　　d——筛孔尺寸，m；

　　　A——筛面积，mm^2。

否则应将该筛余试样分成两份，再次进行筛分，并以其两份筛余量之和作为该号筛的筛余量。

（3）分别称量各筛筛余试样，精确至 1g，所有各筛的分计筛余量和最后一个筛的通过量的总和与筛分前试样总量相比，相差不得超过试样总量的 1％。

3. 试验结果

（1）计算分计筛余百分率：各号筛上的筛余量除以试样总量的百分率，精确至 0.1％。

（2）计算累计筛余百分率：该号筛上的分计筛余百分率与大于该号的各筛分计筛余百分率之总和，精确至 0.1％。

（3）根据各筛的累计筛余百分率，评定该试样的颗粒级配。

（4）计算细度模数 M_x：

$$M_x = \frac{(A_2 + A_3 + A_4 + A_5 + A_6) - 5A_1}{100 - A_1} \qquad (3-5)$$

式中　A_1、A_2、A_3、A_4、A_5、A_6——4.75、2.36、1.18、0.6、0.3、0.15mm 方孔筛上的累计筛余百分率，计算精确到 0.1％。

按细度模数确定砂的粗细程度。

（5）筛分试验应采用两个试样进行，取两次试验结果的算术平均值作为测定结果。两次所得细度模数之差大于 0.2 时，应重新进行试验。

二、砂的表观密度试验

为了评定砂的质量和为混凝土配合比提供设计的依据，测定砂的表观密度，即砂颗粒本身单位体积（包括内部封闭孔隙）的质量。

1. 仪器设备

托盘天平（称量为 1000g，感量为 1g）、容量瓶（500mL）、烘箱、干燥器、漏斗、滴管、搪瓷盘、铝制粒勺及温度计等。

2. 试验步骤

试验前，将 660g 试样在（105±5）℃的温度下烘干至恒重，在干燥器内冷却至室温后，分为大致相等的两份备用。

（1）称取烘干试样 300g（m_1），精确至 1g，通过漏斗，装入盛有半瓶冷开水的容量瓶中，塞紧瓶塞。

（2）静置 24h 后，摇动容量瓶，使试样在水中充分搅动以排除气泡。然后用滴管添水，使水面与瓶颈刻度线平齐，盖上瓶塞，擦干瓶外水分，称量 m_2（g），精确至 1g。

（3）倒出瓶中的水和试样，内外清洗干净，再注入与上项水温相差不超过 1℃的饮用水至与瓶颈刻度线平齐，塞紧瓶塞，擦干瓶外水分，称量 m_3（g），精确至 1g。

3. 试验结果

计算试样的表观密度 ρ_0：

$$\rho_0 = \frac{m_1}{m_1 + m_3 - m_2}\rho_{H_2O} \qquad (3-6)$$

式中　ρ_0——表观密度，kg/m^3；

　　　m_1——干砂质量，kg；

　　　m_2——试样、水和容量瓶的质量，kg；

　　　m_3——水和容量瓶的质量，kg。

以两次试验结果的算术平均值作为测定结果，精确至 $10kg/m^3$。如两次试验结果的误差大于 $20kg/m^3$，则应重新取样进行试验。

三、砂的堆积密度试验

作为混凝土配合比设计的依据，需测定砂的松堆积密度、紧堆积密度和空隙率。

1. 仪器设备

台秤（称量为 5000g，感量为 5g）、容量筒（1L）、漏斗（见图 3-7）、垫棒（直径 10mm、长 500mm 的圆钢）、直尺、料勺及搪瓷盘等。

2. 试验步骤

试验前将试样在（105±5）℃温度下烘干至恒重，冷却至室温后使用。

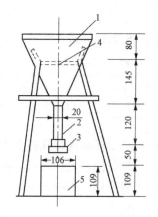

图 3-7　砂堆积密度漏斗（单位：mm）

1—漏斗；2—ϕ20 管子；3—活动门；

4—筛；5—容量筒

（1）松堆积密度。称容量筒质量 m_1，将烘干试样装入漏斗，开放漏斗管下的活门，砂样徐徐流入容量筒，当容量筒试样上部呈锥状，且容量筒四周溢满时，即停止加料。用直尺在容量筒中心向两个相反方向将试样刮平，称量筒和试样的总质量 m_2。

（2）紧堆积密度。试样分两层装入容量筒，先装一层，筒底垫放一根直径 10mm 的钢筋，将筒按住，左右各摇振 25 次，再装第二层，钢筋在筒底水平方向转 90°，用与测同样方法摇振 25 次，将试样加满筒，用与测松堆积密度相同的方法刮平，然后称质量 m_2。

3. 试验结果

（1）计算松堆积密度（或紧堆积密度）ρ_0'：

$$\rho_0' = \frac{m_2 - m_1}{V_0'} \tag{3-7}$$

式中　ρ_0'——砂的松堆积密度或紧堆积密度，kg/m³；

　　　m_1——容量筒的质量，kg；

　　　m_2——容量筒和砂的总质量，kg；

　　　V_0'——容量筒的容积，L。

以两次试验结果的算术平均值作为测定值，精确至 10kg/m³。

（2）计算砂的空隙率 P'：

$$P' = 1 - \frac{\rho_0'}{\rho_0} \tag{3-8}$$

式中　P'——砂的空隙率，%；

　　　ρ_0'——砂在干燥状态下的堆积密度，kg/L；

　　　ρ_0——砂的表观密度，kg/m³。

四、石子筛分析试验

作为混凝土配合比设计的依据，需测定碎石或卵石的颗粒级配及粒级规格。

1. 仪器设备

试验筛：孔径为 90、75、63、53、37.5、31.5、26.5、19、16、9.5、4.75、2.36mm 的方孔筛及筛底、盖各一个。

台秤（称量为 10kg，感量为 1g）、烘箱、摇筛机及搪瓷盘等。

2. 试验步骤

（1）根据试样最大粒径，按表 3-17 的规定数量称取烘干或风干试样备用。

表 3-17　　　　　　　　　　　　石子筛分试验所需试样量

最大粒径（mm）	9.5	16.0	19	26.5	31.5	37.5	63.0	75.0
最少试样质量（kg）	1.9	3.2	3.8	5.0	6.3	7.5	12.6	16.0

（2）将试样倒入按孔径大小从上到下组合的套筛（附筛底）上，然后进行筛分。

（3）将套筛装入摇筛机，摇筛 10min，然后取出套筛，按筛孔大小顺序，再逐个进行手筛，直至每分钟的筛出量不超过试样总量的 0.1%。通过的颗粒并入下一号筛，顺序过筛，直到筛完为止。

（4）称出各号筛的筛余量，精确至 1g。

3. 试验结果

（1）计算分计筛余百分率：各号筛上的筛余量除以试样总质量的百分率，精确至 0.1%。

（2）计算累计筛余百分率：该号筛上的分计筛余百分率与大于该号的各号筛分计筛余百分率之总和，精确到 1%。

（3）根据各筛的累计筛余百分率，评定试样的颗粒级配。

五、石子表观密度试验

测定石子的表观密度，即石子单位体积（包括内部封闭孔隙）的质量，作为评定石子质量和混凝土配合比设计的依据。本方法不宜用于测定最大粒径大于 37.5mm 的碎石或卵石的表观密度。

1. 仪器设备

托盘天平（称量为 2kg，感量为 1g）、广口瓶（1000mL，磨口、带玻璃片）、烘箱、方孔筛（孔径为 4.75mm 的筛一只）、搪瓷盘及刷子等。

2. 试验步骤

试验前，按规定取样，并缩分至略大于表 3-18 规定的数量，风干后，应筛去试样中 4.75mm 以下的颗粒，洗刷干净后，分成大致相等的两份备用。

表 3-18　　　　　　　　　　　表观密度试验所需试样量

最大粒径（mm）	<26.5	31.5	37.5	63.0	75.0
最少试样质量（kg）	2.0	3.0	4.0	6.0	6.0

（1）取试样一份浸水饱和后，置于装饮用水的广口瓶中并排除气泡。

（2）向广口瓶中添满饮用水，用玻璃片沿瓶口滑行，使其紧贴瓶口水面，玻璃片与水面之间不得带有气泡，擦干瓶外水分，称取试样、水、广口瓶和玻璃片的总质量 m_1，精确至 1g。

（3）将瓶中试样小心倒出，盛在浅盘中，放在（105±5）℃的烘箱中，烘干至恒重，取出放在带盖的容器中冷却至室温，然后称试样的质量 m，精确至 1g。

（4）将瓶洗净，重新注入饮用水，用玻璃片紧贴瓶口水面，擦干瓶外水分后称量 m_2，精确至 1g。

3. 试验结果

计算试样的表观密度 ρ_0：

$$\rho_0 = \frac{m}{m + m_2 - m_1}\rho_{H_2O} \qquad (3-9)$$

式中　ρ_0——表观密度，kg/m^3；

　　　m——试样烘干后质量，kg；

　　　m_1——试样、水、瓶和玻璃片的总质量，g；

　　　m_2——水、瓶和玻璃片的总质量，g。

以两次试验结果的算术平均值作为测定结果，如两次结果之差大于 $20kg/m^3$，则应重新取样试验。

六、石子堆积密度试验

作为混凝土配合比设计和一般使用的依据，需测定石子的松堆积密度、紧堆积密度和空隙率。

1. 仪器设备

磅秤（称量为 50、100kg，感量为 50g 各 1 台）、容量筒（规格见表 3 - 19）、垫棒（直径 16mm、长 600mm 的圆钢）、直尺、小铲及烘箱等。

2. 试验步骤

试验用烘干或风干试样。

容量筒容积按石子最大粒径选用，见表 3 - 19。

表 3 - 19   容量筒的规格要求

最大粒径（mm）	容量筒容积（L）	容量筒规格（mm）		
		内径	净高	壁厚
9.5、16.0、19.0、26.5	10	208	294	2
31.5、37.5	20	294	294	3
53.0、63.0、75.0	30	360	294	4

（1）松堆积密度。用小铲将试样从筒口上方 5cm 高处自由落入容量筒内，当容量筒试样上部呈锥状，且容量筒四周溢满时，即停止加料。除去凸出筒口表面的颗粒，并以合适的颗粒填入凹陷空隙，使表面稍凸起部分与凹陷部分的体积大致相等，称取试样和容量筒的总质量 m_2。

（2）紧堆积密度。试样分三层装入容量筒，筒底垫放一根直径 16mm 的钢筋，每装一层，按住筒身，左右交替摇振 25 次，振第二层时，筒底钢筋在筒底水平方向转 90°，振第三层后，加料至满出管口，用钢筋沿筒口边缘滚转，刮下高出筒口的颗粒，用合适的颗粒填平，称取试样和容量筒的总质量 m_2。

3. 试验结果

（1）计算松堆积密度（或紧堆积密度）ρ_s'：

$$\rho_s' = \frac{m - m_1}{V_0'} \qquad\qquad (3 - 10)$$

式中 m_1——容量筒的质量，kg；

       m——容量筒和石子总质量，kg；

      V_0'——容量筒的容积，L。

以两次试验结果的算术平均值作为测定值，精确至 10kg/m^3。

（2）计算空隙率 P'：

$$P' = 1 - \frac{\rho_s'}{\rho_s} \qquad\qquad (3 - 11)$$

式中 ρ_s'——石子的堆积密度，kg/m^3；

     ρ_s——石子的表观密度，kg/m^3。

单元项目二   混凝土的配合比设计与质量检测控制

⭐ 任务描述 --

根据工程环境选择混凝土拌合物技术检测的内容以及确定各项指标限值。

任务一：根据所给工程条件确定混凝土各项技术性质的检测方法及质量控制。

任务二：根据所给条件进行配合比设计计算。

任务三：根据所给条件确定混凝土在搅拌、运输和浇筑过程中检查的各项要求。

各小组选用不同的工程背景，具体工程概况如下：

小组一：

某工程为一层商铺，现浇框架结构梁，混凝土设计强度等级 C25，施工要求坍落度为 35～50mm，施工单位无历史统计资料。采用原材料为：普通水泥 32.5 级，密度 $\rho_c=3000\text{kg/m}^3$；中砂，密度 $\rho_s=2600\text{kg/m}^3$；碎石，粒径 $D_M=20\text{mm}$，密度 $\rho_g=2650\text{kg/m}^3$；自来水。

根据所给条件计算配合比，确定混凝土强度的检验与评价方法、质量控制方法。

小组二：

混凝土配合比为 1∶2.3∶4.1，水灰比为 0.60。已知每立方米混凝土拌合物中水泥用量为 295kg。现场有砂 15m³，此砂含水量为 5%，计算堆积密度为 1500kg/m³，则现场砂能生产多少混凝土。若该材料为工程加固所用现场搅拌，列出质量控制应注意的事项。

小组三：

某房屋为混凝土框架工程，混凝土不受风雪等作用，设计混凝土等级为 C30。施工要求坍落度为 30～50mm，采用机械搅拌、机械振捣，采用的材料为：水泥 P·O42.5，实测密度 3.10g/cm³；粗骨料为卵石，$D_M=40\text{mm}$，视密度为 2.70g/cm³，含水率为 3%；细骨料为河砂，$M_x=2.70$，实测视密度 2.65g/cm³，含水率为 1%。

根据所给条件计算施工配合比、混凝土各项技术性质的检测方法及质量控制方法。

小组四：

宝鸡某中学，二层框架结构，层高 4.2m，建筑面积 3000m²，柱距 6m，层高 4.2m，维护结构保温工程，强度等级 LC5.0，混凝土密度等级 8000kg/m³。根据《轻骨料混凝土技术规程》(JGJ 51—2002) 确定材料及配合比，确定该工程质量波动的主要原因。

小组五：

贵州某学院小型游泳池，长 40m、宽 20m、高 2m，底部钢筋混凝土，现场施工搅拌，根据施工要求确定游泳池所用混凝土强度等级，对混凝土施工配合比方案提出技术建议，确定各项检测指标及范围，制定质量控制方法。

小组六：

采用矿渣水泥、卵石和天然砂配制混凝土，水灰比为 0.5，制作 100mm×100mm×100mm 试件 3 块，在标准养护条件下养护 7d 后，测得破坏荷载分别为 140、135、141kN。试求：

(1) 估算该混凝土 28d 的标准立方体抗压强度。

(2) 该混凝土采用的矿渣水泥等级。

🔍 任务分析 --

混凝土的技术性质包括和易性、强度、变形性能、耐久性等。根据设计、施工条件不同，其取值范围不同。

混凝土配合比设计是根据选定材料的物理指标，在满足强度和耐久性的基础上计算配合比。通过试验确定试配是否满足设计要求。学生应掌握相关计算方法。

学生根据任务查找相关参数计算配合比，并进行试配。掌握试验方法，了解试验注意事项，根据实际材料的物理指标确定施工配合比，根据计算及试验确定建筑工程常见混凝土强度等级的配合比。

根据《混凝土强度检验评定标准》（GB/T 50107—2010）等相关标准及设计要求确定技术指标。混凝土质量的波动性是质量控制的原因。采用何种方法对质量进行监控，及时查明质量波动原因，加以纠正，使混凝土生产处于正态稳定。

参照《混凝土质量控制标准》（GB 50164—2011）对建筑工程预拌混凝土采用统计方法进行评定。确定评定时混凝土的取样频率，了解原材料计量按质量计的允许偏差应在何规定值内。

学习普通水泥混凝土的技术性质及测定方法，掌握建筑工程水泥混凝土配合比设计及计算。学生通过学习、阅读文献，掌握混凝土的技术测定方法和指标。

⚙ 任务实施

学生自由组队。根据提供背景资料和知识链接，利用图书馆和网络等多种资源，合理进行项目规划，做出小组任务分配，分工协作完成任务。了解常用的建筑组成材料以及新型建筑组成材料的发展与应用。

针对项目任务的要求，整理和归纳资料，并提交报告。学生以团队形式进行汇报，展示学习成果，并由其他团队及教师进行点评。

📌 知识链接

🔊 知识链接一：混凝土拌合物的和易性

和易性又称工作性，是指新拌混凝土便于拌和、运输、浇筑、捣实，并能获得质量均匀、密实混凝土的性能。和易性是新拌混凝土的主要技术性质，是一项综合性技术指标，包括流动性、黏聚性及保水性三方面的含义。

1. 流动性

流动性指新拌混凝土在自重或施工机械振捣的作用下，易于产生流动，并能均匀密实地填满模型的性能。其大小反映新拌混凝土的稀稠程度，关系着施工振捣的难易和浇筑的质量。拌合物流动性好，则操作方便，容易成型和振捣密实。

2. 黏聚性

黏聚性也称抗离析性，指新拌混凝土有一定的黏聚力，在运输及浇筑过程中不易出现分层离析，能保持整体均匀的性能。黏聚性不好的拌合物，砂浆与石子容易分离，振捣后会出现蜂窝、空洞等现象，严重影响工程质量。

3. 保水性

保水性指新拌混凝土具有一定的保持水分的能力，不致产生大量泌水的性质。新拌混凝土中，只有 $20\%\sim25\%$ 的拌合水用于水泥水化，其余拌合水是为了使拌合物具有足够的流动性，便于施工浇筑。因此，如果新拌混凝土保水性差，在运输、浇筑、振捣中，在凝结硬化前很容易泌水。泌水是指一部分水分从混凝土内部析出，形成毛细管孔隙，即渗水通道，或水分及泡沫等轻物质浮在表面，引起混凝土表面疏松，或水分停留在石子及钢筋的下面形成水隙，削弱水泥浆与石子及钢筋的黏结能力，影响混凝土的质量。

新拌混凝土的流动性、黏聚性和保水性三者之间相互关联又相互矛盾。如黏聚性好的则保水性往往也好，但当流动性增大时，黏聚性和保水性往往变差；反之亦然。因此，保持拌合物的和易性良好，就是其流动性、黏聚性及保水性都较好地满足具体施工工艺的要求。

◁))) 知识链接二：和易性的测定方法及指标

由于混凝土拌合物和易性的内涵比较复杂，目前尚无全面反映和易性的测定方法。根据国家标准《普通混凝土拌合物性能试验方法》（GB/T 50080—2002）的规定，用坍落度和维勃稠度来测定混凝土拌合物的流动性，并辅以直接经验来评定黏聚性和保水性。

1. 坍落度试验

将搅拌好的混凝土分 3 层装入坍落度筒中，每层插捣 25 次，抹平后垂直提起坍落度筒，混凝土则在自重作用下坍落，量测筒高与坍落后混凝土试体最高点之间的高度差（以 mm 计），即为坍落度。坍落度越大，表示混凝土拌合物的流动性越大。

黏聚性检查：用捣棒在已坍落的锥体一侧轻打，若轻打时锥体渐渐下沉，表示黏聚性良好；如果锥体突然倒塌、部分崩裂或石子离析，则黏聚性不好。

保水性检查：以坍落的锥体中稀浆析出的程度评定。提起坍落筒后，如有较多稀浆从底部析出或锥体因失浆而骨料外露，表示保水性不良；如提起坍落筒后，无稀浆析出或仅有少量稀浆自底部析出，锥体含浆饱满，则表示保水性良好。

2. 维勃稠度法

对坍落度小于 10mm 的干硬性混凝土，坍落度已不能准确反映其流动性的大小。如当两种混凝土坍落度均为零时，但在振捣器作用下的流动性可能完全不同。故一般采用维勃稠度法测定。

在维勃稠度仪上的坍落度筒中按规定方法装满拌合物，提起坍落度筒，在拌合物试体顶面放一透明圆盘，开启振动台，同时用秒表计时，在水泥浆完全布满透明圆盘底面的瞬间，记下的时间秒数称为维勃稠度。

3. 流动性（坍落度）的选择

坍落度为 10～40mm 的混凝土常称为低塑性混凝土，50～90mm 的称为塑性混凝土，100～150mm 的称为流动性混凝土，大于 160mm 的称为大流动性混凝土。坍落度小于 10mm 的混凝土称为干硬性混凝土。坍落度试验适用于骨料最大粒径不大于 37.5mm、坍落度值不小于 10mm 的塑性混凝土拌合物；坍落度值小于 10mm 的干硬性混凝土拌合物应采用维勃稠度法测定。

选择混凝土拌合物的坍落度，要根据结构类型、构件截面大小、配筋疏密、输送方式和施工捣实方法等因素来确定。当构件截面较小或钢筋较密，或采用人工插捣时，坍落度可选大些；反之，如构件截面尺寸较大或钢筋较疏，或采用机械振捣时，坍落度可选择小些。根据《混凝土结构工程施工质量验收规范》（GB 50204—2015）的规定，混凝土浇筑时的坍落度宜按表 3-20 选用。

表 3-20　　　　　　　　　混凝土浇筑时的坍落度　　　　　　　　　mm

项目	结构种类	坍落度
1	基础或地面等的垫层、无筋的大体积结构或配筋稀疏的结构构件	10～30
2	板、梁和大中型截面的柱子等	30～50
3	配筋密列的结构（薄壁、筒仓、细柱等）	50～70
4	配筋特密的结构	70～90

表3-20是采用机械振捣的坍落度，采用人工捣实时可适当增加。当采用混凝土泵输送混凝土拌合物时，则要求混凝土拌合物具有高流动性，其坍落度常采用80~180mm。

4. 影响和易性的主要因素

（1）水泥浆的用量。混凝土拌合物中的水泥浆，赋予混凝土拌合物以一定的流动性。在水灰比一定的情况下，增加水泥浆的用量，拌合物的流动性随之增大，但水泥浆量过多不仅浪费水泥，而且会出现流浆现象，使混凝土拌合物的黏聚性变差，对混凝土强度及耐久性也会产生一定的影响；水泥浆量过少，则其不能填满骨料空隙或不能很好地包裹骨料表面，拌合物就会产生崩塌现象，黏聚性也变差。因此，混凝土拌合物中的水泥浆量应以满足流动性和强度要求为度，不宜过量或少量。

（2）水泥浆的稠度。水泥浆的稠度是由水灰比决定的。在水灰比一定的情况下，水灰比越小，水泥浆就越稠，混凝土拌合物的流动性越小。当水灰比过小时，水泥浆干稠，混凝土拌合物流动性太低会使施工困难，不能保证混凝土的密实性。增大水灰比会使流动性增大，但水灰比太大，又会造成拌合物的黏聚性和保水性不良，产生流浆、离析现象，并严重影响混凝土的强度，降低混凝土的质量。所以，水灰比不宜过大或过小。一般应根据混凝土的强度和耐久性要求合理地选择水灰比。

无论是水泥浆的多少或是水泥浆的稀稠，实际上都反映了用水量是对混凝土拌合物流动性起决定性的因素。因为在一定条件下，要使混凝土拌合物获得一定的流动性，所需的单位用水量基本上是一个定值。单纯加大用水量会降低混凝土的强度和耐久性，因此对混凝土拌合物流动性的调整，应在保持水灰比不变的条件下，以改变水泥浆量的方法来调整，使其满足施工要求。

（3）砂率。砂率是指混凝土中砂的质量占砂石总质量的百分率。砂的作用是填充石子间的空隙，并以水泥砂浆包裹在石子的外表面，减少石子间的摩擦力，赋予混凝土拌合物一定的流动性。砂率的变动会使骨料的空隙率和总表面积发生显著的改变，因而对混凝土拌合物的和易性产生显著影响。砂率过大时，骨料的空隙率和总表面积都会增大，包裹粗骨料表面和填充粗骨料空隙所需的水泥浆量就会增大，在水泥浆量一定的情况下水泥浆就显得少了，削弱了水泥浆的润滑作用，导致混凝土拌合物的流动性下降。砂率过小，则不能保证粗骨料间有足够的水泥砂浆，也会降低拌合物的流动性，并严重影响其黏聚性和保水性而造成离析和流浆等现象。因此，砂率有一个合理值（即最佳砂率）。当采用合理砂率时，在用水量和水泥用量一定的情况下，能使混凝土拌合物获得最大的流动性且能保持良好的黏聚性和保水性；或采用合理砂率时，能使混凝土拌合物获得所要求的流动性及良好的黏聚性与保水性，而水泥用量最小。砂率与坍落度、水泥用量的关系如图3-8和图3-9所示。合理的砂率可通过试验求得。

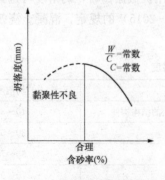

图3-8　砂率与坍落度的关系

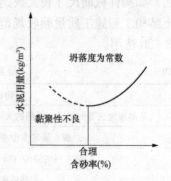

图3-9　砂率与水泥用量的关系

（4）组成材料的品种与性质。不同品种的水泥需水量不同，因此在相同配合比时，拌合物的坍落度也将有所不同。在常用水泥中，以普通硅酸盐水泥所配制的混凝土拌合物的流动性和保水性较好；当使用矿渣水泥和某些火山灰水泥时，矿渣、火山灰质混合材料对水泥的需水性都有影响，矿渣水泥所配制混凝土拌合物的流动性比较大，但黏聚性差，易泌水。火山灰水泥需水量大，在相同加水量条件下，流动性显著降低，但黏聚性和保水性较好。

若采用级配良好、较粗大的骨料，因其骨料的空隙率和总表面积小，包裹骨料表面和填充空隙的水泥浆量少，在相同配合比时拌合物的流动性好些，但砂、石过于粗大也会使拌合物的黏聚性和保水性下降。河砂及卵石多呈圆形，表面光滑、无棱角，拌制的混凝土拌合物比山砂、碎石拌制的拌合物的流动性好。

（5）时间及温度。拌和后的混凝土拌合物，随时间的延长而逐渐变得干稠，流动性减小，原因是一部分水供水泥水化，一部分水被骨料吸收，一部分水蒸发以及混凝土凝聚结构的逐渐形成，致使混凝土拌合物的流动性变差。

拌合物的和易性也受温度的影响。因为环境温度的升高，水分蒸发及水化反应加快，坍落度损失也变快。因此，施工中为保证一定的和易性，必须注意环境温度的变化，并采取相应的措施。

（6）加外剂。在拌制混凝土时，加入少量的外加剂能使混凝土拌合物在不增加水泥用量的条件下，获得良好的和易性，并且因改变了混凝土结构而提高了混凝土强度和耐久性。

5. 改善和易性的主要措施

在实际工作中，可采用以下措施调整混凝土拌合物的和易性：

（1）改善砂、石子（特别是石子）的级配。

（2）尽量采用较粗的砂、石。

（3）尽可能降低砂率，通过试验，采用合理砂率。

（4）混凝土拌合物坍落度太小时，可保持水灰比不变，适当增加水泥浆的用量；当坍落度太大，但黏聚性良好时，可保持砂率不变，适当增加砂、石用量。

（5）掺用外加剂。

🔊))知识链接三：硬化混凝土的强度 ▌

强度是混凝土最重要的力学性质，因为混凝土主要用于承受荷载或抵抗各种作用力。混凝土的强度包括抗压强度、抗拉强度、抗弯强度、抗剪强度及与钢筋的黏结强度等。其中，混凝土的抗压强度最大，抗拉强度最小。因此，在结构工程中混凝土主要承受压力。混凝土强度与混凝土的其他性能关系密切，通常混凝土的强度越大，其刚度、不透水性、抗风化及耐蚀性也就越好，通常用混凝土强度来评定和控制混凝土的质量。

1. 混凝土的抗压强度与强度等级

混凝土结构常以抗压强度为主要参数进行设计，而且抗压强度与其他强度之间有一定的相关性，可以根据抗压强度的大小来估计其他强度。抗压强度常作为评定混凝土质量的指标，并作为确定强度等级的依据。习惯上泛指混凝土的强度，即它的极限抗压强度。

按照国家标准《普通混凝土力学性能试验方法标准》（GB/T 50081—2002）的规定，制作 150mm×150mm×150mm 的标准立方体试件，在标准条件［温度（20±2）℃，相对湿度

95％以上〕下，养护到 28d 龄期，所测得的抗压强度值为混凝土立方体抗压强度，以 f_{cu} 表示，可按下式计算：

$$f_{cu} = \frac{F}{A}$$

（3 - 12）

式中 f_{cu} ——立方体抗压强度，MPa；

   F ——试件破坏荷载，N；

   A ——试件承压面积，mm^2。

测定混凝土立方体抗压强度，也可以采用非标准尺寸的试件，其尺寸应根据粗骨料的最大粒径而定。但在计算其抗压强度时，应乘以换算系数得到相当于标准试件的试验结果。

为了正确进行设计和控制工程质量，根据混凝土立方体抗压强度标准值，将混凝土划分为 14 个强度等级，分别采用符号 C 与立方体抗压强度标准值表示，即 C15、C20、C25、C30、C35、C40、C45、C50、C55、C60、C70、C75 和 C80。

2. 混凝土的轴心抗压强度

混凝土的立方体抗压强度用来评定强度等级，但它不能直接用来作为设计的依据。因为实际工程中钢筋混凝土构件的形式大部分是棱柱体或圆柱体。为了使测得的混凝土强度接近构件的实际情况，在钢筋混凝土结构计算中，计算轴心受压构件（如梁、柱、桁架的腹杆等）时，都采用混凝土轴心抗压强度 f_{cp} 作为设计依据。

图 3 - 10 轴心抗压强度测定标准试件

根据规范规定，轴心抗压强度测定采用 150mm×150mm×300mm 的棱柱体作为标准试件，如图 3 - 10 所示。如有必要，也可用非标准尺寸的棱柱体试件，但其高 h 与宽 a 之比应在 2~3 的范围内。轴心抗压强度 f_{cp} 比同截面的立方体抗压强度 f_{cu} 小。棱柱体试件的高宽比越大，轴心抗压强度越小，但高宽比达到一定值后，强度就不再降低。在立方体抗压强度 f_{cu} = 10~55MPa 范围内，轴心抗压强度 $f_{cp} \approx$（0.70~0.80）f_{cu}。

3. 混凝土的抗拉强度

混凝土的抗拉强度只有抗压强度的 1/20~1/10，且随着混凝土强度等级的提高，这个比值有所降低。因此，混凝土在工作时一般不依靠其抗拉强度。但混凝土的抗拉强度对抵抗裂缝的产生有着重要意义，在结构计算中抗拉强度是确定混凝土抗裂度的重要指标，有时也用来间接衡量混凝土与钢筋间的黏结强度及预测由于干湿变化和温度变化而产生的裂缝。

用 8 字形试件或棱柱体试件测定轴向抗拉强度，荷载不易对准轴线，夹具附近常发生局部破坏，致使测定值不准确，故我国目前采用边长为 150mm 的混凝土标准立方体试件（国际上多用圆柱体）的劈裂抗拉试验来测定混凝土的抗拉强度，称为劈裂抗拉强度。该方法的原理是在试件两个相对的表面轴线上作用着均匀分布的压力，这样就能够在外力作用的竖向平面内产生均匀分布的拉伸应力，见图 3 - 11。该应力可以根据弹性理论计算得出。这个方法不但简化了抗拉试件的制作，而且较正确地反映了试件的抗拉强度。

劈裂抗拉强度应按下式计算：

$$f_{ts} = \frac{2F_p}{\pi A} = 0.637 \frac{F_p}{A} \qquad (3-13)$$

式中　　f_{ts}——混凝土劈裂抗拉强度，MPa；

　　　　F_p——破坏荷载，N；

　　　　A——试件劈裂面积，mm^2。

　　试验证明，在相同条件下，混凝土用轴拉式测得的轴拉强度比用劈裂法测得的劈裂抗强度略小，两者的比值约为0.9。

　　混凝土按劈裂试验所得的抗拉强度f_{ts}与混凝土立方体抗压强度之间的关系，可用经验公式表达，具体如下：

$$f_{ts} = 0.35 f_{cu}^{3/4} \qquad (3-14)$$

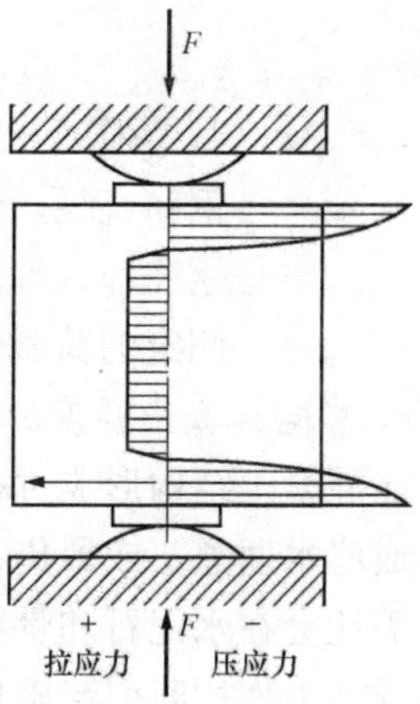

　　4. 混凝土的抗折强度

　　实际工程中常会出现混凝土的断裂破坏现象，如水泥混凝

图 3-11　劈裂试验时垂直于
受力面的应力分布

土路面和桥面主要的破坏形态就是断裂。因此在进行路面结构设计以及混凝土配合比设计时，以抗折强度作为主要强度指标。

　　根据《公路水泥混凝土路面设计规范》（JTG D40—2011）的规定，道路路面用水泥混凝土的抗折强度是以标准方法制备成150mm×150mm×550mm的梁形试件，在标准条件下，经养护28d后，按三分点加荷方式测定其抗折强度。可按下式计算：

$$f_{cf} = \frac{FL}{bh^2} \qquad (3-15)$$

式中　　f_{cf}——混凝土的抗折强度，MPa；

　　　　F——试件破坏荷载，N；

　　　　L——支座间距，mm；

　　　　b——试件宽度，mm；

　　　　h——试件高度，mm。

　　当采用100mm×100mm×400mm非标准试件时，取得的抗折强度应乘以换算系数0.85。由跨中单点加荷方式得到的抗折强度，应乘以折算系数0.85。

　　5. 混凝土与钢筋的黏结强度

　　在钢筋混凝土结构中，混凝土用钢筋增强，为使钢筋混凝土这类复合材料能有效工作，混凝土与钢筋之间必须要有适当的黏结强度。这种黏结强度主要来源于混凝土与钢筋之间的摩擦力、钢筋与水泥之间的黏结力及钢筋表面的机械啮合力。黏结强度与混凝土质量有关，与混凝土抗压强度成正比。此外，黏结强度还受其他许多因素影响，如钢筋尺寸及钢筋种类、钢筋在混凝土中的位置（水平钢筋或垂直钢筋）、加载类型（受拉钢筋或受压钢筋），以及环境的干湿变化和温度变化等。

　　目前美国材料试验学会（ASTMC 234）提出了一种较标准的试验方法能准确测定混凝土与钢筋的黏结强度，该试验方法是：混凝土试件为边长150mm的立方体，其中预埋直径19mm的标准变形钢筋，试验时以不超过34MPa/min的加荷速度对钢筋施加拉力，直至钢筋发生屈服，或混凝土裂开，或加荷端钢筋滑移超过2.5mm。记录出现上述3种情况中任一情况的荷载值F_p，用下式计算混凝土与钢筋的黏结强度：

$$f_{N} = \frac{F_{p}}{\pi dl}$$
(3 - 16)

式中 f_{N}——黏结强度，MPa；

        d——钢筋直径，mm；

        l——钢筋埋入混凝土中的长度，mm；

        F_{p}——测定的荷载值，N。

6. 影响混凝土强度的因素

在混凝土结构形成过程中，多余水分残留在水泥石中形成毛细孔。水分的析出在水泥石中形成泌水通道，或聚集在粗骨料下缘处形成水囊；水泥水化产生的化学收缩以及各种物理收缩等还会在水泥石和骨料的界面上形成细微裂缝。上述结构缺陷的存在，实际上都是混凝土在受外力作用时引起破坏的内在因素。当混凝土受力时，这些界面上的微细裂缝会随着外力的增大而逐渐扩大、延伸并汇合连通，直至混凝土破坏。试验证明，普通混凝土受力破坏一般出现在骨料和水泥石的界面上，即常见黏结面破坏形式。另外，当水泥石强度较低时，水泥石本身破坏也是常见的破坏形式。所以，混凝土强度主要取决于水泥石强度和骨料与水泥石之间的黏结强度。而水泥石强度和黏结面强度又取决于水泥的实际强度、水灰比及骨料性质，也受施工质量、养护条件及龄期的影响。

（1）水泥实际强度与水灰比。水泥的实际强度和水灰比是决定混凝土强度的主要因素，也是决定性因素。水泥是混凝土中的活性组分，在配合比相同的条件下，水泥实际强度越高，水泥石强度及其与骨料的黏结力越大，制成的混凝土强度也越高。在水泥实际强度相同的条件下，混凝土强度主要取决于水灰比。水泥水化时所需的理论结合水一般只占水泥质量的23%左右，但在拌制混凝土时，常需多加一些水（水灰比均在0.4～0.7），以满足施工所要求的流动性。当混凝土硬化后，多余的水分或残留在混凝土中或蒸发，使得混凝土内部形成各种不同尺寸的孔隙。这些孔隙的存在会大大减少混凝土抵抗荷载的有效断面，而且会在孔隙周围形成应力集中，降低混凝土的强度。但水灰比过小，拌合物过于干稠，施工困难，会出现蜂窝、孔洞，导致混凝土强度严重下降。因此，在满足施工要求并保证混凝土均匀密实的条件下，水灰比越小，水泥强度越高，与骨料黏结力越大，混凝土强度越高。试验证明，混凝土强度随水灰比的增大而降低，其规律呈曲线关系，而与灰水比呈直线关系，如图3-12所示。

根据工程实践经验，可建立混凝土强度与水泥实际强度及灰水比等因素之间的

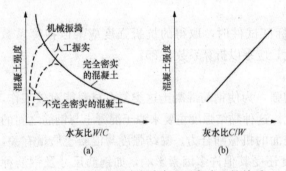

图 3 - 12   混凝土强度与水灰比及灰水比的关系

线性经验公式（又称鲍罗米公式）：

$$f_{cu} = a_{a}f_{ce}\left(\frac{C}{W} - a_{b}\right)$$
(3 - 17)

式中 f_{cu}——混凝土立方体抗压强度，MPa；

      a_{a}、a_{b}——粗骨料回归系数［应根据工程所使用的水泥和粗、细骨料，通过试验建立的灰水比与混凝土强度关系式来确定。若无上述试验统计资料，则可按《普通

混凝土配合比设计规程》（JGJ 55—2011）提供的 a_a、a_b 系数取用，对于碎石混凝土 $a_a=0.53$、$a_b=0.20$，对于卵石混凝土 $a_a=0.49$、$a_b=0.13$]；

f_{ce}——水泥 28d 抗压强度实测值，MPa；

$\dfrac{C}{W}$——灰水比。

在无法取得水泥实测强度 f_{ce} 时，可用下式计算：

$$f_{ce} = r_c f_{ce,g} \tag{3-18}$$

式中　$f_{ce,g}$——水泥强度等级值，MPa；

　　　r_c——水泥强度等级值的富余系数，可按实际统计资料确定，当缺乏实际统计资料时，也可按水泥强度等级，32.5 级取 1.12、42.5 级取 1.16、52.5 级取 1.10。

f_{ce} 值也可根据 3d 强度或快测强度推定 28d 强度值确定。

注意：鲍罗米公式仅适用于 C60 以下的混凝土。

（2）骨料。当骨料级配良好、砂率适当时，由于组成了坚强密实的骨架，有利于混凝土强度的提高。当混凝土骨料中有害杂质较多、品质低且级配不好时，会降低混凝土的强度。

由于碎石表面粗糙、有棱角，提高了骨料与水泥砂浆之间的机械啮合力和黏结力，所以在坍落度相同的条件下，用碎石拌制的混凝土比用卵石拌制混凝土的强度要高。

骨料的强度影响混凝土的强度，一般骨料强度越高，所配制的混凝土强度越高，这在低水灰比和配制高强度混凝土时特别明显。骨料粒形以三维长度相等或相近的球形或立方体为好，若含有较多扁平颗粒或细长的颗粒，会增加混凝土的孔隙率，扩大混凝土中骨料的表面积，增加混凝土的薄弱环节，导致混凝土强度下降。

（3）养护温度及湿度。混凝土强度是一个渐进发展的过程，其发展的程度和速度取决于水泥的水化状况，而温度和湿度是影响水泥水化速度和程度的重要因素。因此，混凝土浇捣成型后，必须在一定时间内保持适当的温度和足够的湿度以使水泥充分水化，这就是混凝土的养护。养护温度高，水泥水化速度加快，混凝土强度的发展也快；反之，在低温下混凝土强度发展迟缓。当温度降至冰点以下时，则由于混凝土中的水分大部分结冰，不但水泥停止水化，混凝土强度停止发展，而且由于混凝土孔隙中的水结冰产生体积膨胀（约 9%），而对孔壁产生相当大的压应力（可达 100MPa），从而使硬化中的混凝土结构遭到破坏，导致混凝土已获得的强度受到损失。混凝土早期强度低，更容易冻坏。所以冬季施工时，要特别注意保温养护，以免混凝土早期受冻破坏。

周围环境的湿度对水泥的水化作用能否正常进行有显著影响。湿度适当，水泥水化反应顺利进行，使混凝土强度得到充分发展。因为水是水泥水化反应的必要成分，如果湿度不够，水泥水化反应不能正常进行，甚至停止水化（见图 3-13），严重降低混凝土强度，而且使混凝土结构疏松，形成干缩裂缝，增大了渗水性，从而影响混凝土的耐久性。为此，规范规定，在混凝土浇筑完毕后，应在 12h 内进行覆盖，以防止水分蒸发。在夏季施工混凝土进行自然养护时，要特别注意

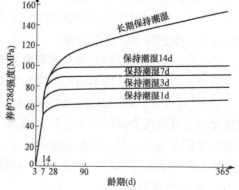

图 3-13　混凝土强度与保湿养护时间的关系

浇水保湿,使用硅酸盐水泥、普通硅酸盐水泥和矿渣水泥时,浇水保湿应不少于7d;使用火山灰水泥和粉煤灰水泥或在施工中掺缓凝型外加剂或混凝土有抗渗要求时,应不少于14d。

(4) 龄期。龄期是指混凝土在正常养护条件下所经历的时间。在正常养护的条件下,混凝土的强度将随龄期的增长而不断发展,最初7～14d内强度发展较快,以后逐渐缓慢,28d达到设计强度。28d后强度仍在发展,其增长过程可延续数十年之久。

普通水泥制成的混凝土,在标准养护条件下,混凝土强度的发展大致与其龄期的常用对数成正比关系(龄期不少于3d):

$$\frac{f_n}{f_{28}} = \frac{\lg n}{\lg 28} \tag{3-19}$$

式中　f_n——nd 龄期混凝土的抗压强度,MPa;

　　　f_{28}——28d 龄期混凝土的抗压强度,MPa;

　　　n——养护龄期,$n \geqslant 3$,d。

根据式(3-19),可以由所测混凝土早期强度估算其28d龄期的强度,或者由混凝土的28d强度,推算28d前混凝土达到某一强度需要养护的天数,如确定混凝土拆模、构件起吊、放松预应力钢筋、制品养护及出厂等日期。但由于影响混凝土强度的因素很多,故按此公式计算的结果只能作为参考。

混凝土强度的增长还与水泥品种有关,见表3-21。

表3-21　　　　　　　　　正常养护条件下混凝土各龄期相对强度约值　　　　　　　　　　%

水泥品种	龄　期				
	7d	28d	60d	90d	180d
普通硅酸盐水泥	55～65	100	110	115	120
矿渣硅酸盐水泥	45～55	100	120	130	140
火山灰硅酸盐水泥	45～55	100	115	125	130

混凝土强度是随龄期的延长而增长的,在设计中对非28d龄期的强度提出要求时,必须说明相应的龄期。大坝混凝土常选用较长的龄期,利用混凝土的后期强度以便节约水泥。但也不能选取过长的龄期,以免造成早期强度过低,给施工带来困难。应根据建筑物形式、地区气候条件以及开始承受荷载的时间,选用28、60、90d或180d为设计龄期,最长不宜超过365d。在选用长龄期为设计龄期时,应同时提出28d龄期的强度要求。施工期间控制混凝土质量一般仍以28d强度为准。

(5) 试验条件对混凝土强度测定值的影响。试验条件是指试件的尺寸、形状、表面状态及加荷速度等。试验条件不同,会影响混凝土强度的试验值。

1) 试件尺寸。相同配合比的混凝土,试件的尺寸越小,测得的强度越高,试件尺寸影响强度的主要原因是试件尺寸大时,内部孔隙、缺陷等出现的几率也大,导致有效受力面积的减小及应力集中,从而引起强度的降低。我国标准规范采用150mm×150mm×150mm的立方体试件作为标准试件,当采用非标准的其他尺寸试件时,所测得的抗压强度应乘以表3-22中的换算系数。

表 3 - 22	混凝土试件不同尺寸的强度换算系数	
骨料最大粒径（mm）	试件尺寸（mm×mm×mm）	换算系数
≤31.5	100×100×100	0.95
≤40	150×150×150	1.00
≤63	200×200×200	1.05

2）试件形状。当试件受压面积相同，而高度不同时，高宽比越大，抗压强度越小。这是由于试件受压时，试件受压面与试件承压板之间的摩擦力，对试件相对于承压板的横向膨胀起着约束作用，该约束有利于试件强度的提高，见图 3 - 14（a）。越接近试件的端面，这种约束作用就越大，在距端面大约 $\frac{\sqrt{3}}{2}a$ 范围以外，约束作用才消失。试件破坏后，其上下部分各呈现一个较完整的棱锥体，这一现象就是这种约束作用的结果，见图 3 - 14（b）。通常称这种作用为环箍效应。

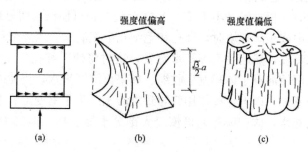

图 3 - 14　压力机对混凝土试件抗压强度的影响
(a) 压板对试件的约束作用；(b) 产生环箍效应的破坏试件；(c) 不受约束的破坏试件

3）表面状态。混凝土试件承压面的状态也是影响混凝土强度的主要因素。当试件受压面上有油脂类润滑剂时，试件受压时的环箍效应大大减小，试件将出现直裂破坏［见图 3 - 14（c）］，测出的强度值也较低。

4）加荷速度。加荷速度越快，测得的混凝土强度值也越大，当加荷速度超过 1.0MPa/s 时，这种趋势更加显著。因此，我国标准规定混凝土抗压强度的加荷速度为 0.3～0.8MPa/s，且应连续均匀地进行加荷。

知识链接四：混凝土的变形性能

混凝土在硬化和使用过程中，由于受物理、化学及力学等因素的影响，常会发生各种变形，这些变形是导致混凝土产生裂缝的主要原因之一，从而影响混凝土的强度及耐久性。混凝土的变形通常有以下几种。

1. 化学收缩

混凝土在硬化过程中，由于水泥水化生成物的固相体积小于水化前反应物的总体积，从而使混凝土产生体积收缩，称为化学收缩。混凝土的化学收缩是不能恢复的，其收缩量随混凝土硬化龄期的延长而增加，一般在 40d 内渐趋稳定。混凝土的化学收缩值很小（小于 1%），对混凝土结构物没有破坏作用，但在混凝土内部可能产生微细裂缝。

2. 干燥收缩

由混凝土吸水或失水而引起的体积变化称为干湿变形。变形的危害主要是失水收缩，是引起混凝土开裂的主要原因之一。

（1）干燥收缩机理及其对混凝土性能的影响。混凝内部存在着许多孔径大小不一、形状不同的孔隙，孔隙中通常有水存在，当环境湿度下降时，孔隙中的水会逐步失去。失水的难易程度取决于孔径的大小和水的存在形式。

1）自由水。存在于较大的气孔中或凝胶体及晶体表面，极易蒸发，但对体积变化没有影响。

2）毛细孔水。存在于毛细孔中，当环境的相对湿度为40%～50%时即可蒸发，毛细孔水失去时，凝胶体受到毛细孔负压力的作用而紧缩，将使混凝土产生体积收缩。

3）凝胶吸附水。在分子引力作用下，吸附于水泥凝胶粒子表面，当相对湿度下降至30%时，大部分吸附水失去，是水泥凝胶体产生体积收缩的主要原因。

4）凝胶水。在水泥凝胶体粒子之间通过氢键牢固地与凝胶粒子结合，又称为层间水。只有在环境非常干燥时（相对湿度小于11%）才会失去，可使结构明显地产生收缩。

当混凝土处于水中或潮湿环境时，气孔和毛细孔中充满水。当外部环境比较干燥时，首先是气孔中的自由水蒸发，然后是毛细孔水蒸发，这时将使毛细孔负压增大而产生收缩力，使毛细孔被压缩，从而使混凝土体积发生收缩。如果再继续失水，将使凝胶粒子表面的吸附水膜减薄，胶粒之间紧缩。以上这些作用将导致混凝土产生干缩变形。干缩后的混凝土如果再吸收水分，孔隙内充水，体积膨胀，可恢复大部分干缩变形，但其中有30%～50%是不可恢复的。

硬化后的混凝土属脆性材料，变形能力极差，抗拉强度低。在凝结硬化过程中，如果产生过大的体积收缩，将使混凝土内部产生较大拉应力而引起裂缝，降低混凝土的强度及抗冻、抗渗、抗侵蚀等耐久性能。如果构件在自由状态下收缩，开裂程度会小一些，但工程中大多数构件处于有约束状态，因此收缩变形量就将分散为许多微小的裂缝遍布于整个构件。

（2）影响混凝土干缩变形的因素。其主要有以下几个方面：

1）水泥的用量、细度及品种的影响。由于混凝土的干缩变形主要是由混凝土中水泥石的干缩所引起的，而骨料对干缩具有制约作用，所以在水灰比不变的情况下，混凝土中水泥浆量越多，混凝土干缩率就越大。水泥颗粒越细，干缩也越大。采用掺混合材料的硅酸盐水泥配制的混凝土，比用普通水泥配制的混凝土干缩率大，其中火山灰水泥混凝土的干缩率最大，粉煤灰水泥混凝土的干缩率较小。

2）水灰比的影响。当混凝土中的水泥用量不变时，混凝土的干缩率随水灰比的增大而增加，塑性混凝土的干缩率较干硬性混凝土大得多。混凝土单位用水量的多少，是影响其干缩率的重要因素。一般用水量平均每增加1%，干缩率增大2%～3%。

3）骨料质量的影响。混凝土所用骨料的弹性模量较大，则其干缩率较小。混凝土采用吸水率较大的骨料，其干缩率较大。骨料的含泥量较多时，会增大混凝土的干缩性。骨料最大粒径较大、级配良好时，由于能减少混凝土中的水泥浆用量，故混凝土干缩率较小。

4）混凝土施工质量的影响。混凝土浇筑密实，并延长湿养护时间，可推迟干缩变形的发生和发展，但对混凝土的最终干缩率无显著影响。采用湿热处理养护混凝土，可减小混凝土的干缩率。

3. 温度变形

混凝土和其他材料一样，也会随着温度的变化而产生热胀冷缩变形。混凝土的温度膨胀系数为 $(0.6\sim1.3)\times10^{-5}C$，一般取 $1.0\times10^{-5}C$，即温度每改变 $1℃$，$1m$ 长的混凝土将产生 $0.01mm$ 的膨胀或收缩变形。混凝土的温度变形对大体积混凝土（指最小边尺寸在 $1m$ 以上的混凝土结构）、纵长的混凝土结构及大面积混凝土工程等极为不利，易使这些混凝土产生温度裂缝。

混凝土是热的不良导体，传热很慢，因此在大体积混凝土硬化初期，由于内部水泥水化放热而积聚较多热量，造成混凝土内外温差很大，有时可达 $40\sim50℃$，从而导致混凝土内部热胀大大超过混凝土表面的膨胀变形，使混凝土表面产生较大拉应力而遭开裂破坏。为此，大体积混凝土施工常采用低热水泥，并掺加缓凝剂及采取人工降温等措施。

对纵长的混凝土结构和大面积的混凝土工程，为防止其受大气温度影响而产生开裂，常采取每隔一段距离设置一道伸缩缝，以及在结构中设置温度钢筋等措施。

4. 在荷载作用下的变形

(1) 混凝土在短期荷载作用下的变形。混凝土是一种多相复合材料，是一种弹塑性体，其应力与应变的关系不是直线，而是曲线，如图 3-15 所示。

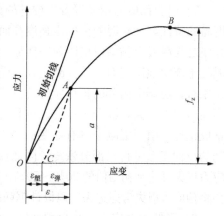

在应力-应变曲线上任一点的应力 σ 与其应变 ε 的比值，称作混凝土在该应力下的弹性模量。它反映了混凝土所受应力与所产生应变之间的关系。在计算钢筋混凝土结构的变形、裂缝开展及大体积混凝土的温度应力时，均需知道该时混凝土的弹性模量。

影响混凝土弹性模量的因素如下：

1) 在匀质材料里，弹性模量和密度直接相关；而多相材料，如混凝土中，主要组分所占体积、密度及过渡区的特性决定弹性模量。

2) 混凝土的强度。混凝土的强度越高，弹性模量越大，当混凝土的强度等级由 C10 增加到 C60 时，其弹性模量大致由 1.75×10^4MPa 增加到 3.60×10^4MPa。

图 3-15　混凝土在压力作用下的应力-应变曲线

3) 骨料的含量。骨料的含量越多，混凝土的弹性模量越大。

4) 混凝土的水灰比。养护较好及龄期较长时，混凝土的弹性模量就较大。

(2) 混凝土在长期荷载作用下的变形。混凝土在长期荷载作用下会发生徐变现象。混凝土的徐变是指其在长期恒载作用下，随着时间的延长，沿着作用力的方向发生的变形，一般要延续 $2\sim3$ 年才逐渐趋向稳定。

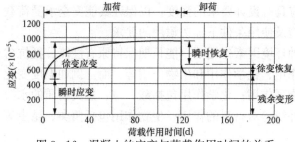

图 3-16　混凝土的应变与荷载作用时间的关系

这种长期荷载作用下变形随时间发展的性质，称为混凝土的徐变。混凝土受压、受拉或受弯曲时，均会产生徐变。混凝土在长期荷载作用下，其应变与荷载作用时间的关系如图 3-16 所示。

由图 3-16 可知，在混凝土受荷后立即产生瞬时变形，这时主要为弹性变形，随后则随受荷时间的延长而产生徐变变形，此时以塑性变形为主。当作用应力不超过一定值时，这种徐变变形在加荷初期较快，以后逐渐减慢，最后逐渐停止。混凝土的徐变变形为瞬时变形的 1～3 倍，徐变变形量可达 $(3～15) \times 10^{-4}$，即 0.3～1.5mm/m。混凝土在长期荷载下持荷一定时间后，若卸除荷载，则部分变形可瞬时恢复，接着还有少部分变形将在若干天内逐渐恢复，称为徐变恢复，最后留下的是大部分不能恢复的残余变形。

混凝土的徐变与很多因素有关，一般来说，混凝土在较早龄期加载时，产生的徐变较大；水灰比较大的混凝土徐变也较大；混凝土中骨料用量较多者徐变较小，混凝土所用骨料弹性模量较大、级配较好及最大粒径较大时，其徐变较小；经充分湿养护的混凝土徐变较小。此外，混凝土的徐变还与受荷应力种类、试件尺寸及试验时的温度等因素有关。

徐变变形与受力方向一致，受持续荷载作用的构件，其徐变变形通常比瞬时弹性变形大 1～3 倍，因此在结构设计中徐变是一个不可忽略的因素。徐变对结构物的影响如下：

1) 增加结构物的变形量。设计桥梁、建筑物的梁等受弯构件时，不仅要考虑承载能力，而且对跨中最大挠度有一定要求。徐变使挠度随荷载作用时间延长而增大，总徐变量最大可达到加载时产生的瞬时变形的 1～3 倍，对结构安全和正常使用极为不利，因此在设计时要充分考虑到徐变对结构物变形的影响。

2) 引起预应力钢筋混凝土构件的预应力损失。预应力钢筋混凝土构件利用钢筋抗拉强度高的特性，针对混凝土抗压强度高而抗拉强度低的特点，先对其中的钢筋施加预拉应力，并使之与混凝土黏结或锚固为一体后，再卸掉荷载，利用钢筋试图恢复弹性变形的作用，对混凝土施加预压应力，使混凝土在未受外力作用时，内部已经产生预加的压应力。当受拉力作用时，混凝土内部的预压应力可以抵消一部分拉力，从而提高混凝土的抗拉、抗裂性能。预加压应力越大，混凝土抗拉、抗裂性能提高得越多。而预加应力的大小与钢筋的弹性变形量成正比。由于混凝土具有徐变的性质，所以随时间延长，将在受压方向上增大变形，使钢筋的拉伸变形量得以部分恢复，因此预应力减小。根据工程经验，由于混凝土徐变引起的预应力损失可达到初始值的 30%～50%，所以在进行预应力钢筋混凝土构件的结构设计时，一定要将预应力损失考虑进去，以设计钢筋的拉伸量，确定徐变后混凝土内部的预加压应力值。

3) 降低温度应力，减少微裂缝。由于混凝土的水化热，大体积混凝土内部往往存在较大的温度应力，导致温度裂缝。徐变能够使混凝土在应力方向上缓慢地产生变形，从而缓解、降低温度应力，减轻温度应力对混凝土结构的危害。

4) 产生应力松弛，缓解应力集中。在混凝土构件内部的裂缝或其他有缺陷的部位容易产生应力集中，结构物由于基础的不均匀沉陷也会引起局部应力过大，徐变能够缓解这些部位的应力峰值，使应力集中现象减弱，对结构是有利的。

📢 知识链接五：混凝土的耐久性

用于建筑物和构筑物的混凝土，不仅应具有设计要求的强度，以保证其能安全承受荷载作用，还应具有耐久性能，能满足所处环境及使用条件下经久耐用的要求。

混凝土的耐久性是指混凝土结构在各种环境因素作用下，能长期保持原有性能、抵抗劣化变质和破坏的性能。环境因素包括物理作用、化学作用和生物作用等方面。例如温度变化与冻融循环、湿度变化与干湿循环等属于物理作用；化学作用包括酸、碱、盐类物质的水溶液或其他有害物质的侵蚀作用，日光、紫外线等对材料的作用；生物作用包括菌类、昆虫等的侵害，导致材料发生腐朽、蛀蚀等破坏。

混凝土不存在生锈等问题，人们原本认为混凝土是耐久性优秀的材料，但随着混凝土使用年限的延长，人们发现混凝土也有性能劣化的问题。目前重要建筑物日益增多，它们的使用状态对于社会的正常运转影响很大。同时，随着社会的进步，人们对于自然环境的开发和利用越来越深入，除了常规的地表环境之外，人们已经向深度地下空间、海洋空间、高寒地带等进军，结构物所处的环境条件越来越苛刻。混凝土材料的耐久性关系到结构物在所设计的使用期限内能否保证安全、正常使用，影响结构物的使用寿命及运行、维修保养费用，从而影响结构物的总体成本。所以人们对于结构物耐久性的期待日益提高，希望混凝土的耐久性能达到 100 年以上，甚至 500 年。

混凝土材料的耐久性能包括抗渗性、抗冻性、抗侵蚀、抗碳化作用等方面。要直接考察材料的这些性能，需要长期观察和测试，在实际工程中通常根据这些侵蚀性因素的基本原理，模拟实际使用条件或强化试验条件，进行加速试验，以评定材料的相关耐久性能。

以下为混凝土常见的几种耐久性问题。

1. 混凝土的抗渗性

混凝土的抗渗性是指混凝土抵抗压力液体（水、油、溶液等）渗透作用的能力。抗渗性是决定混凝土耐久性最主要的因素，若混凝土的抗渗性差，不仅周围水等液体物质易渗入内部，而且当遇有负温或环境水中含有侵蚀性介质时，混凝土就易遭受冰冻或侵蚀作用而破坏。对于钢筋混凝土，还将引起其内部钢筋锈蚀，并导致表面混凝土保护层开裂与剥落。因此，对于受压力水（或油）作用的工程，如地下建筑、水池、水塔、压力水管、水坝、油罐以及港工、海工等，必须要求混凝土具有一定的抗渗能力。

混凝土的抗渗性用抗渗等级 P 表示。混凝土的抗渗透性用符号 Pn 表示，其中 n 是一个整数数字，表示按规定方法进行抗渗性试验时混凝土所能承受的最大水压力，例如 P6、P8、P10 等分别表示混凝土试件在 0.6、0.8、1.0MPa 的水压力作用下不渗水。

普通混凝土渗水的主要原因是其内部存在有连通的渗水孔道，这些孔道主要来源于水泥浆中多余水分蒸发和泌水后留下的毛细管道，以及粗骨料下缘聚积的水隙。另外也可产生于混凝土浇捣不密实及硬化后因干缩、热胀等变形造成的裂缝。由水泥浆产生的渗水孔道的多少，主要与混凝土的水灰比大小有关，显然，在一定的范围内水灰比越小，混凝土抗渗性越好，反之则越差。因此水灰比是影响混凝土抗渗性的主要因素。采用掺合料的混凝土由于二次水化作用填实了部分孔隙，因此抗渗性有较大提高。此外，加强养护，减小混凝土的收缩，对提高抗渗性也有一定的作用。

2. 混凝土的抗冻性

混凝土的抗冻性是指混凝土在饱和水状态下，能经受多次冻融循环而不破坏，同时也不严重降低其性能的能力。在寒冷地区，特别是接触水又受冻的环境条件下，混凝土要求具有较高的抗冻性。

混凝土的抗冻性用抗冻等级来表示。抗冻等级是以 28d 龄期的混凝土标准试件，在饱和水状态下承受反复冻融循环，以抗压强度损失不超过 25%，且质量损失不超过 5%时所能承受的最大循环次数来确定。混凝土的抗冻等级有 F50、F100、F150、F200、F250 和 F300 这 6 个等级，分别表示混凝土能承受冻融循环的最大次数不小于 50、100、150、200、250、300 次。

混凝土受冻融破坏的原因是由于混凝土内部孔隙中的水在结冰后体积膨胀形成的压力，当这种压力产生的内应力超过混凝土的抗拉强度时，混凝土就会产生裂缝，多次冻融循环使裂缝不断扩展直至破坏。混凝土的密实度、孔隙率、孔隙构造和孔隙的充水程度是影响抗冻性的主要因素。低水灰比、密实的混凝土和具有封闭孔隙的混凝土（如引气混凝土）抗冻性较高。掺入引气剂、减水剂和防冻剂可有效提高混凝土的抗冻性。

3. 混凝土的抗侵蚀性

当混凝土所处环境中含有侵蚀性介质时，混凝土便会遭受侵蚀，通常有软水侵蚀、硫酸盐侵蚀、镁盐侵蚀、碳酸侵蚀、一般酸侵蚀与强碱侵蚀等。随着混凝土在地下工程、海岸与海洋工程等恶劣环境中的应用，对混凝土的抗侵蚀性提出了更高的要求。

混凝土的抗侵蚀性与所用水泥品种、混凝土的密实程度和孔隙特征等有关，密实和孔隙封闭的混凝土，环境水不易侵入，抗侵蚀性较强。提高混凝土抗侵蚀性的主要措施是合理选择水泥品种、降低水灰比、提高混凝土密实度和改善孔隙结构。

4. 混凝土的碳化

混凝土的碳化是指混凝土内水泥石中的 $Ca(OH)_2$ 与空气中的 CO_2 在湿度适宜时发生化学反应，生成 $CaCO_3$ 和水，也称中性化。混凝土的碳化是 CO_2 由表及里逐渐向混凝土内部扩散的过程。碳化引起水泥石化学组成及组织结构的变化，对混凝土的碱度、强度和收缩产生影响。

碳化对混凝土既有有利的影响，也有不利的影响。其不利影响首先是碱度降低，减弱了对钢筋的保护作用。这是因为混凝土中水泥水化生成大量 $Ca(OH)_2$，使钢筋处在碱性环境中而在表面生成一层钝化膜，保护钢筋不易腐蚀。但当碳化深度穿透混凝土保护层而到达钢筋表面时，钢筋钝化膜被破坏而发生锈蚀，此时产生体积膨胀，致使混凝土保护层产生开裂，开裂后的混凝土更有利于一氧化碳、水及氧等有害介质的进入，加剧了碳化的进行和钢筋的锈蚀，最后导致混凝土产生顺筋开裂而破坏。另外，碳化作用会增加混凝土的收缩，引起混凝土表面产生拉应力而出现微细裂缝，从而降低混凝土的抗拉、抗折强度及抗渗能力。

碳化作用对混凝土也有一些有利影响，即碳化作用产生的碳酸钙填充了水泥石的孔隙，以及碳化时放出的水分有助于未水化水泥的水化，从而可提高混凝土碳化层的密实度，对提高抗压强度有利。如混凝土预制桩往往利用碳化作用来提高桩的表面硬度。

影响碳化速度的主要因素有环境中 CO_2 的浓度、水泥品种、水灰比及环境湿度等。

CO_2 浓度高（如铸造车间），碳化速度快；当环境中的相对湿度在 $50\%\sim75\%$ 之间时，碳化速度最快，当相对湿度小于 25% 或大于 100% 时，碳化将停止；水灰比越小，混凝土越密实，二氧化碳和水不易侵入，碳化速度就慢；掺混合材料的水泥碱度较低，碳化速度随混合材料掺量的增多而加快。

在实际工程中，为减少碳化作用对钢筋混凝土结构的不利影响，可采取以下措施：

（1）在钢筋混凝土结构中采用适当的保护层，使碳化深度在建筑物设计年限内达不到钢筋表面。

（2）根据工程所处环境的使用条件合理选择水泥品种。

（3）使用减水剂，改善混凝土的和易性，提高混凝土的密实度。

（4）采用水灰比小、单位水泥用量较大的混凝土配合比。

（5）加强施工质量控制，加强养护，保证振捣质量，减少或避免混凝土出现蜂窝等质量事故。

（6）在混凝土表面涂刷保护层，防止 CO_2 侵入等。

5. 混凝土的碱-骨料反应

碱-骨料反应也叫碱硅反应，是指混凝土中的碱性物质与骨料中的活性成分发生化学反应，引起混凝土内部自膨胀应力而开裂的现象。碱-骨料反应有以下 3 种类型：

（1）碱-氧化硅反应。碱与骨料中活性 SiO_2 发生反应，生成碱硅酸盐凝胶，吸水膨胀，引起混凝土膨胀、开裂。活性骨料有蛋白石、玉髓、鳞石英、玛瑙、安山岩及凝灰岩等。

（2）碱-硅酸盐反应。碱与某些层状硅酸盐骨料，如粉砂岩和含蛭石的黏土岩类等加工而成的骨料反应，产生膨胀性物质。其作用比上述碱-氧化硅反应缓慢，但是后果更为严重，造成混凝土膨胀开裂。

（3）碱-碳酸盐反应。水泥中的碱（Na_2O、K_2O）与白云岩或白云岩质石灰岩加工而成的骨料发生作用，生成膨胀物质而使混凝土开裂破坏。

上述几种碱-骨料反应必须具备三个条件：一是水泥中碱的含量必须高；二是骨料中含有一定的活性成分；三是有水存在。

当水泥中碱的含量大于 0.6%时，就会与活性骨料发生碱-骨料反应，这种反应进行得很慢，由此引起的膨胀破坏往往几年之后才会发现，所以应对碱-骨料反应给予足够的重视。其预防的措施如下：

（1）当水泥中碱含量大于 0.6%时，需对骨料进行碱-骨料反应试验；当骨料中活性成分含量高，可能引起碱-骨料反应时，应根据混凝土结构或构件的使用条件，进行专门试验，以确定是否可用。

（2）如必须采用的骨料是碱活性的，就必须选用低碱水泥（Na_2O 当量<0.6%），并显示混凝土总碱量不超过 2.0～3.0kg/m³。

（3）如无低碱水泥，应掺足够的活性混合材料，如粉煤灰不少于 30%、矿渣不少于 30%或硅灰不少于 70%，以缓解破坏作用。

（4）碱-骨料反应的必要条件是水分。混凝土构件长期处在潮湿环境中（即在有水的条件下）助长发生碱-骨料反应，干燥状态下不会发生反应，所以混凝土的渗透性对碱骨料有很大影响，应保证混凝土密实性和重视建筑物排水，避免混凝土表面积水和接缝存水。

6. 提高混凝土耐久性的措施

混凝土所处的环境和使用条件不同，对其耐久性的要求也不相同，但影响耐久性的因素却有许多相同之处，混凝土的密实程度是影响耐久性的主要因素，其次是原材料的性质、施工质量等。提高混凝土耐久性的主要措施如下：

（1）根据混凝土工程的特点和所处的环境条件，合理选择水泥品种。

（2）选用质量良好、技术条件合格的砂石骨料。

（3）控制水灰比及保证足够的水泥用量是保证混凝土密实度、提高混凝土耐久性的关键。《混凝土结构设计规范》（GB 50010—2010）规定了混凝土结构的环境类别及结构混凝土材料的耐久性基本要求，见表 3-23 和表 3-24。

表 3 - 23   混凝土结构的环境类别

环境类别	条　件
一	室内干燥环境 无侵蚀性静水浸没环境
二 a	室内潮湿环境 非严寒和非寒冷地区的露天环境 非严寒和非寒冷地区与无侵蚀性的水或土壤直接接触的环境 严寒和寒冷地区冰冻线以下与无侵蚀性的水或土壤直接接触的环境
二 b	干湿交替环境 水位频繁变动环境 严寒和寒冷地区的露天环境 严寒和寒冷地区冰冻线以上与无侵蚀性的水或土壤直接接触的环境
三 a	严寒和寒冷地区冬季水位变动区环境 受除冰盐影响环境 海风环境
三 b	盐渍土环境 受除冰盐作用环境 海岸环境
四	海水环境
五	受人为或自然的侵蚀性物质影响的环境

注　1 室内潮湿环境是指构件表面经常处于结露或湿润状态的环境。

2 严寒和寒冷地区的划分应符合国家现行标准《民用建筑热工设计规范》(GB 50176) 的有关规定。

3 海岸环境和海风环境宜根据当地情况，考虑主导风向及结构所处迎风、背风部位等因素的影响，由调查研究和工程经验确定。

4 受除冰盐影响环境为受到除冰盐雾影响的环境；受除冰盐作用环境指被除冰盐溶液溅射的环境以及使用除冰盐地区的洗车房、停车楼等建筑。

表 3 - 24   结构混凝土材料的耐久性基本要求

环境等级	最大水胶比	最低强度等级	最大氯离子含量（%）	最大碱含量（kg/m³）
一	0.60	C20	0.30	不限制
二 a	0.55	C30	0.20	
二 b	0.50 (0.55)	C30 (C25)	0.15	3.0
三 a	0.45 (0.50)	C35 (C30)	0.15	
三 b	0.40	C40	0.10	

注　1 氯离子含量是指其占胶凝材料总量的百分比。

2 预应力构件混凝土中的最大氯离子含量为 0.05%；最低混凝土强度等级应按表中的规定提高两个等级。

3 素混凝土构件的水胶比及最低强度等级的要求可适当放松。

4 有可靠工程经验时，二类环境中的最低混凝土强度等级可降低一个等级。

5 处于严寒和寒冷地区二 b、三 a 类环境中的混凝土应使用引气剂，并可采用括号中的有关参数。

6 当使用非碱活性骨料时，对混凝土中的碱含量可不作限制。

《普通混凝土配合比设计规程》（JGJ 55—2011）规定了混凝土最小胶凝材料用量，见表 3 - 25。

表 3 - 25　　　　　　　　　　混凝土的最小胶凝材料用量

最大水胶比	最小胶凝材料用量（kg/m³）		
	素混凝土	钢筋混凝土	预应力混凝土
0.60	250	280	300
0.55	280	300	300
0.50	280		
≤0.45	330		

注　配制 C15 及其以下等级的混凝土，可不受本表限制。

（4）掺入减水剂或引气剂，改善混凝土的孔隙率和孔结构，对提高混凝土的抗渗性和抗冻性具有良好作用。

（5）改善施工操作，保证施工质量。

◁))) 知识链接六：配合比设计要求

混凝土配合比设计是根据材料的技术性能、工程要求、结构形式和施工条件来确定混凝土各组成材料数量之间的比例关系。

1. 混凝土配合比表示方法

配合比常用的表示方法有两种：一种是以 1m³ 混凝土中各组成材料的质量来表示，如水泥 300kg、水 180kg、砂 720kg、石子 1200kg；另一种表示方法是以各组成材料相互间的质量比来表示（以水泥质量为 1），将上例换算成质量比为水泥∶砂∶石子∶水＝1∶2.4∶4∶0.6。

2. 混凝土配合比设计的基本要求

配合比设计的任务就是根据原材料的技术性能及施工条件，确定出能满足工程所要求的技术经济指标的各项组成材料的用量。具体地说，混凝土配合比设计的基本要求有以下 4 项：

（1）达到混凝土结构设计的强度等级。

（2）满足混凝土施工所要求的和易性。

（3）满足工程所处环境和使用条件对混凝土耐久性的要求。

（4）符合经济原则，节约水泥，降低成本。

3. 混凝土配合比设计的 3 个参数

水灰比、单位用水量、砂率是混凝土配合比设计的 3 个基本参数，它们与混凝土各项性质之间有着非常密切的关系。因此，混凝土配合比设计主要是正确地确定出这 3 个参数，才能保证配制出满足上述 4 项基本要求的混凝土。

混凝土配合比设计中确定 3 个参数的原则是：在满足混凝土强度和耐久性的基础上，确定混凝土的水灰比；在满足混凝土施工要求的和易性基础上，根据骨料的种类和规格确定混凝土的单位用水量；砂在骨料中的数量应以填充石子空隙后略有富余的原则来确定。

4. 混凝土配合比设计的准备资料

在设计混凝土配合比之前，必须通过调查研究，预先掌握下列基本资料：

（1）了解工程设计要求的混凝土强度等级，以便确定混凝土配制强度。

（2）了解工程所处环境对混凝土耐久性的要求，以便确定所配制混凝土的适宜水泥品种、最大水灰比和最小水泥用量。

（3）了解结构断面尺寸及钢筋配置情况，以便确定混凝土骨料的最大粒径。

（4）了解混凝土的施工方法及管理水平，以便选择混凝土拌合物坍落度及骨料的最大粒径。

（5）掌握原材料的性能指标，包括水泥的品种、等级、密度；砂、石骨料的种类及表观密度、级配、最大粒径；拌和用水的水质情况；外加剂的品种、性能和适宜掺量。

5. 混凝土配合比设计的步骤

混凝土配合比设计包括初步配合比计算、试配和调整等步骤。按选用的原材料性能及对混凝土的技术要求进行初步配合比的计算，以便得出供试配用的配合比。该配合比是借助于一些经验公式和数据计算出来的，或是利用经验资料查得的，因而不一定符合实际情况，在工程中，应根据实际使用的原材料确定。混凝土的搅拌、运输方法也应与生产时使用的方法相同，通过试拌调整，一直到混凝土拌合物的和易性符合要求为止，然后提出供检验混凝土强度用的基准配合比。按强度和湿表观密度检验结果再修正基准配合比，即得实验室配合比。实验室配合比是以干燥材料为基准，而工地存放的砂、石都含有一定的水分，因此现场材料的实际称量应按工地砂、石的含水情况进行修正，修正后的配合比称为施工配合比。

🔊 知识链接七：混凝土配合比设计方法（以抗压强度为指标的设计方法）▮

1. 确定混凝土配制强度

混凝土配制强度按下式计算：

$$f_{cu,o} \geqslant f_{cu,k} + 1.645\sigma \tag{3-20}$$

式中 $f_{cu,o}$——混凝土配制强度，MPa；

$f_{cu,k}$——混凝土立方体抗压强度标准值，MPa；

σ——混凝土强度标准差，MPa。

混凝土强度标准差应按下列规定确定：

（1）当施工单位具有近期同类混凝土（是指混凝土强度等级相同，配合比和生产工艺条件基本相同的混凝土）28d 的抗压强度资料时，混凝土强度标准差 σ 应按式（3-32）计算。

对于强度等级不大于 C30 的混凝土，当混凝土强度标准差计算值不小于 3.0MPa 时，应按式（3-21）计算结果取值；当混凝土强度标准差计算值小于 3.0MPa 时，应取 3.0MPa。

对于强度等级大于 C30 且小于 C60 的混凝土，当混凝土强度标准差计算值不小于 4.0MPa 时，应按式（3-32）计算结果取值；当混凝土强度标准差计算值小于 4.0MPa 时，应取 4.0MPa。

（2）当施工单位不具有近期同类混凝土强度统计资料时，其强度标准差可按表 3-26 的规定取值。但最好应根据施工单位实际情况（指生产质量管理水平），加以适当调整确定。

表 3-26 混凝土强度标准差 σ

混凝土强度等级	≤C20	C25~C45	C50~C55
σ（MPa）	4.0	5.0	6.0

2. 初步确定水灰比

根据已确定的混凝土配制强度 $f_{cu,o}$，按下式计算水灰比：

$$f_{cu,o} = a_a f_{ce}\left(\frac{C}{W} - a_b\right) \tag{3-21}$$

为了满足耐久性要求，计算所得混凝土水灰比值与表 3-24 中规定值进行复核，如果计算所得的水灰比大于表中的规定值，应按表中规定取值。

3. 选取每立方米混凝土的用水量（m_{wa}）

设计混凝土配合比时，应力求采用最小单位用水量，应按骨料品种、粒径及施工要求的流动性指标（如坍落度）等，根据本地区或本单位的经验数据选用。用水量也可参考表 3-27 选取。

每立方米混凝土拌合物的用水量一般应根据选定的坍落度，参考表 3-27 选用。

表 3-27   塑性和干硬性混凝土的用水量   kg/m³

项目	指标	卵石最大公称粒径（mm）				碎石最大公称粒径（mm）			
		10.0	20.0	31.5	40	16.0	20.0	31.5	40.0
坍落度（mm）	10～30	190	170	160	150	120	185	175	165
	35～50	200	180	170	160	210	195	185	175
	55～70	210	190	180	170	220	205	195	185
	75～90	215	195	185	175	230	215	205	195
维勃稠度（s）	16～20	175	160	—	145	190	170	—	155
	11～15	180	165	—	150	170	175	—	160
	5～10	185	170	—	155	185	180	—	165

注　1 本表用水量是采用中砂时的平均取值，采用粗砂或细砂时，每立方米混凝土用水量可适当增减 5～10kg。
　　2 掺用各种外加剂或外掺料时，用水量应相应调整。
　　3 本表不适用于水灰比小于 0.4 或大于 0.8 的混凝土以及特殊成型工艺的混凝土。
　　4 本表摘自《普通混凝土配合比设计规程》（JGJ 55—2011）。

对流动性和大流动性混凝土用水量的确定，应按下列步骤进行：

（1）以表 3-27 中坍落度为 90mm 的用水量为基础，按坍落度每增大 20mm 相应增加 5kg/m³ 用水量来计算；当坍落度增大到 180mm 以上时，随坍落度相应增加的用水量可减少。

（2）掺外加剂时的混凝土用水量可按下式计算：

$$m_{wa} = m_{wo}(1-\beta) \tag{3-22}$$

式中　m_{wa}——掺外加剂混凝土每立方米混凝土的用水量，kg；

　　　　m_{wo}——未掺外加剂混凝土每立方米混凝土的用水量，kg；

　　　　β——外加剂的减水率，应经试验确定，%。

4. 计算每立方米混凝土的水泥用量（m_{co}）

根据已确定的用水量、水灰比计算水泥用量，即

$$m_{co} = m_{wo}\frac{C}{W} \tag{3-23}$$

式中　m_{co}——水泥用量，kg/m³；

m_{wo}——用水量，kg/m^3。

为保证混凝土耐久性，应进行复核，当由式（3-23）计算所得的水泥用量小于表 3-25 规定的最小水泥用量时，应按表中规定的最小水泥用量选取。

5. 选取合理砂率

应根据骨料的技术性质、混凝土拌合物性能和施工要求，参考既有历史资料确定。当缺乏砂率的历史资料时，混凝土砂率的确定应符合以下规定：

（1）坍落度小于 10mm 的混凝土，其砂率应经试验确定。

（2）坍落度为 10～60mm 的混凝土，其砂率可根据粗骨料品种、最大公称粒径及水灰比，按表 3-28 选用。

（3）坍落度大于 60mm 的混凝土，其砂率应经试验确定，也可在表 3-28 的基础上，按坍落度每增大 20mm、砂率增大 1%的幅度予以调整。

表 3-28　　　　　　　　　混凝土砂率　　　　　　　　　　%

水灰比	卵石最大公称粒径（mm）			碎石最大公称粒径（mm）		
	10.0	20.0	40.0	16.0	20.0	40.0
0.40	26～32	25～31	24～30	30～35	29～34	27～32
0.50	30～35	29～34	28～33	33～38	32～37	30～35
0.60	33～38	32～37	31～36	36～41	35～40	33～38
0.70	36～41	35～40	34～39	39～44	38～43	36～41

注　1 表中数值是中砂选用的砂率，对细砂或者粗砂可相应地减少或增大砂率。

2 采用人工砂配制混凝土时，砂率可适当增大。

3 只用一个单粒级粗骨料配制混凝土时，砂率应适当增大。

6. 计算砂、石用量（m_{so} 和 m_{go}）

计算砂、石用量有体积法和质量法两种方法。在已知混凝土用水量、水泥用量及砂率的情况下，采用其中任何一种方法均可求出砂、石用量。

（1）体积法（又称绝对体积法）。这种方法是假设混凝土拌合物的体积等于各组成材料绝对体积和混凝土拌合物中所含空气体积之总和，即

$$\begin{cases} \dfrac{m_{co}}{\rho_c} + \dfrac{m_{so}}{\rho_s} + \dfrac{m_{go}}{\rho_g} + \dfrac{m_{wo}}{\rho_{H_2O}} + 0.01a = 1 \\ \dfrac{m_{so}}{m_{so}+m_{go}} = \beta_s \end{cases}$$

(3-24)

式中　ρ_c——水泥密度，可取 2900～3100，kg/m^3；

ρ_g——粗骨料的表观密度，kg/m^3；

ρ_s——细骨料的表观密度，kg/m^3；

ρ_{H_2O}——水的密度，可取 1000，kg/m^3；

a——混凝土的含气量百分数，在不使用引气型外加剂时，可取 1。

联立以上两式，即可求出 m_{go}、m_{so}。

（2）质量法。这种方法是先假定一个混凝土拌合物湿表观密度值（又称湿表观密度计算值），根据各材料之间的质量关系，计算各材料的用量。

混凝土的湿表观密度计算值可根据本单位累计的试验资料确定，当无资料时，可在 $2350\sim2450\text{kg/m}^3$ 范围内选定。

按式（3-25）求出砂石总用量及砂、石各自的用量：

$$\begin{cases} m_{co} + m_{so} + m_{go} + m_{wo} = m_{cp} \\ \dfrac{m_{so}}{m_{so} + m_{go}} = \beta_s \end{cases} \tag{3-25}$$

式中　m_{cp}——每立方米混凝土拌合物的假定质量。

其他符号意义同体积法。

7. 初步配合比

经上述计算，即可取得初步配合比，即每立方米混凝土各组成材料用量 m_{co}、m_{so}、m_{go}、m_{wo}，也可求出以水泥用量为1的各材料的比值。

$$m_{co} : m_{so} : m_{go} : m_{wo} = 1 : \frac{m_{so}}{m_{co}} : \frac{m_{go}}{m_{co}} : \frac{m_{wo}}{m_{co}} \tag{3-26}$$

以上混凝土配合比计算公式和表格，均以干燥状态骨料（指含水率小于0.5%的细骨料或含水率小于0.2%的粗骨料）为基准。当以饱和面干骨料为基准进行计算时，应作相应的修正。

8. 试配与调整

（1）试配拌合物的用量。以上求出的初步配合比的各材料用量，是借助于经验公式、图表算出或查得的，能否满足设计要求，还需要通过试验及试配调整来完成。试验用拌合物的数量，主要应根据骨料的最大粒径，以考虑混凝土检验项目、搅拌机的容量等来确定。

（2）和易性检验与调整。根据试验用拌合物的数量，按初步配合比称取实际工程中使用的材料进行试拌，搅拌均匀，测定其坍落度，并观察黏聚性和保水性，如经试配和易性不符合设计要求，可作以下调整：

当坍落度比设计要求值大或小时，可以保持水灰比不变，相应地减少或增加水泥浆用量。对于普通混凝土，每增加或减少10mm坍落度，需增加或减少2%～5%的水泥浆。当坍落度比要求值大时，除上述方法外，还可以在保持砂率不变的情况下，增加骨料用量；当坍落度值大，且拌合物黏聚性、保水性差时，可减少水泥浆、增大砂率（保持砂石总量不变，增加砂用量，相应减少石子用量），这样重复测试，直到符合要求为止。而后测出混凝土拌合物实测表观密度，并计算出 1m^3 混凝土中各拌合物的实际用量。然后提出和易性已满足要求的供检验混凝土强度用的基准配合比，即

$$m_{ca} : m_{sa} : m_{ga} : m_{wa} = 1 : \frac{m_{sa}}{m_{ca}} : \frac{m_{ga}}{m_{ca}} : \frac{m_{wa}}{m_{ca}} \tag{3-27}$$

式中　m_{ca}、m_{sa}、m_{ga}、m_{wa}——基准配合比每立方米混凝土中水泥、砂、石子、水的用量，kg。

（3）强度复核。混凝土配合比除和易性满足要求外，还要进行强度复核。为了满足混凝土强度等级及耐久性要求，应进行水灰比调整。

复核检验混凝土强度时，至少应采用3个不同水灰比的配合比，其中一个为基准配合比，另两个是以基准配合比的水灰比为准，在此基础上水灰比分别增加和减少0.05，其用水量应与基准配合比相同，但砂率值可增加和减少1%。经试验、调整后的拌合物均应满足和易性要求，并测出各自的湿表观密度实测值，以供最后修正材料用。

用3个不同配合比的混凝土拌合物分别制成试块，每种配合比至少应制作一组（3块）

试块，标准养护 28d，测其立方体抗压强度值，并用作图法把不同水灰比值的正方体强度标在以强度为纵轴、灰水比为横轴的坐标上，就可得到强度‑灰水比的线性关系，由该线性关系可求出与配制强度相对应的水灰比值，即所需设计水灰比值。

9. 确定设计配合比（又称实验室配合比）

按强度和湿表观密度检验结果再修正配合比，即可得到设计配合比。

（1）按强度检验结果修正配合比。

1）用水量 m'_{wa} 取基准配合比中的用水量值，并根据制作强度试块时测得的坍落度值加以适当调整。

2）水泥用量 m'_{ca} 取用水量乘以由强度‑灰水比关系直线上定出的为达到试配强度（$f_{cu,o}$）所必需的灰水比值。

3）砂石用量 m'_{sa}、m'_{ga} 应根据用水量和水泥用量进行调整。

（2）按拌合物实测湿表观密度值修正配合比。

按下式求 δ 值：

$$\delta = \frac{\rho_{c,t}}{m'_{ca}+m'_{sa}+m'_{ga}+m'_{wa}} = \frac{\rho_{c,t}}{\rho_{c,c}} \tag{3-28}$$

式中 δ——湿表观密度校正系数；

$\rho_{c,t}$——混凝土拌合物湿表观密度实测值，kg/m^3；

$\rho_{c,c}$——混凝土拌合物湿表观密度计算值（$\rho_{c,c}=m'_{ca}+m'_{sa}+m'_{ga}+m'_{wa}$）。

将混凝土配合比中每项材料用量均乘以修正系数 δ，就可得到最终确定的设计配合比，即

水泥用量 $\quad m_{cb}=\delta m'_{ca}$

水的用量 $\quad m_{wb}=\delta m'_{wa}$

砂的用量 $\quad m_{sb}=\delta m'_{sa}$

石子的用量 $\quad m_{gb}=\delta m'_{ga}$

当混凝土拌合物表观密度实测值与计算值之差的绝对值不超过计算值的 2% 时，可不修正。

10. 换算施工配合比

若施工现场实测砂含水率为 $a\%$，石子含水率为 $b\%$，则将上述设计配合比换算为施工配合比为

$$m_c = m_{cb}$$
$$m_s = m_{sb}(1+a\%)$$
$$m_g = m_{gb}(1+b\%)$$
$$m_w = m_{wb}-(m_{sb}\times a\%+m_{gb}\times b\%)$$

即

$$m_c:m_s:m_g:m_w = 1:\frac{m_s}{m_c}:\frac{m_g}{m_c}:\frac{m_w}{m_c} \tag{3-29}$$

知识链接八：混凝土质量的波动

混凝土质量是影响混凝土结构可靠性的一个重要因素。混凝土质量受多种因素的影响，质量是不均匀的。即使是同一种混凝土，也受原材料质量的波动、施工配料的误差限制条件和气温变化等的影响。在正常施工条件下，这些因素都是随机的，因此混凝土的质量也是随

机的。为保证混凝土结构的可靠性，必须在施工过程的各个工序对原材料、混凝土拌合物及硬化后的混凝土进行必要的质量检验和控制。

))）知识链接九：新拌混凝土的质量检验与控制

根据国家标准《混凝土质量控制标准》（GB 50164—2011）的规定，用于材料的计量装置应定期检验，使其保持准确，原材料计量按质量计的允许偏差不能超过下列规定：

（1）胶凝材料：±2%。

（2）粗、细骨料：±3%。

（3）拌和用水：±1%。

（4）外加剂：±1%。

混凝土在搅拌、运输和浇筑过程中应按下列规定进行检查：

（1）检查混凝土组成材料的质量和用量，每一工作班至少两次。

（2）检查混凝土在拌制地点及浇筑地点的稠度，每一工作班至少两次。评定时应以浇筑地点的检测值为准。在预制混凝土构件厂（场），如混凝土拌合物从搅拌机出料起至浇筑入模时间不超过 15min，其稠度可仅在搅拌点取样检测。

在检测坍落度时，还应观察拌合物的黏聚性和保水性。

（3）混凝土的搅拌时间应随时检查。混凝土搅拌的最短时间应符合表 3-29 的规定。

（4）混凝土从搅拌机中卸出到浇筑完毕的持续时间不宜超过表 3-30 的规定。

表 3-29　　　　　　　　　　　**混凝土搅拌的最短时间**　　　　　　　　　　　　　　　　　s

混凝土坍落度（mm）	搅拌机机型	搅拌机出料量（L）		
		<250	250~500	>500
≤40	强制式	60	90	120
40~100	强制式	60	60	90
≥100	强制式	60		

注　混凝土搅拌的最短时间是指全部材料装入搅拌筒中起，到开始卸料止的时间。

表 3-30　　　　　　　　**混凝土拌合物从搅拌机卸出后到浇筑完毕的持续时间**　　　　　　　　s

混凝土生产地点	气温（℃）	
	≤25	>25
预拌混凝土搅拌站	150	120
施工现场	120	90
混凝土制品厂	90	60

))）知识链接十：混凝土强度的检验与评价方法

1. 检验

对硬化后的质量检验，主要是检验混凝土的抗压强度。因为混凝土质量波动直接反映在强度上，通过对混凝土强度的管理，就能控制整个混凝土工程的质量。对混凝土的强度检验是按规定的时间与数量在搅拌地点或浇筑地点抽取有代表性的试样，按标准方法制作试件、标准养护至规定的龄期后，进行强度试验（必要时也需进行其他力学性能及抗渗、抗冻试验），以评定混凝土质量。对已建成的混凝土结构，也可采用非破损试验方法进行检查。

混凝土的强度等级按立方体抗压强度标准值划分，强度低于该值的百分率不得超过5%。混凝土试样应在混凝土浇筑地点随机抽取，取样频率应符合下列规定：

(1) 100 盘但不超过 100m³ 同配合比的混凝土，取样次数不得少于一次。

(2) 每工作班拌制的同配合比混凝土不足 100 盘和 100m³ 时，其取样次数不得少于一次。

(3) 当一次连续浇筑的同配合比混凝土超过 1000m³ 时，每 200m³ 取样次数不应少于一次。

(4) 对房屋建筑，每一楼层、同一配合比的混凝土，取样不应少于一次。

每组 3 个试件应在同一盘或同一车的混凝土中取样制作。

2. 评价

混凝土强度应分批进行检验评定。由强度等级相同、龄期相同以及生产工艺条件和配合比基本相同的混凝土组成一个验收批，进行分批验收。对施工现场浇筑的混凝土，应按单位工程的验收项目划分验收批。

根据《混凝土强度检验评定标准》（GB/T 50107—2010）的规定，混凝土强度评定可分为统计方法及非统计方法两种。前者适用于预拌混凝土厂、预制混凝土构件厂和采用现场集中搅拌混凝土的施工单位；后者适用于零星生产的预制构件厂或现场搅拌批量不大的混凝土。

(1) 统计方法评定。由于混凝土的生产条件不同，其强度的稳定性也不同，统计方法评定又分为以下两种：

1) 当连续生产的混凝土，生产条件在较长时间内能保持一致，且同一品种、同一强度等级混凝土的强度变异性能保持稳定时，应按下述方法进行评定：

强度评定应由连续的 3 组试件组成一个验收批，其强度应同时满足：

$$\bar{f}_{cu} \geqslant f_{cu,k} + 0.7\sigma_0 \tag{3-30}$$

$$f_{cu,min} \geqslant f_{cu,k} - 0.7\sigma_0 \tag{3-31}$$

检验批混凝土立方体抗压强度的标准差应按下式计算：

$$\sigma = \sqrt{\frac{\sum_{i=1}^{n} f_{cu,i}^2 - n\bar{f}_{cu}^2}{n-1}} \tag{3-32}$$

当混凝土强度等级不高于 C20 时，其强度的最小值尚应满足下式要求：

$$f_{cu,min} \geqslant 0.85 f_{cu,k} \tag{3-33}$$

当混凝土强度等级高于 C20 时，其强度的最小值尚应满足下式要求：

$$f_{cu,min} \geqslant 0.90 f_{cu,k} \tag{3-34}$$

式中　$\bar{f}_{cu}$——同一验收批混凝土立方体抗压强度的平均值，精确到 0.1MPa；

$f_{cu,k}$——混凝土立方体抗压强度标准值，精确到 0.1MPa；

σ_0——检验批混凝土立方体抗压强度的标准差，精确到 0.1MPa（当检验批混凝土强度标准差计算值小于 2.5MPa 时，应取 2.5MPa）；

$f_{cu,i}$——前一个检验期内同一品种、同一强度等级的第 i 组混凝土试件的立方体抗压强度代表值，精确到 0.1MPa（该检验期不应少于 60d，也不得大于 90d）；

n——前一个检验期内的样本容量，在该期间内样本容量不应少于 45；

$f_{cu,min}$——同一验收批混凝土立方体抗压强度的最小值，精确到 0.1MPa。

若检验结果满足要求，则该批混凝土强度合格，否则不合格。

2）若混凝土的生产条件在较长时间内不能保持一致，且混凝土的强度变异性不能保持稳定，或在前一个检验期内的同一品种混凝土没有足够的数据以确定验收批混凝土立方体抗压强度的标准差，当样本容量不少于 10 组时，其强度应满足下列要求：

$$\bar{f_{cu}} \geqslant f_{cu,k} + \lambda_1 S_{f_{cu}} \tag{3-35}$$

$$f_{cu,min} \geqslant \lambda_2 f_{cu,k} \tag{3-36}$$

$$S_{f_{cu}} = \sqrt{\frac{\sum_{i=1}^{n} f_{cu,i}^2 - n\bar{f_{cu}^2}}{n-1}} \tag{3-37}$$

式中　$S_{f_{cu}}$——同一个验收批混凝土立方体抗压强度的标准差，精确到 0.1MPa（当检验批混凝土强度标准差计算值小于 2.5MPa 时，应取 2.5MPa）；

λ_1、λ_2——合格判定系数，按表 3-31 取用；

n——本检验期内的样本容量。

表 3-31　　　　混凝土强度的合格评定系数

试件组数	10～14	15～19	≥20
λ_1	1.15	1.05	0.95
λ_2	0.90	0.85	

若检验结果满足规定条件，则该混凝土强度合格。

（2）非统计方法评定。当用于评定的样本容量少于 10 组时，应采用非统计方法评定混凝土强度，其强度同时满足下列要求时，该验收批混凝土强度为合格：

$$\bar{f_{cu}} \geqslant \lambda_3 f_{cu,k} \tag{3-38}$$

$$f_{cu,min} \geqslant \lambda_4 f_{cu,k} \tag{3-39}$$

式中　λ_3、λ_4——合格判定系数，按表 3-32 取用。

表 3-32　　　　混凝土强度的非统计法合格评定系数

混凝土强度等级	<C60	≥C60
λ_3	1.15	1.10
λ_4	0.95	

对于用不合格批混凝土制成的结构或构件应进行鉴定。对不合格批的结构和构件，必须及时处理。

试验一：普通混凝土性能试验

一、混凝土拌合物取样及试样制备

1. 一般规定

混凝土工程施工中取样进行混凝土试验时，其取样方法和原则应按《混凝土结构工程施工质量验收规范》（GB 50204—2011）及《普通混凝土力学性能试验方法标准》（GB/T

50081—2002)的有关规定进行。拌制混凝土的原材料应符合技术要求，并与施工实际用料相同。在拌和前，材料的温度应与室温［应保持（20±5)℃］相同。

拌制混凝土的材料用量以质量计。称量的精确度：骨粒为±1%，水、水泥及混合材料为±0.5%。

2. 仪器设备

搅拌机（容量为75~100L，转速为18~22r/min，见图3-17)、磅秤（称量为50kg，感量为50g)、天平（称量为5kg，感量为1g)、量筒（200、100mL)、拌板（1.5m×2m左右)、拌铲、盛器及抹布等。

图3-17　混凝土搅拌机

3. 拌和方法

（1）人工拌和。

1）按所定配合比备料，以全干状态为准。

2）将拌板和拌铲用湿布润湿后，将砂倒在拌板上，然后加入水泥，用铲自拌板一端翻拌至另一端，然后再翻拌回来，如此重复，直至颜色混合均匀，再加入石子，翻拌至混合均匀。

3）将干混合料堆成堆，在中间做一凹槽，将已称量好的水倒入1/2左右的水至凹槽中（勿使水流出)；然后仔细翻拌，并徐徐地加入剩余的水，继续翻拌。每翻拌一次，用铲在混合料上铲切一次，直到拌和均匀为止。

4）拌和时力求动作敏捷，拌和时间从加水时算起，应大致符合下列规定：拌合物体积为30L以下的4~5min。拌合物体积为30~50L的5~9min。拌合物体积为51~75L的9~12min。

5）拌好后，根据试验要求，立即做坍落度测定或试件成型。从开始加水时算起，全部操作须在30min内完成。

（2）机械搅拌。

1）按所定配合比备料，以全干状态为准。

2）预拌一次，即用按配合比的水泥、砂和水组成的砂浆及少量石子，在搅拌机中进行涮膛。然后倒出并刮去多余的砂浆，其目的是使水泥砂浆先黏附满搅拌机的筒壁，以免正式拌和时影响拌合物的配合比。

3）开动搅拌机，向搅拌机内依次加入石子、砂和水泥，干拌均匀，再将水徐徐加入，全部加料时间不超过2min，水全部加入后，继续拌和2min。

4）将拌合物自搅拌机卸出，倾倒在拌板上，再经人工拌和1~2min即可做坍落度测定或试件成型。从开始加水时算起，全部操作必须在30min内完成。

二、普通混凝土拌合物和易性测定

1. 新拌混凝土拌合物坍落度试验

本方法适用于坍落度值不小于10mm、骨料最大料径不大于40mm的混凝土拌合物。测定时，需拌制拌合物约15L。

（1）主要仪器设备。

标准坍落度筒：坍落度筒（见图3-18)为金属制截头圆锥形，上下截面必须平行并与锥体轴心垂直，筒外两侧焊把手两只，近下端两侧焊脚踏板，圆锥筒内表面必须十分光滑。
圆锥筒尺寸如下：

底部内径：（200±2）mm。

顶部内径：（100±2）mm。

高度：（300±2）mm。

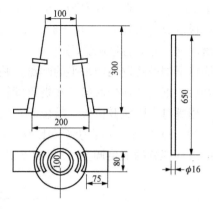

图 3-18　坍落度筒

其他用具：弹头形捣棒（直径 16mm、长 650mm
的钢棒，端部为弹头形）、小铁铲、装料漏斗、直尺
（宽 40mm、厚 3～4mm、长约 300mm）、钢尺、拌板、
镘刀和取样小铲等。

（2）测定步骤。

1）每次测定前，用湿布将拌板及坍落度筒内外擦
净、润湿，并将筒顶部加上漏斗，放在拌板上，用双脚
踩紧踏板，使其位置固定。

2）用小铲将拌好的拌合物分 3 层均匀装入筒内，每层装入高度在插捣后大致应为筒高
的 1/3。顶层装料时，应使拌合物高出筒顶。插捣过程中，如试样沉落到低于筒口，则应随
时添加，以便自始至终保持高于筒顶。每装一层分别用捣棒插捣 25 次，插捣应在全部面积
上进行，沿螺旋线由边缘渐向中心。插捣筒边混凝土时，捣棒应稍有倾斜，然后垂直插捣中
心部分。底层插捣应穿透整个深度。插捣其他两层时，应垂直插捣至下层表面。

3）插捣完毕即卸下漏斗，将多余的拌合物刮去，使其与筒顶面齐平，筒周围拌板上的
拌合物必须刮净、清除。

4）将坍落度筒小心平稳地垂直向上提起，不得歪斜，提高过程 5～10s 内完成，将筒放
在拌合物一旁，量出坍落后拌合物试体最高点与筒高的距离（读数精确至 5mm），即为拌合
物的坍落度。

5）从开始装料到提起坍落度筒的整个过程应连续进行，并在 150s 内完成。

6）坍落度筒提离后，如试件发生崩塌或一边剪坏现象，则应重新取样进行测定。如第
二次仍出现这种现象，则表示该拌合物和易性不好，应予以记录备查。

7）测定坍落度后，观察拌合物的下述性质，并记录：

a. 黏聚性。用捣棒在已坍落的拌合物锥体侧面轻轻击打，如果锥体逐渐下沉，表示黏
聚性良好；如果突然倒塌、部分崩裂或石子离析，即为黏聚性不好的表现。

b. 保水性。提起坍落度筒后，如有较多的稀浆从底部析出，锥体部分的拌合物也因失
浆而骨料外露，则表明保水性不好；若无这种现象，则表明保水性良好。

（3）坍落度的调整。

1）在按初步计算备好试拌材料的同时，另外还须备好两份为调整坍落度用的水泥与水，
备用的水泥与水的比例应符合原定的水灰比，其用量可为原来计算用量的 5% 和 10%。

2）当测得拌合物的坍落度过大时，可酌情增加砂和石子（保持砂率不变），尽快拌和均
匀，重做坍落度试验。

2. 维勃稠度试验

本方法适用于骨料最大粒径不超过 40mm，维勃稠度在 5～30s 之间的混凝土拌合物稠
度测定。测定时需配制拌合物约 15L。

（1）仪器设备。

1）维勃稠度仪，见图 3-19。其组成为：振动台台面长 380mm、宽 260mm，支撑在 4 个减振器上，振动频率为（50±3）Hz。空容器时，台面的振幅为 0.5m±0.1mm，容器用钢板制成，内径为（240±3）mm，高为（20±2）mm，筒壁厚 3mm，筒底厚 7.5mm。坍落度筒尺寸同标准圆锥坍落度筒，但应去掉两侧的脚踏板；旋转架，与测杆及喂料斗相连。测杆下端安装透明而水平的圆盘，并有螺钉把测杆固定在套筒中，坍落度尚在容器中心安放好后，把喂料斗的底部套在坍落度管口上，旋转架安装在支柱上，通过十字凹槽来定方向，并用螺钉来固定其位置。就位后，测杆或漏斗的轴线应和容器的轴线重合。透明圆盘直径为（230±2）mm，厚度为（10±2）mm，荷载物直接放在圆盘上。将测杆、圆盘及荷重组成的滑动部分的质量调至（2.750±50）g。测杆上应有刻度以读出混凝土的坍落度值。

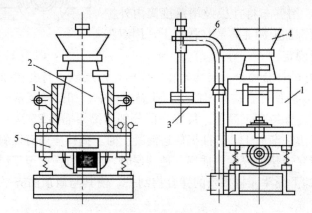

图 3-19　维勃稠度仪

1—容器；2—坍落度筒；3—透明圆盘；4—喂料斗；5—振动台；6—旋转架

2）捣棒：直径 16mm、长 600mm 的钢棒，端部应磨圆。

（2）试验步骤。

1）把维勃稠度仪放置在坚实、水平的基面上，用湿布把容器、坍落度筒、喂料斗内壁及其他用具擦湿。

2）将喂料斗提到坍落度筒的上方扣紧，校正容器位置，使其中心与喂料斗中心重合，然后拧紧螺钉。

3）把混凝土拌合物经喂料斗分层装入坍落度筒。装料及插捣的方法同坍落度测定中的规定。

4）把圆盘、喂料斗都转离坍落度筒，小心并垂直地提起坍落度筒，此时应注意不要使混凝土试体产生横向的扭动。

5）把透明圆盘转到混凝土锥体顶面，放松螺钉 2，使圆盘轻轻落到混凝土顶面，此时应防止坍落的混凝土倒下与容器内壁相碰。如有需要，可记录坍落度值。

6）拧紧螺钉 1，并检查螺钉 2 是否已经松动，同时开启振动台和秒表，在透明盘的底面被水泥浆所布满的瞬间停下秒表，并关闭振动台。

7）记录秒表上的时间，读数精确到 1s，由秒表读出的时间秒数表示所试验混凝土拌合物的维勃稠度值。如维勃稠度值小于 5g 或大于 30g，则此种混凝土所具有的稠度已超出本仪器的适用范围。

三、普通混凝土拌合物基准配合比的调整

1. 调整目的

初步计算的配合比经过和易性调整后，材料用量将有一定的改变，故须进行调整计算，最后得出基准配合比。

2. 基准配合比的调整计算

例如，要求混凝土拌合物的坍落度为 20～40mm，开始测定的坍落度为 10mm，经调整后达到 30m，能满足要求。其调整计算方法如下：

(1) 试拌调整。

(2) 混凝土拌合物表观密度测定。

1) 试验目的：测定混凝土拌合物的表观密度，计算 1m³ 混凝土的实际材料用量。

2) 仪器设备：磅秤（称量为 100kg，感量为 50g）、容量筒［金属制成的圆筒，对骨料粒径不大于 40mm 的混合料，采用容积为 5L 的容量筒，其内径与高均为（186±2）mm，筒壁厚为 3mm；骨料粒径大于 40mm 时，容量筒的内径及高均应大于骨料最大粒径的 4 倍］、捣棒（同坍落度测定用捣棒）、振动台［频率（50±3）Hz，负载振幅为 0.35mm］、小铲、抹刀、金属直尺等。

3) 试验步骤。

a. 试验前用湿布将容量筒内外擦干净，称出容量筒质量，精确至 50g。

b. 拌合物的装料及捣实方法应视混凝土的稠度和施工方法而定。一般来讲，坍落度不大于 70mm 的混凝土用振动台振实，大于 70mm 的，采用捣棒人工捣实。又如施工时用机械振捣，则采用振动法捣实混凝土拌合物；如施工时用人工插捣，则同样采用人工插捣。

采用振动法捣实时，混凝土拌合物应一次装入容量筒，装料时可稍加插捣，并应装满至高出筒口，然后把筒移至振动台上振实。如在振捣过程中混凝土高度沉落到低于筒口，则应随时添加混凝土并振动，直到拌合物表面出现水泥浆为止。如在实际生产的振动时尚须进行加压，则试验时也应在相应压力下予以振实。

采用捣棒捣实时，应根据容量筒的大小决定分层与插捣次数，对 5L 的容量筒，混凝土拌合物分两层装入，每层的插捣次数为 25 次；大于 5L 的容量筒，每层混凝土的高度不大于 100mm，每层插捣次数按 100mm² 不少于 12 次计算。各次插捣应均衡地分布在每层截面上，插捣底层时，捣棒应贯穿整个深度；插捣顶层时，捣棒应插透本层，并使之刚刚插入下面一层。每一层捣完后可把捣棒垫在筒底，将筒按住，左右交替地颠击地面各 15 下。插捣后如有棒坑留下，可用捣棒轻轻填平。

c. 用金属直尺沿筒口将捣实后多余的混凝土拌合物刮去，仔细擦净容量筒外壁，然后称出质量，精确至 50g。

4) 试验结果。用下式计算混凝土拌合物的表观密度（精确至 10kg/m³）：

$$\rho_b = \frac{m - m_1}{V} \tag{3-40}$$

式中　ρ_b——混凝土拌合物的表观密度，kg/m³；

　　　m——容量筒和混凝土拌合物的总质量，kg；

　　　m_1——容量筒的质量，kg；

　　　V——容量筒的容积，L。

(3) 求调整后 $1m^3$ 混凝土实际所需材料用量。

四、普通混凝土抗压强度试验

1. 试验目的

测定混凝土立方体抗压强度作为评定混凝土质量的主要依据。

2. 试验设备

(1) 试验机。试验机包括压力试验机（见图 3 - 20）或万能试验机（见图 3 - 21），其精度应不低于±2%，其量程应能使试件在预期破坏荷载值不小于全量程的 20%，也不大于全量程的 80%。试验机应按计量仪表使用规定进行定期检查，以确保试验结果的准确性。

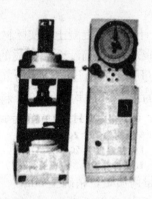

图 3 - 20　压力试验机图　　　　　图 3 - 21　万能试验机

(2) 振动台。振动频率为（50±3）Hz，空载振幅约为 0.5mm。

(3) 试模。试模由铸铁或钢制成，应具有足够的刚度并拆装方便。试模内表面应保证足够的平滑度，或经机械加工，其不平度应不超过 0.05%，组装后相邻面的不垂直度应不超过±0.5%。

(4) 捣棒、小铁铲、金属直尺及镘刀等。

3. 试件的成型和养护

(1) 混凝土抗压强度试验一般以 3 个试件为一组。每一组试件所用的拌合物应从同一盘或同一车运送的混凝土中取出，或在试验室用机械或人工单独拌制。用于检验现浇混凝土工程或预制构件质量的试件分组及取样原则应按现行《混凝土结构工程施工质量验收规范》（GB 50204—2002）及其他有关标准的规定执行。

(2) 制作前，应将试模擦拭干净，并在试模内表面涂一薄层矿物油脂。

所有试件应在抽样后立即制作。试件成型方法应视混凝土的稠度而定。一般坍落度小于 70mm 的混凝土，用振动台振实，大于 70mm 的用捣棒人工捣实。

1) 振动台振实成型。将拌合物一次装入试模，并稍有富余，然后将试模放在振动台上并加以固定。开动振动台，振到拌合物表面呈现水泥浆时为止，记录振动时间。振动结束后，用镘刀沿试模边缘将多余的拌合物刮去，并将表面抹平。

2) 人工捣实成型。拌合物分两层装入试模，每层厚度大致相等。插捣按螺旋方向从边缘向中心均匀进行。插捣底层时，捣棒应达到试模底面；插捣上层时，捣棒应穿入下层深度 20～30mm。插捣时，捣棒应保持垂直，并用镘刀沿试模内壁插入数次。每层插捣次数，一般 $100cm^2$ 面积应不少于 12 次，然后根据骨料的最大颗粒直径选择。制作试块所需的混凝土大致数量见表 3‐33。

表 3‐33		制作试块所需混凝土数量		
试件边长 （mm×mm×mm）	允许骨料最大粒径 （mm）	每层插捣次数	每组所需混凝土量 （kg）	换算系数
100×100×100	30	12	9	0.95
150×150×150	40	25	30	1.00
200×200×200	60	50	65	1.05

（3）试件成型后应覆盖，以防止水分蒸发，并在室温为（20±5）℃的情况下至少静置 1d（但不得超过 2d），然后编号拆模。

拆模后的试件应立即放在温度为（20±2）℃、相对湿度为 95％以上的标准养护室中养护。在标准养护室内试件应放在架上，彼此间隔均为 10～20mm，并应避免用水直接冲淋试件。无标准养护室时，混凝土试件可放在温度为（20±2）℃的不流动的 $Ca(OH)_2$ 饱和溶液中养护。试件成型后需与构件同条件养护时，应覆盖其表面。试件拆模时间可与实际构件的拆模时间相同。拆模后的试件仍应保持与构件相同的养护条件。

4. 抗压试验步骤

（1）试件从养护地点取出后应及时进行试验，以免试件内部的温、湿度发生显著变化。

（2）试件在试压前应先擦干净，测量尺寸，并检查其外观，试件尺寸测量精确至 1mm，并据此计算试件的承压面积值。试件不得有明显缺损，其承压面的不平度要求不超过 0.05％，承压面与相临面的不垂直偏差不超过 ±0.5°。

（3）把试件安放在试验机下压板中心，试件的承压面与成型时的顶面垂直。开动试验机，当上压板与试件接近时，调整球座，使接触均衡。

（4）加压时，应持续而均匀地加荷。加荷速度为：混凝土强度等级小于 C30 时，取 0.3～0.5MPa/s；当大于或等于 C30 时，取 0.5～0.8MPa/s。当试件接近破坏而开始迅速变形时，应停止调整试验机油门，直至试件破坏，然后记录破坏荷载。

5. 试验结果

（1）混凝土立方体试件抗压强度按下式计算：

$$f_c = \frac{P}{A} \tag{3-41}$$

式中　f_c——混凝土立方体试件抗压强度，MPa；

　　　P——破坏荷载，N；

　　　A——试件承压面积，mm²。

混凝土立方体试件抗压强度的计算应精确至 0.1MPa。

（2）以 3 个试件试验结果的算术平均值作为该组试件的抗压强度值。3 个试件中的最大值或最小值中，如有一个与中间值的差异超过中间值的 15％，则把最大值及最小值一并舍去，取中间值作为该组试件的抗压强度值；如最大值、最小值与中间值的差均超过中间值的 15％，则该组试件的试验结果无效。

（3）取 150mm×150mm×150mm 试件抗压强度为标准值，用其他尺寸试件测得的强度值均乘以尺寸换算系数。

单元项目三　其他功能混凝土的选择

☆ 任务描述

任务一：根据工程条件选择不同功能混凝土，列表归类其适用环境、配制要求等。

任务二：对选用的其他功能混凝土与普通水泥混凝土列表说明优缺点。

各小组选用不同的工程背景，具体工程概况如下：

小组一：

我国地铁车站大部分为框架式结构，一般由顶板、中板、底板、连续墙与内衬墙几部分组成，这几部分在厚度方向上的尺寸远远低于另两个方向的尺寸，一般被称为大面积混凝土板结构。工程实践中，地铁车站混凝土结构往往产生开裂渗漏现象，大部分开裂渗漏出现在混凝土浇筑后的服役阶段，也有部分车站在浇筑期间出现开裂渗漏现象。渗漏现象会危及地铁的运营及设备安全，缩短混凝土结构的使用寿命。

地铁混凝土结构防水效果的优劣直接影响总体工程的质量，成为评价地铁工程质量的一个重要指标，从材料方面分析选择何种混凝土用以防止大面积混凝土结构的开裂渗漏。

小组二：

某钢铁公司 1、2 号焦炉分别于 1988 年和 1989 年建成投产，焦炉炉型为 JX43 - 83 型，至今已生产使用近 20 年。焦炉抵抗墙位于焦炉纵向两端，主要承受焦炉炉体热胀推力，是焦炉炉体的主要承重结构。抵抗墙由墙板和构架（水平梁及柱）组成，采用钢筋混凝土结构，墙柱和横梁为整体浇筑，柱顶标高为 10.5m，墙板采用预制装配。从材料方面分析选择何种混凝土适宜该工程。

小组三：

高坝大库建设的代表性坝型之一是碾压混凝土坝。我国碾压混凝土坝无论从数量、坝型上均处于国际领先水平，经过 30 年来的不断研究、实践和改进创新，形成了一整套理论和施工技术体系。在大坝施工方面，对碾压混凝土拌和、运输、摊铺、压实的机械设备不断改进；混凝土摊铺、碾压、分缝处理、分层分条带碾压、模板工程等施工工艺不断改进和提高。从材料的选择方面分析碾压混凝土的优点。

◌ 任务分析

混凝土的选择使用可根据其设计要求、施工条件等确定。本节旨在使学生了解其他功能的混凝土在土木工程中的应用，拓展知识。

◌ 任务实施

学生自由组队。根据提供的背景资料和知识链接，利用图书馆和网络等多种资源，合理进行项目规划，做出小组任务分配，分工协作完成任务。了解常用的建筑组成材料以及新型建筑组成材料的发展与应用。

针对项目任务的要求，整理和归纳资料，并提交报告。学生以团队形式进行汇报，展示学习成果，并由其他团队及教师进行点评。

🏹 知识链接 --

🔊 知识链接一：高性能混凝土

作为土木工程的主要结构材料，混凝土的高强化一直是其性能改善的一个重要研究方向。混凝土强度提高，构件截面尺寸可大为减小，改变了高层和大跨建筑"肥梁胖柱"的状况，减轻了建筑物的自重，简化了地基处理，也使高强钢筋的应用和效能得以充分利用。高强混凝土在工程中的应用越来越广泛。但大量的工程实践也表明，随着混凝土强度等级的提高，其拉压比随之降低，混凝土的脆性增大，韧性下降；同时，由于高强混凝土的水泥用量较多，使得水化热增大，自收缩变大，干缩也较大，较易产生裂缝。因此，为了适应土木工程发展对混凝土材料性能要求的提高，混凝土研究领域开始了高性能混凝土的研究和开发。

1990年5月，美国国家标准与技术研究所（NIST）和美国混凝土协会（NCI）首先提出了高性能混凝土的概念。综合各国学者的意见，高性能混凝土是以耐久性和可持续发展为基本要求，并适应工业化生产与施工的混凝土。高性能混凝土应具有高抗渗性（高耐久性的关键性能）、高体积稳定性（低干缩、低徐变、低温度应变率）和高弹性模量，以及适当高的抗压强度、良好的施工性（高流动性、高黏聚性，达到自密实）。

虽然高性能混凝土是由高强混凝土发展而来的，但高强混凝土并不就是高性能混凝土，不能将它们混为一谈。高性能混凝土比高强混凝土具有更为有利于工程长期安全使用与便于施工的优异性能，它将会比高强混凝土具有更为广阔的应用前景。

高性能混凝土在配制时通常应注意以下几个方面：

（1）必须掺入与所用水泥具有相容性的高效减水剂，以降低水灰比，提高强度，并使其具有合适的工作性。

（2）必须掺入一定量活性的细磨矿物掺合料，如硅灰、磨细矿渣和优质粉煤灰等。在配制高性能混凝土时，掺加活性磨细掺合料，可利用其微粒效应和火山灰活性，以增加混凝土的密实性，提高强度。

（3）选用合适的骨料，尤其是粗骨料的品质（如强度、针片状颗粒的质量分数和最大粒径等），对高性能混凝土的强度有较大影响。在配制60～100MPa的高性能混凝土时，粗骨料最大粒径可取20mm左右；配制100MPa以上的高性能混凝土，粗骨料最大粒径不宜大于12mm。

目前，我国对高性能混凝土的研究与应用已日益得到土木工程界重视，它符合科学的发展观，随着土木工程技术的发展，高性能混凝土将会得到广泛的推广和应用。

🔊 知识链接二：轻骨料混凝土

《轻骨料混凝土技术规程》（JGJ 51—2002）规定，用轻骨料、轻砂（或普通砂）、水泥和水配制而成的混凝土，其干表观密度不大于$1950kg/m^3$者，称为轻骨料混凝土。

轻骨料混凝土按细骨料不同，又分为全轻混凝土（粗、细骨料均为轻骨料）和轻砂混凝土（细骨料全部或部分为普通砂）。

1. 轻骨料

堆积密度不大于$1200kg/m^3$的粗、细骨料，总称为轻骨料。

轻骨料按其来源不同，可分为：工业废料轻骨料，如粉煤灰陶粒、自然煤矸石、膨胀矿渣珠、煤渣及轻砂，如图 3-22 所示；天然轻骨料，如浮石、火山渣及其轻砂；人造轻骨料，如页岩陶粒、黏土陶粒、膨胀珍珠岩轻砂。轻粗骨料按其粒形可分为圆球型、普通型和碎石型 3 种。

图 3-22　常见的工业废料轻骨料

(a) 膨胀矿渣珠；(b) 自然煤矸石；(c) 粉煤灰陶粒

　　轻骨料的技术要求主要包括堆积密度、强度、颗粒级配和吸水率等。此外，对耐久性、定安性、有害杂质含量等也提出了要求。

　　轻骨料混凝土所用轻骨料应符合国家标准《轻骨料及其试验方法　第 1 部分：轻骨料》(GB/T 17431.1—2010) 的要求。

　　2. 轻骨料混凝土的技术性质

　　(1) 轻骨料混凝土的和易性。轻骨料具有颗粒表观密度小，表面多孔、粗糙，总表面积大且易于吸水等特点，因此其和易性与普通混凝土有较大的不同。轻骨料混凝土拌合物的黏聚性和保水性好，但流动性差。过大的流动性会使轻骨料上浮、离析；过小的流动性则会使捣实困难。

　　(2) 轻骨料混凝土的强度。轻骨料混凝土按其立方体抗压强度标准值划分为 13 个强度等级，即 CL5.0、CL7.5、CL10、CL15、CL20、CL25、CL30、CL35、CL40、CL45、CL50、CL55 及 CL60。

　　轻骨料混凝土按其用途可分为 3 大类，见表 3-34。

表 3-34　　　　　　　　　　　　　　轻骨料混凝土按用途分类

类别名称	混凝土强度等级的合理范围	混凝土密度等级的合理范围	用途
保温混凝土	CL5.0	≤800	主要用于保温的维护结构或热工的构筑物
结构保温轻骨料混凝土	CL5.0	800～1400	主要用于既承重又保温的维护结构
	CL7.5		
	CL10		
	CL15		
	CL20		
	CL25		
	CL30		
	CL35		
	CL40		

续表

类别名称	混凝土强度等级的合理范围	混凝土密度等级的合理范围	用途
轻骨料混凝土	CL45	1400～1900	主要用于承重构件或构筑物
	CL50		
	CL55		
	CL60		

轻骨料强度虽低于普通骨料，但轻骨料混凝土仍可达到较高强度。原因在于轻骨料表面粗糙而多孔，轻骨料的吸水作用使其表而呈低水灰比，提高了轻骨料与水泥石的界面黏结强度，使弱结合面变成了强结合面，混凝土受力时不是沿界面破坏，而是轻骨料本身先遭到破坏。对低强度的轻骨料混凝土，也可能是水泥石先开裂，然后裂缝向骨料延伸。因此，轻骨料混凝土的强度主要取决于轻骨料的强度和水泥石的强度。

（3）弹性模量与变形。

1）轻骨料混凝土的弹性模量小，一般为同强度等级普通混凝土的 50%～70%。这有利于改善建筑物的抗震性能和抵抗动荷载的作用。增加混凝土组分中普通砂的含量，可以提高轻骨料混凝土的弹性模量。

2）轻骨料混凝土的收缩和徐变比普通混凝土相应大 20%～50% 和 30%～60%，热膨胀系数比普通混凝土小 20% 左右。

（4）热工性。轻骨料混凝土具有良好的保温性能。当其表观密度为 1000kg/m³ 时，导热系数为 0.28W/（m·K）；当表观密度为 1400kg/m³ 和 1800kg/m³ 时，导热系数相应为 0.49W/（m·K）和 0.87W/（m·K）。当含水率增大时，导热系数也将随之增大。

3. 轻骨料混凝土的配合比设计及施工要点

（1）轻骨料混凝土的配合比设计除应满足强度、和易性、耐久性及经济等方面的要求外，还应满足表观密度的要求。

（2）轻骨料混凝土的水灰比以净水灰比表示，净水灰比是指不包括轻骨料 1h 吸水量在内的净用水量与水泥用量之比。配制全轻混凝土时，允许以总水灰比表示，总水灰比是指包括轻骨料 1h 吸水量在内的总用水量与水泥用量之比。

（3）轻骨料易上浮，不易搅拌均匀。因此，应采用强制式搅拌机，且搅拌时间要比普通混凝土略长一些。

（4）为减少混凝土拌合物坍落度损失和离析，应尽量缩短运距。拌合物从搅拌机卸料起到浇筑入模的延续时间不宜超过 45min。

（5）为减少轻骨料上浮，施工时最好采用加压振捣，且振捣时间以捣实为准，不宜过长。

（6）浇筑成型后应及时覆盖并洒水养护，以防止表面失水太快而产生网状裂缝。养护时间视水泥品种不同，应不少于 14d。

（7）轻骨料混凝土在气温 5℃ 以上的季节施工时，可根据工程需要，对轻粗骨料进行预湿处理，这样拌出的拌合物的和易性和水灰比比较稳定。预湿时间可根据外界气温和骨料的自然含水状态确定，一般应提前半天或一天对骨料进行淋水预湿，然后滤干水分进行投料。

◁))知识链接三：纤维混凝土

普通高强混凝土存在收缩变形大、抗裂性差且脆性大的缺点，掺加纤维是提高水泥混凝土抗裂性和韧性的有效方法。以普通混凝土组成的材料为基材，加入各种纤维而形成的复合材料，称为纤维混凝土。近年来，纤维混凝土在国内外发展很快，在工业、交通、国防、水利和矿山等工程建设中广泛应用。

1. 常用纤维及其作用

纤维的品种很多，通常使用的有钢纤维、玻璃纤维、有机合成纤维、碳纤维等，如图3-23所示。其中，钢、玻璃、石棉和碳等纤维为高弹性模量纤维，掺入混凝土中后，可使混凝土获得较高的韧性，并显著提高抗拉强度、刚度和承受动荷载的能力。而掺入尼龙、聚乙烯和聚丙烯等低弹性模量的纤维，主要作用是提高混凝土早期的抗裂性、增加韧性和抗冲击性能，对强度的贡献则很小。表3-35所列是典型纤维的性能。

图3-23 常见的纤维

表3-35 典型纤维的性能

纤维品种	抗拉强度（MPa）	弹性模量（GPa）	极限延伸率（%）	密度（g/m³）
钢纤维	380～1400	200～210	0.5～3.5	7.8
高强型 PAN 基碳纤维	3450～4000	230	1.0～1.5	1.6～1.7
高模量型 PAN 基碳纤维	2480～3030	380	0.5～0.7	1.6～1.7
通用型沥青基碳纤维	480～800	27.6～34.5	2.0～2.4	1.6～1.7
玻璃纤维	1950～2480	70～80	1.5～3.5	2.5
脂肪族聚酰胺纤维（尼龙纤维）（高韧性）	900～960	5.2	16～20	1.1
聚丙烯纤维（丙纶）				0.95
聚丙烯腈（高强，腈纶）	800～900	16～23	9～11	1.18
聚乙烯纤维（乙纶纤维，普通）	260	2.2	15	0.95
芳香族聚酰胺纤维（芳纶纤维）	2760～2840	600～117	2.3～4.4	1.44
高模量聚乙烯醇纤维（维纶）	1200～1500	30～35	5～7	1.3
普通聚乙烯醇纤维	600～650	5～7	16～17	1.3
改性聚乙烯醇纤维	800～850	11～12	11～12	1.3

根据纤维的体积掺量，纤维增强水泥基复合材料可分为以下3种：

（1）低掺量（<1%）纤维混凝土：纤维的作用是减少收缩裂缝，主要用于暴露表面大、易于产生收缩开裂的混凝土板和路面。

（2）中掺量（1%～2%）纤维混凝土：纤维的作用是使混凝土的断裂模量、韧性和抗冲击性能显著提高，多用于喷射混凝土以及要求能量吸收能力强，抗分层、剥落和耐疲劳的结构。

（3）高掺量（>2%）纤维混凝土：该种纤维混凝土具有应变硬化行为和极强的承受动载的能力，通常又称为高性能或超高性能纤维增强复合材料。

根据纤维的分布形式，纤维增强水泥基复合材料又分为定向纤维连续增强型和乱向短纤维增强型。前者纤维增强效率高，复合材料呈各向异性，常用于生产纤维增强板材或结构物的加固。三维乱向短纤维在混凝土中均匀分布，能抑制和阻止裂缝的引发和扩展，提高混凝土的抗裂性。短的微细纤维可有效抑制微裂纹的发展，长纤维可抑制加载后期较大宏观裂缝的扩展。纤维抑制裂缝扩展的示意图如图 3-24 所示。

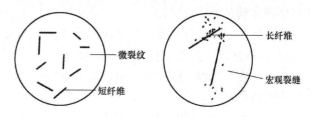

2. 钢纤维混凝土

由于钢纤维的弹性模量比混凝土高 10 倍以上，是最有效的增强材料

图 3-24　纤维抑制裂缝扩展示意图

之一，目前应用最广。钢纤维按外形不同可分为长直型、压痕型、波浪型、弯钩型、哑铃型及扭曲型等。按生产工艺不同，钢纤维又分为切断型、剪切型、铣削型及熔抽型等。

通常，钢纤维的直径为 0.3～1.2mm，长度为 15～60mm。钢纤维的长径比是重要的几何参数，是其长度与直径或等效直径之比，一般为 30～100。掺量按占混凝土体积的百分比计，一般为 0.5%～2.0%。

钢纤维混凝土的配合比与普通混凝土有所不同，它具有以下特点：

（1）砂率大，一般为 40%～50%。

（2）水泥用量较多，一般为 360～450kg/m³，且纤维体积率越高，水泥用量越大。应尽量采用高强度等级的水泥，以提高钢纤维与混凝土基体的黏结强度。

（3）粗骨料最大粒径要有限制，一般不大于 20mm，以 10～15mm 为宜。

（4）水灰比的确定必须考虑到纤维的含量、纤维形状及施工机械等因素，一般水灰比较低，在 0.4～0.5 之间，目的是增加基体混凝土的强度。

（5）为了减少水泥用量并提高混凝土拌合物的和易性，常需掺入粉煤灰和高效减水剂等。纤维加入混凝土中会降低新拌混凝土的工作性。纤维体积率越大，工作性下降越多。如将 1.5% 的钢纤维加入坍落度为 200mm 的混凝土拌合物中，坍落度将减小到 25mm。因此，对于纤维混凝土而言，不宜用坍落度评价其工作性，而应用维勃稠度试验结果来评价，一般为 15～30s。

对于低、中掺量钢纤维混凝土，其抗拉强度比普通混凝土提高 25%～50%，抗弯强度提高 40%～80%，而弯曲韧性比普通混凝土高 1 个数量级，钢纤维对混凝土的弹性模量、干燥收缩和受压徐变影响较小，但抗疲劳寿命显著提高，在各种物理因素作用下的耐久性（如耐冻融性、耐热性和抗气蚀性）也有显著提高。

钢纤维混凝土主要用于公路路面、桥面、机场跑道护面、水坝覆面、薄壁结构、柱头及桩帽等要求高耐磨、高抗冲击、结构受力复杂且易于开裂的部位、构件及国防工程。喷射钢纤维混凝土还可以用于隧道内衬和护坡加固。

3. 合成纤维混凝土

钢纤维对阻止硬化混凝土裂缝扩展有良好的效果，而合成纤维混凝土在解决混凝土早期塑性开裂、减少混凝土干燥收缩变形方面具有十分独特的作用。

合成纤维的品种较多，其中聚丙烯纤维（丙纶 PP）、聚乙烯醇纤维（维纶 PVA）、聚丙烯腈纤维（腈纶 FAN）、聚酯纤维（涤纶 PET）和聚酰胺纤维（锦纶 PA）等合成纤维属于低模量纤维；芳族聚酰胺纤维（芳纶 Kevlar、Nomcx）、超高分子量聚乙烯纤维及碳纤维等属于高模量纤维。高模量合成纤维因生产工艺复杂、产量小且成本高，除用于加固等特殊工程外，在土木工程中使用较少。一般为了提高混凝土早期抗裂性，使用价廉物美的低模量合成纤维就能满足工程要求。

合成纤维按形状分为单丝与束状单丝和膜裂网状几种；按粗细分为细纤维（直径为 10～99μm）和粗纤维（直径大于 0.1mm）两种。

纤维的直径越细，则根数越多，阻裂效果越明显。如果纤维的间距超过某临界值，纤维的阻裂效果则显著下降。

单丝或束状聚丙烯纤维、聚丙烯脂纤维的掺量一般为 0.5～1.5kg/m³，不宜超过 2kg/m³，否则将影响纤维的分散性和混凝土抗压强度。

◁)) 知识链接四：泵送混凝土的适用条件

泵送混凝土是指以混凝土泵为动力，通过管道将搅拌好的混凝土混合料输送到建筑物模板中。

泵送混凝土设计除了考虑工程设计所需的强度和耐久性外，还应考虑泵送工艺对混凝土拌合物的流动性和工作性要求。混凝土拌合物应具有好的流动性，不离析、不泌水，同时必须具有可泵性。

泵送混凝土所用粗骨料的最大粒径应不大于混凝土泵输送管径的 1/3，且应选用连续级配的骨料。高效减水剂掺入混凝土中，可明显提高拌合物的流动性，是泵送混凝土必不可少的组分。为了改善混凝土的可泵性，在配制泵送混凝土时可以掺入一定数量的粉煤灰。掺入粉煤灰不仅对混凝土的流动性和黏聚性有良好的作用，而且能减少泌水，降低水化热，还可提高硬化混凝土的耐久性。泵送混凝土的最小水泥用量应不低于 280kg/m³，砂率比普通混凝土高 7%～9%。

对于混凝土可泵性的评定和检验目前尚无统一的标准。一般来说，石子粒径适宜、流动性和黏聚性较好的塑性混凝土，其泵送性能也较好。泵送混凝土的坍落度一般宜在 100～130mm 之间，不应小于 50mm，不宜大于 200mm。坍落度太小，摩擦力大，混凝土泵易磨损，泵送时易发生堵管现象；坍落度太大，骨料易分离沉淀，使结构物上下部位质量不匀。

目前，德国生产的最大功率的混凝土泵，最大排量为 159m³/h，最大水平运距为 1600m，最大垂直运距为 400m。我国高 420.5m 的上海金贸大厦，泵送混凝土的一次泵送高度为 382m。用混凝土泵输送和浇筑混凝土，施工速度快，生产效率高，因此泵送混凝土在土木工程中应用非常广泛。

))) 知识链接五：碾压混凝土

碾压混凝土是一种含水率低，通过振动碾压施工工艺达到高密度、高强度的水泥混凝土。其特干硬性的材料特点和碾压成型的施工工艺特点，使碾压混凝土路面具有节约水泥、收缩小、施工速度快、强度高且开放交通早等技术经济上的优势。

碾压混凝土路面与普通水泥混凝土路面所用材料基本组成相同，均为水、水泥、砂、碎（砾）石及外掺剂；不同之处是碾压混凝土为用水量很少的特干硬性混凝土，比普通水泥混凝土节约水泥10%~30%。

碾压混凝土路面施工由拌和、运输、摊铺、碾压、切缝及养护等工序组成。混凝土拌和可采用间歇式或连续式强制搅拌机拌和；碾压混凝土路面摊铺采用强夯高密实度摊铺机摊铺；路面碾压作业由初压、复压和终压3个阶段组成。碾压工序是碾压混凝土路面密实成型的关键工序，碾压后的路面应平整、均匀，压实度应符合有关规定；切缝工序应在混凝土路面"不啃边"的前提下尽早锯切，切缝时间与混凝土配合比和气候状况有关，应通过试锯确定；在碾压工序及切缝后应洒水覆盖养护，碾压混凝土路面的潮湿养护时间与水泥品种、配合比和气候状况有关，一般养护时间为5~7d；碾压混凝土路面板达到设计强度后方可开放交通。

碾压混凝土路面与普通水泥混凝土路面相比，由于碾压混凝土的单位用水量显著减少（只需$100kg/m^3$），拌合物非常干硬，可用高密实度沥青摊铺机、振动压路机或轮胎压路机施工，成为一种新型的道路结构形式。

碾压混凝土所用的水泥一般与普遍混凝土路面所用水泥相同。美国已建成的碾压混凝土路面一直使用Ⅰ型或Ⅱ型硅酸盐水泥，日本也基本如此。碾压混凝土路面所用的水泥最好具有施工时间长（从拌和到铺筑的终了）、强度发展快、干缩比较小的特点。日本目前正在开发此类特性的水泥，有一种专供碾压混凝土用的低收缩性水泥，其收缩率为普通水泥的70%以下。据日本6个施工企业试用结果调查，采用此种低收缩性水泥，横缝间距可增加1.5~2倍；还有一种以碾压混凝土路面能早期开放交通为目的的新型水泥，用此种水泥制成的碾压混凝土在铺筑3h之后能通车，确认6h之后能开放交通。

))) 知识链接六：耐热混凝土

耐热混凝土是指能长期在高温（200~900℃）作用下保持所要求的物理和力学性能的一种特种混凝土。普通混凝土不耐高温，故不能在高温环境中使用。其不耐高温的原因是：水泥石中的氢氧化钙及石灰岩质的粗骨料在高温下均会产生分解，石英砂在高温下会发生晶型转化而产生体积膨胀，加之水泥石与骨料的热膨胀系数不同。所有这些均将导致普通混凝土在高温下产生裂缝，强度严重下降至破坏。

耐热混凝土是由适当的胶凝材料、耐热粗、细骨料及水（或不加水）按一定比例配制成的。根据所用胶凝材料不同，通常可分为以下几种。

1. 硅酸盐水泥耐热混凝土

硅酸盐水泥耐热混凝土是以普通水泥或矿渣水泥为胶结材料，耐热粗、细骨料采用山岩、玄武岩、重矿渣及黏土碎砖等，并以烧黏土、砖粉和磨细石英砂等作磨细掺合料，再加入适量的水配制而成。耐热磨细掺合料中的二氧化硅和三氧化二铝在高温下均能与氧化钙作用，生成稳定的无水硅酸盐和铝酸盐，它们能提高水泥的耐热性。普通水泥和矿渣水泥配制的耐热混凝土，其极限使用温度为 700～800℃。

2. 铝酸盐水泥耐热混凝土

铝酸盐水泥耐热混凝土是采用高铝水泥或低钙铝酸盐水泥、耐热粗细骨料、高耐火度磨细掺合料及水配制而成的。这类水泥在 300～400℃下其强度会发生急剧降低，但残留强度能保持不变。到 1000℃时，其中结构水全部脱出而烧结成陶瓷材料，则强度又将被提高。常用粗、细骨料有碎镁砖、烧结镁砂、矾土、镁铁矿和烧结土等。铝酸盐水泥耐热混凝土的极限使用温度为 1300℃。

3. 水玻璃耐热混凝土

水玻璃耐热混凝土是以水玻璃作胶结料，掺入氟硅酸钠作促硬剂，耐热粗、细骨料可采用碎铬铁矿、镁砖、铬镁砖、滑石和焦宝石等。磨细掺合料为烧黏土、镁砂粉和滑心粉等。水玻璃耐热混凝土的极限使用温度为 1200℃。施工时应注意的是，混凝土搅拌不加水，养护混凝土时禁止浇水，应在干燥环境中养护硬化。

4. 磷酸盐耐热混凝土

磷酸盐耐热混凝土是由磷酸铝和以高铝质耐火材料或锆英石等制备的粗、细骨料及磨细掺合料配制而成的，目前更多的是直接采用工业磷酸盐配制耐热混凝土。这种耐热混凝土具有高温韧性强、耐磨性好且耐火度高的特点，其极限使用温度为 1600～1700℃。磷酸盐耐热混凝土的硬化需在 150℃以上烘干，总干燥时间不少于 24h，并且硬化过程中不允许浇水。

耐热混凝土多用于高炉基础、焦炉基础、热工设备基础及围护结构、炉衬、烟囱等。

知识链接七：喷射混凝土

喷射混凝土是将一定配比的水泥、砂、石和外加剂等装入喷射机，在压缩空气下经管道混合输送到喷嘴处与高压水混合后，高速喷射到基面上，经层层喷射捣实凝结硬化而成的混凝土。

喷射混凝土宜采用硅酸盐水泥或普通硅酸盐水泥，遇到含有较高可溶性硫酸盐的地层或地下水的地方，应使用抗硫酸盐水泥。石子最大粒径不宜大于 20mm，砂宜用中粗砂，细度模数大于 25。砂子过细会使干缩增大，过粗则会增加回弹。用于喷射混凝土的外加剂有速凝剂、引气剂、减水剂和增稠剂等。

在喷射混凝土中掺入硅灰（浆体或干粉），不仅可以提高喷射混凝土的强度和黏着能力，而且可大大降低粉尘，减小回弹率。在喷射混凝土中掺入直径为 0.25～0.40mm 的钢纤维（1m³ 混凝土掺量为 80～100kg），可以明显改善混凝土的性能，抗拉强度可提高 50%～80%，抗弯强度提高 60%～100%，韧性提高 20～50 倍，抗冲击性提高 8～10 倍。此外，抗冻融能力、抗掺性、疲劳强度、耐磨和耐热性能都有明显的提高。

喷射混凝土具有较高的强度和耐久性，它与混凝土、砖石和钢材等有很高的黏结强度，且施工不用模板，是一种将运输、浇灌和捣实结合在一起的施工方法。这项技术已广泛用于地下工程、薄壁结构工程、维修加固工程、岩土工程、耐火工程和防护工程等土木工程领域。

知识链接八：防辐射混凝土

能遮蔽对人体有危害的 X 射线、γ 射线及中子辐射等的混凝土，称为防辐射混凝土。对有害辐射屏蔽的效果与辐射经过的物质的质量近似成正比，而与物质的种类无关。防辐射混凝土通常采用重骨料配制而成，混凝土的表观密度一般在 $3360\sim3840kg/m^3$ 之间，比普通混凝土高 50%。混凝土越重，防护辐射性能越好，且防护结构的厚度可减小。对中子流的防护，混凝土中除了应含有重元素（如铁）或原子序数更高的元素外，还应含有足够多的轻元素——氢和硼。

配制防辐射混凝土时，宜采用胶结力强、水化热较低且水化结合水量高的水泥，如硅酸盐水泥，最好使用硅酸钡、硅酸锶水泥。采用高铝水泥施工时需采取冷却措施。常用重骨料主要有重晶石（$BaSO$）、褐铁矿（$2Fe_2O_3 \cdot 3H_2O$）、磁铁矿（Fe_3O_4）、赤铁矿（Fe_2O_3）、碳酸钡矿及纤铁矿等。另外，掺入硼和硼化物及锂盐等，也可有效改善混凝土的防护性能。

防辐射混凝土用于原子能工业以及国民经济各部门应用放射性同位素的装置中，如反应堆、如速器和放射化学装置等的防护结构。

知识链接九：防水混凝土

采用水泥、砂、石或掺加少量外加剂、高分子聚合物等材料，通过调整配合比而配制成抗渗压力大于 $0.6MPa$，并具有一定抗渗能力的刚性防水材料，称为防水混凝土。

普通混凝土之所以不能很好地防水，主要是由于混凝土内部存在着渗水的毛细管通道。如能使毛细管减少或将其堵塞，混凝土的渗水现象就会大为减小。

1. 普通防水混凝土

普通防水混凝土是以调整配合比的方法来提高自身密实度和抗渗性的一种混凝土。通常普通混凝土主要根据强度配制，石子起骨架作用，砂填充石子的空隙，水泥浆填充骨料空隙，并将骨料结合在一起，而没有充分考虑混凝土的密实性。普通防水混凝土则是根据抗渗要求配制的，以尽量减少空隙为着眼点来调整配合比。在普通防水混凝土中，应保证有一定数量及质量的水泥砂浆，在粗骨料周围形成一定厚度的砂浆包裹层，把粗骨料彼此隔开，从而减少粗骨料之间的渗水通道，使混凝土具有较高的抗渗能力。水灰比的大小影响着混凝土硬化后空隙的大小和数量，并直接影响混凝土的密实性。因此，在保证混凝土拌合物工作性的前提下降低水灰比。选择普通防水混凝土配合比时，应符合以下技术规定：

（1）骨料最大粒径不宜大于 40mm。

（2）水泥强度等级为 32.5 级以上时，水泥用量不得少于 $300kg/m^3$，当水泥强度等级为 42.5 级以上，并掺有活性粉细料时，水泥用量不得少于 $280kg/m^3$。

（3）砂率宜为 35%～40%。

（4）灰砂比宜为 1：2.5～1：2.0。

（5）水灰比宜在 0.55 以下。

2. 外加剂防水混凝土

外加剂防水混凝土是在混凝土中掺入适当品种和数量的外加剂，隔断或堵塞混凝土中各种孔隙、裂缝及渗水通路，以达到改善抗渗性能的一种混凝土。常用的外加剂有引气剂、减水剂、三乙醇胺和氯化铁防水剂。

3. 膨胀水泥防水混凝土

用膨胀水泥配制的防水混凝土称为膨胀水泥防水混凝土。由于膨胀水泥在水化的过程，形成大量体积增大的水化硫铝酸钙，产生一定的体积膨胀，在有约束的条件下能改善混凝土的孔结构，使总孔隙率减少，毛细孔径减小，从而提高混凝土的抗渗性。

◁)) 知识链接十：绿化混凝土

绿化混凝土是指能够适应绿色植物生长、进行绿色植被的混凝土及其制品。绿化混凝土用于城市的道路两侧及中央隔离带、水边护坡、楼顶、停车场等部位，可以增加城市的绿色空间，调节人们的生活情绪，同时能够吸收噪声和粉尘，对城市气候的生态平衡也起到积极作用，是具有环保意义的混凝土材料。

传统的混凝土是一种密实、坚硬、强度类似于天然岩石的人造石材，所以长期以来主要用作结构物的承重材料。现代城市建设密度越来越大，空间和地面几乎都被色彩灰暗的混凝土材料所覆盖，人们生活在被钢筋混凝土填充的城市中，感到远离自然，缺少生活情趣，因此渴望回归自然，增加绿色空间。绿化混凝土正是在这种社会背景下开发出来的一种新型材料。

1. 绿化混凝土的类型及其基本结构

到目前为止，绿化混凝土共开发了 3 种类型，其基本结构和制作原理如下：

（1）孔洞型绿化混凝土块体材料。孔洞型绿化混凝土块体制品的实体部分与传统的混凝土材料相同，只是在块体材料的形状上设计了一定比例的孔洞，为绿色植被提供空间。

图 3-25　拼装铺筑的绿化混凝土地面

施工时，将块体材料拼装铺筑，形成部分开放的地面，如图 3-25 所示。由这种绿化混凝土块铺筑的地面有一部分面积与土壤相连，在孔洞之间可以进行绿色植被，增加城市的绿色面积。这类绿化混凝土块适用于停车场及城市道路两侧树木之间。但是这种地面的连续性较差，且只能预制成制品进行现场拼装，不适合大面积、大坡度及连续型的绿化。目前，这种产品在我国已有应用。

（2）多孔连续型绿化混凝土。连续型绿化混凝土以多孔混凝土作为骨架结构，内部存在着一定量的连通孔隙，为混凝土表面的绿色植物提供根部生长、吸取养分的空间。这种混凝土由以下 3 个要素构成：

1）多孔混凝土骨架。由粗骨料和少量的水泥浆体或砂浆构成，是绿化混凝土的骨架部分。一般要求混凝土的孔隙率达到 18%～30%，且要求孔隙尺寸大孔隙连通，有利于为植物的根部提供足够的生长空间，以及肥料等填充在孔隙中为植物的生长提供养分。由于其内比表面积较大，可在较短龄期内溶出混凝土内部的氢氧化钙，从而降低混凝土的碱性，有利于植物的生长。为了促进碱性物质的快速溶出，可在使用前放置一段时间，利用自然碳化低碱度或掺入高炉矿渣等掺合料，利用火山灰与水泥水化产物的二次水化，以减少内部氢氧化钙的含量，也可以使用树脂类胶凝材料代替水泥浆。

2）保水性填充材料。在多孔混凝土的孔隙内填充保水性的材料和肥料，植物的根部生长深入到这些填充材料之内，吸取生长所必要的养分和水分。如果绿化混凝土的下部是自然的土壤，保水性填充材料就能够把土壤中的水分和养分吸收进来，以供植物生长所用。

保水性填充材料由各种土壤的颗粒、无机的人工土壤以及吸水性的高分子材料配制而成。

3）表层客土。在绿化混凝土的表面铺设一薄层客土，为植物种子发芽提供空间，同时防止混凝土硬化体内的水分蒸发过快，并供给植物发芽后初期生长所需的养分。为了防止表层客土的流失，通常在土壤中拌入黏结剂，采用喷射施工将土壤浆体黏附在混凝土的表面。

这种连续型多孔绿化混凝土适合大面积、现场施工的绿化工程。尤其是大型土木工程之后的景观修复。作为护坡材料，基体混凝土具有一定的强度和连续型，同时能够生长绿色植物。采用绿化混凝土技术实现了人工和自然的和谐统一。

（3）孔洞型多层结构绿化混凝土块体材料。如图3-26所示，采用多孔混凝土并施加孔洞、多层板复合制成的绿化混凝土块体材料。上层为孔洞型多孔混凝土板，在多孔混凝土板上均匀地设置直径约为10mm的孔洞，多孔混凝土板本身的孔隙率为20%左右，强度约为10MPa；底层是不带孔洞的多孔混凝土板，孔径及孔隙率小于上层板，做成凹槽形。上层与底层复合，中间形成一定空间的培土层。上层的均布小孔洞为植物生长孔，中间的培土层

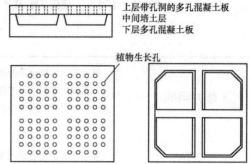

图3-26　孔洞型多层结构绿化混凝土块体材料

填充土壤及肥料、蓄积水分，为植物提供生长所需的营养和水分。这种绿化混凝土制品多数应用在城市楼房的阳台、院墙顶部等不与土壤直接连接的部位，增加城市的绿色空间，以美化环境。

2. 绿化混凝土的性能

（1）植物生长功能。绿化混凝土最主要的功能是能够为植物的生长提供条件。而普通的混凝土质地坚硬，不透水、不透气，完全不符合植物生长的条件。为了实现植物生长功能，就必须使混凝土内部具有一定的空间，填充适合植物生长的材料。为此绿化混凝土应具有20%~30%的孔隙率，且孔径越大，越有利于植物的生长。

（2）强度。由于绿化混凝土具有较高的孔隙率，所以其抗压强度较低，一般基本混凝土的抗压强度在10~20MPa的范围以内。

（3）胶凝材料的种类。普通硅酸盐水泥水化之后呈碱性，对植物生长不利。所以应尽量选用掺矿物掺合料的水泥，或在植被之前自然放置一段时间，使其自然碳化，降低混凝土的碱度。

（4）表层客土。为了使植物种子最初有栖息之地，表层客土必不可少。一般表层客土的厚度为3~6cm。

（5）耐久性。由于绿化混凝土具有较多、较大的孔隙，所以用于寒冷地区要进行抗冻性试验。目前，国际上采用较多的抗冻试验方法为ASTMC666A法（水中冻结水中融解法）和B法（气中冻结水中融解法）。

项目四　建筑砂浆性能检测与应用

能力目标	通过学生完成设定的砌筑砂浆配合比设计及检测项目、抹面砂浆与装饰砂浆设计项目和其他砂浆在建筑工程中的应用项目，使学生掌握建筑砂浆专业知识，了解建筑砂浆的基本内容，并在项目完成及展示过程中，通过团队分工，培养学生的执行能力和沟通能力
知识目标	本章主要讲述建筑砂浆的组成材料、技术性质，砌筑砂浆配合比设计、抹面砂浆与装饰砂浆的应用及其他品种的砂浆。 要求学生重点掌握建筑砂浆的组成及其质量要求；掌握建筑砂浆的强度、沉入度、保水率、耐久性以及砌筑砂浆和抹面砂浆的性能和应用；掌握砌筑砂浆的配合比设计方法；掌握一般抹面工程用砂浆的配合比设计、施工及质量验收；了解其他品种的砂浆
能力训练任务	根据工程环境选择合适的建筑砂浆的种类及原材料，能够进行砂浆配合比设计并对其技术性质进行检测

单元项目一　砌筑砂浆配合比设计及检测

⭐ **任务描述**

每组学生通过项目任务，主要完成砌筑砂浆配合比设计及检测，熟悉并掌握砌筑砂浆在实际工程中的应用。针对不同学习小组给出不同条件下的工程条件，依据实际工程对砂浆的技术要求，来确定砌筑砂浆的种类，进行配合比设计，并在实验室完成原材料、砌筑砂浆技术性能的检测。

任务一：根据工程环境选择适合的砌筑砂浆的种类、确定原材料的选择范围。

任务二：根据不同工程资料，进行混合砂浆、水泥砂浆的配合比设计。

任务三：在实验室完成砂、水泥、建筑砂浆的技术性质检测。

各小组选用不同的工程背景，具体工程概况如下：

小组一：

安徽省某大学4号学生公寓楼工程，工程结构类型为框架-剪力墙结构，建筑层数为地上18层，建筑总面积为12 390m²，建筑总高度为61.45m，建筑层高为3.3m，工程采用深基坑工程，基坑支护设计为人工挖孔混凝土灌注桩及锚杆、自然放坡和土钉墙支体系。该工程砌体填充墙标高±0.000m以下均采用MU20的混凝土砌块，砌筑砂浆强度为M15。

现针对砌体工程选择适宜的砂浆种类、确定砂浆配合比，并针对主要的原材料及砌筑砂浆进行性能检测。

小组二：

庐阳区某小区C区工程位于合肥市，总建筑面积为19.5万 m²，共12个单体工程，地下一层为地下车库，为人防地下车库，建筑高度95.7m，该项目为一类高层建筑，结构类型为钢筋混凝土剪力墙结构，耐火等级为一级，抗震设防烈度为七度，设计使用年限50年。该工程砌体填充墙标高±0.000m以下均采用M10的煤矸石空心砖、M5水泥砂浆砌筑；标高±0.000m以上均采用MU5.0煤矸石空心砖、M5混合砂浆砌筑。墙厚按建筑平面图所注尺寸，非承重煤矸石空心砖的容重不大于950kg/m³，施工质量不低于B级。电梯间墙体采用MU3.5煤矸石空心砖、M5混合砂浆砌筑。

现针对砌体工程选择适宜的砂浆种类、确定砂浆配合比，并针对主要的原材料及砌筑砂浆进行性能检测。

小组三：

青岛某小区二期工程总建筑面积66 782m²。基础采用钻孔灌注桩，主体结构形式为钢筋混凝土框架 - 剪力墙结构体系。本工程地下1层、地上33层，地上建筑面积28020m²、地下4971m²。建筑总高度室外地面至檐口高度97.20m。填充墙砌块及砌筑材料主要有：

（1）地下室内：MU10粉煤灰多孔砖、M7.5砂浆砌筑。

（2）+0.000m以上外墙：240mm厚MU10粉煤灰多孔砖、M7.5混合砂浆砌筑。

（3）+0.000m以上内墙：MU10粉煤灰多孔砖、M5专用砌筑砂浆砌筑。

（4）顶层内粉刷抹灰砂浆中掺入抗裂纤维。顶层砌体砌筑砂浆的强度等级为M7.5。填充墙砌体施工质量控制等级为B级。

现针对砌体工程选择适宜的砂浆种类、确定砂浆配合比，并针对主要的原材料及砌筑砂浆进行性能检测。

小组四：

绍兴某小区为框剪结构，基础类型为桩筏式基础，设计使用年限50年。该工程建筑单体室内地坪标高±0.000m相当于黄海高程5.550m。一层结构层高3.9m，标准层层高2.9m。二次浇筑构件（构造柱、压顶、窗台板、过梁等）混凝土强度等级为C20，地面以下或防潮层以下砌体采用MU15蒸压灰砂砖、M7.5水泥砂浆砌筑。地面以上外填充墙采用MU5混凝土小型空心砖（双排孔）砌筑，地面以上内填充墙采用蒸压加气混凝土砌块砌筑。该工程所有砂浆均采用预拌砂浆，室内墙体抹灰砂浆强度等级为M5.0，室外墙体抹灰砂浆强度等级为M7.5。所使用钢筋种类分别为HPB235、HRB335、HRB400。

现针对砌体工程选择适宜的砂浆种类、确定砂浆配合比，并针对主要的原材料及砌筑砂浆进行性能检测。

小组五：

烟台某居住小区1号楼及地下车库工程，位于烟台市福山区，属于民用建筑。该工程除钢筋混凝土墙外，均采用200、100mm厚加气混凝土砌块砌筑。加气砌块的强度等级不低于A3.5，B06，采用砂浆强度等级不低于M5；与水、土直接接触时，蒸压灰砂砖的强度等级为MU20，采用砂浆强度等级不低于DM10。卫生间等有水房间的墙体要求先浇筑300mm高的C20素混凝土反坎（建筑面层以上200mm高）。根据烟台市建筑工程质量监督站要求，现场用砌筑砂浆全部采用预拌砂浆，禁止现场搅拌。

现针对砌体工程选择适宜的砂浆种类、确定砂浆配合比，并针对主要的原材料及砌筑砂浆进行性能检测。

小组六：

兰州某社区安置房一期工程为剪力墙结构，主体地上为 33 层，地下 1 层，建筑高度为 97.900m。局部框架结构，1～5 层为裙房，局部 6 层，建筑高度为 23.400m。基础形式为泥浆护壁冲孔灌注桩、承台梁式基础。该工程建筑总面积 59 811.96m²，其中地下建筑面积 6539.79m²，地上住宅建筑面积 28 389.82m²，建筑基底面积 4495.55m²。设计合理使用年限为 50 年；该工程工期为 600d，工程质量确保为合格。该工程地面以上外墙，楼梯间墙、外墙为 120mm 厚，隔墙采用（KP1 型）MU10 烧结多孔砖、M5 混合砂浆砌筑，其余 240（或 180）mm 厚，内墙均采用 500 级加气混凝土砌块、M5 混合砂浆砌筑，也可采用其他轻质材料（容重≤6kN/m³），但应经结构设计人员同意。

现针对砌体工程选择适宜的砂浆种类、确定砂浆配合比，并针对主要的原材料及砌筑砂浆进行性能检测。

任务分析

砌筑砂浆是指将砖、石、砌块等黏结成为砌体的砂浆。常用的砌筑砂浆有水泥砂浆、水泥混合砂浆和石灰砂浆等。水泥砂浆是由水泥和砂子按一定比例混合搅拌而成，可以配制强度较高的砂浆，一般应用于基础、长期受水浸泡的地下室和承受较大外力的砌体。石灰砂浆是由石灰膏和砂子按一定比例搅拌而成的砂浆，完全靠石灰的气硬性获得强度。水泥混合砂浆一般由水泥、石灰膏、砂子拌和而成，一般用于地面以上的砌体。水泥混合砂浆由于加入了石灰膏，改善了砂浆的和易性，易于施工，能够提高砌体密实度和工作效率。

砌筑砂浆需承担荷载作用，除了满足必要的施工和易性外，对强度也有一定的要求。对于强度，多层房屋的墙一般采用强度等级为 M5 的水泥石灰砂浆；砖柱、砖拱、钢筋砖过梁等一般采用强度等级为 M5～M10 的水泥砂浆；砖基础一般采用不低于 M5 的水泥砂浆；低层房屋或平房可采用石灰砂浆；简易房屋可采用石灰黏土砂浆。

各小组需要根据不同的环境条件确定砌筑砂浆的种类、原材料的基本技术性质要求，通过对不同的砌筑砂浆采用不同的配合比设计，确定合适的施工配合比。

任务实施

学生根据教师提供的背景资料，并利用图书馆、网络等多种途径获取信息和资料，组织学习和探究，整理和归纳信息资料。学生自由组队，一般以 5～6 人为一组，制订学习计划并进行分工合作，完成教师制定的学习任务。在课堂上，学生以团队形式进行汇报，展示学习成果，并由其他团队及教师进行点评。

知识链接

知识链接一：建筑砂浆

建筑砂浆是指由无机胶凝材料、细骨料、掺合料、水以及根据性能确定的各种组分按适当比例配合、拌制并经硬化而成的工程材料。建筑砂浆在土木工程中应用广泛，可用于结构工程与装饰工程中，主要起黏结、衬垫和传递应力的作用。

根据用途不同，建筑砂浆可分为砌筑砂浆、抹面砂浆、装饰砂浆、特种砂浆（如隔热砂浆、耐腐蚀砂浆、吸声砂浆、防水砂浆等）。

根据所用的胶凝材料不同，建筑砂浆分为水泥砂浆、石灰砂浆、石膏砂浆、混合砂浆和聚合物水泥砂浆等。常用的混合砂浆有水泥石灰砂浆、水泥黏土砂浆和石灰黏土砂浆。

根据生产条件可以分为施工现场拌制的砂浆和由专业生产厂生产的商品砂浆。商品砂浆是未来建筑砂浆的发展趋势，现有商品砂浆可以分为湿拌砂浆或干混砂浆。湿拌砂浆是指水泥、细骨料、保水增稠材料、外加剂和水以及根据需要掺入的矿物掺合料等组分按一定比例，在搅拌站经计量、拌制后，采用搅拌运输车运送至使用地点，放入专用容器储存，并在规定时间内使用完毕的砂浆拌合物。干混砂浆是指经干燥筛分处理的细骨料与水泥、保水增稠材料以及根据需要掺入的外加剂、矿物掺合料等组分按一定比例在专业生产厂混合而成的固态混合物，在使用地点按规定比例加水或配套液体拌和使用。

🔊))知识链接二：砌筑砂浆的组成材料▐

砌筑砂浆是指将砖、石、砌块等块材经砌筑成为砌体，起黏结、衬垫和传力作用的砂浆。砌筑砂浆由水泥、细骨料和水，以及根据需要加入的石灰、活性掺合料或外加剂组成，根据胶凝材料不同，可以分为水泥砂浆、石灰砂浆和水泥混合砂浆等。

水泥砂浆可以配制强度较高的砂浆，一般应用于基础、长期受水浸泡的地下室和承受较大外力的砌体。石灰砂浆由石灰凝结硬化后产生强度。混合砂浆一般由水泥、石灰膏、砂子拌和而成，一般用于地面以上的砌体。混合砂浆由于加入了石灰膏，改善了砂浆的和易性，施工方便，有利于提高砌体密实度。

胶凝材料、细骨料、水、掺合料及外加剂均是组成建筑砂浆的重要材料。为确保建筑砂浆的质量，配制砂浆的各组成材料均应满足一定的技术要求，其相关指标应符合有关规定，且不得对环境有污染和对人体有害。

1. 胶凝材料

水泥是砌筑砂浆的主要胶凝材料。常用的水泥品种有硅酸盐水泥、普通硅酸盐水泥、矿渣水泥、火山水泥、粉煤灰水泥等，一般宜选用硅酸盐水泥，且应符合现行国家标准《通用硅酸盐水泥》（GB 175）和《砌筑水泥》（GB/T 3183）的规定。水泥强度等级应根据砂浆品种及强度等级的要求进行选择。M15 及以下强度等级的砌筑砂浆宜选用 32.5 级的通用硅酸盐水泥或砌筑水泥；M15 以上强度等级的砌筑砂浆宜选用 42.5 级通用硅酸盐水泥。

由于砂浆强度等级要求不高，因此一般选用中、低强度等级的水泥即能满足要求。若水泥强度等级过高，水泥用量少，但会影响砂浆的和易性。为了提高砂浆可塑性，可通过掺加石灰膏、黏土膏、粉煤灰或有机塑化物来改善砂浆的和易性。

对于有特殊用途的砂浆，可选用特种水泥或聚合物。

2. 骨料

砌筑砂浆用砂应符合规范的规定，且砂的最大粒径应通过 5mm 筛孔。采用天然砂时，宜选用中砂。抹面砂浆的最大粒径应通过 2.5mm 筛孔。人工砂及混合砂应符合相应的技术规程。

砂要求坚固、清洁、级配适宜，最大粒径通常应控制在砂浆厚度的 1/5～1/4，使用前必须过筛。砂中的含泥量应有所控制，水泥砂浆、混合砂浆的强度等级不小于 M5 时，含泥量应不大于 5%；强度等级小于 M5 时，含量应不大于 10%。当使用细砂配制砂浆时，砂的含泥量应经试验来确定。

施工过程中按批量取样检验，合格后方可使用。砂进厂时应具有质量证明文件，应按不同品种、规格进行堆放，不得混杂。在其装卸及存储过程中，应采取措施，使砂颗粒级配均匀，保持洁净，严禁混入影响砂浆性能的有害物质。

3. 掺合料

为了改善砂浆的和易性和节约水泥用量，可在拌制的砂浆中加入一些无机的细颗粒掺合料，如石灰膏、黏土膏和粉煤灰等。砌筑砂浆所用石膏必须满足规定的要求，且要经过一定时间的陈伏，粉煤灰经磨细后使用效果更好。

4. 外加剂

外加剂是指在拌制砂浆的过程中掺入，用以改善砂浆性能的物质。为使砂浆具有良好的和易性和其他施工性能，可在砂浆中掺入外加剂（如引气剂、减水剂、早强剂、缓凝剂和防冻剂等），外加剂的品种和掺量及物理力学性能等都应通过试验确定。

5. 水

凡符合国家标准的饮用水，均可直接用于拌制砂浆。当采用其他来源水时，必须先进行检验，未经试验鉴定的非洁净水、生活污水、工业废水均不能拌制砂浆及养护砂浆。

🔊)) 知识链接三：砌筑砂浆的技术性质 ▎

砌筑砂浆的技术性质主要包括新拌砂浆的和易性、硬化砂浆的强度和强度等级、砂浆的黏结力、砂浆的变形性和硬化砂浆的耐久性。配制出来的砂浆应满足要求的和易性，满足砂浆品种和强度等级要求，并应具有足够的黏结力。

1. 和易性

和易性是指新拌制砂浆的工作性，即在施工中易于操作且能保证工程质量的性质，包括流动性和保水性两方面。和易性好的砂浆，在运输和操作时，不会出现分层、泌水等现象，而且容易在粗糙的砖、石、砌块表面上铺成均匀的薄层，保证灰缝既饱满，又密实，能够将砖、石、砌块很好地黏结成整体，而且可操作的时间较长，有利于施工操作。

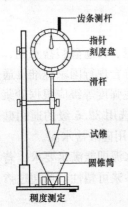

图 4-1　砂浆稠度仪测定

（1）流动性。砂浆的流动性又称稠度，是指砂浆在自重或外力作用下流动的性能。

砂浆流动性一般可由施工操作经验来确定。实验室用砂浆稠度仪测定，如图 4-1 所示。标准圆锥体在砂浆中的贯入深度称为沉入度，单位用 mm 表示。沉入度越大，表示砂浆的流动性越好。

砂浆流动性的选择主要与砌体种类、施工方法及天气情况有关。流动性过大，砂浆太稀，不仅铺砌困难，而且硬化后干缩变形大，强度降低；流动性过小，砂浆太稠，难以铺砌。一般情况下多孔吸水的砌体材料或干热的天气，砂浆的流动性应大些；而密实不吸水的材料或湿冷的天气，其流动性应小些。砂浆流动性可按表 4-1 选用。

表 4-1　　　　　　　　　　　　　砌筑砂浆的施工稠度

砌 体 种 类	砂浆稠度（mm）
烧结普通砖砌体、粉煤灰砌体	70～90
混凝土砖砌体、灰砂砖砌体、普通混凝土小型空心砌块砌体	50～70
烧结多孔砖砌体、烧结空心砖砌体、轻骨料混凝土小型空心砌块砌体、蒸压加气混凝土砌块砌体	60～80
石砌体	30～50

（2）保水性。新拌砂浆能够保持水分的能力称为保水性。保水性也指砂浆中各项组成材料不易离析的性质，即搅拌好的砂浆在运输、存放、使用的过程中，砂浆中的水与胶凝材料及骨料分离快慢的性质。保水性良好的砂浆水分不易流失，易于摊铺成均匀密实的砂浆层；反之，保水性差的砂浆，易出现泌水、分层离析，同时由于水分易被砌体吸收，影响水泥的正常硬化，降低砂浆的黏结强度。

砂浆保水性可用分层度或保水率评定，考虑到我国目前砂浆品种日益增多，有些新品种砂浆用分层度试验来衡量砂浆各组分的稳定性或保持水分的能力已不太适宜，而且在砌筑砂浆实际试验应用中与保水率试验相比，分层度试验难操作、可复验性差且准确性低，所以在《砌筑砂浆配合比设计规程》（JGJ/T 98—2010）中取消了分层度指标，规定用保水率衡量砌筑砂浆的保水性。砂浆保水率是指用规定稠度的新拌砂浆，按规定的方法进行吸水处理，吸水处理后砂浆中保留的水的质量，用占原始水量的质量百分数来表示。砌筑砂浆的保水率要求见表 4-2。

表 4-2 砌筑砂浆的保水率

砌筑砂浆品种	水泥砂浆	水泥混合砂浆	预拌砌筑砂浆
保水率（%）	≥80	≥84	≥88

2. 强度

砂浆硬化后成为砌体的组成之一，应能与砌体材料结合、传递和承受各种外力，使砌体具有整体性和耐久性。因此，砂浆应具有一定的抗压强度、黏结强度、耐久性及工程所要求的其他技术性质。

（1）抗压强度和强度等级。砂浆强度是以边长为 70.7mm×70.7mm×70.7mm 的立方体试块，在温度为（20±3）℃，一定湿度下养护 28d 所测得的极限抗压强度。砌筑砂浆按抗压强度划分为若干强度等级。水泥砂浆及预拌砂浆的强度等级分为 M30、M25、M20、M15、M10、M7.5、M5，水泥混合砂浆的强度等级分为 M15、M10、M7.5、M5。

（2）砂浆抗压强度的影响因素。砂浆不含粗骨料，是一种细骨料混凝土，因此有关混凝土的强度规律，原则上也适用于砂浆。影响砂浆抗压强度的主要因素是胶凝材料的强度和用量，此外，水灰比、骨料状况、砌筑层（砖、石、砌块）吸水性、掺合材料的品种及用量、养护条件（温度和湿度）都会对砂浆的强度有影响。

1）用于砌筑不吸水基底的砂浆。用于黏结吸水性较小、密实的底面材料（如石材）的砂浆，其强度取决于水泥强度和水灰比，与混凝土类似，计算公式如下

$$f_{m,o} = Af_{ce}\left(\frac{C}{W} - B\right) \qquad (4-1)$$

式中　$f_{m,o}$——砂浆 28d 的试配抗压强度（试件用有底试模成型），MPa；

f_{ce}——水泥 28d 的实测抗压强度，MPa；

$\dfrac{C}{W}$——灰水比；

A、B——经验系数，可根据试验资料统计确定，若无试验资料，可取 $A=0.29$、$B=0.4$。

2）砌筑多孔吸水基底的砂浆。用于黏结吸水性较大的底面材料（如砖、砌块）的砂浆，

砂浆中一部分水分会被底面吸收，由于砂浆必须具有良好的和易性，即使用水量不同，经底层吸水后，留在砂浆中的水分也大致相同，可视为常量。在这种情况下，砂浆的强度取决于水泥强度和水泥用量，可不必考虑水灰比，可用以下经验公式计算：

$$f_{m,o} = \frac{\alpha f_{ce} Q_c}{1000} + \beta \qquad (4-2)$$

式中　$f_{m,o}$——砂浆的试配强度（试件用无底试模成型），精确至 0.1，MPa；

　　　f_{ce}——水泥的实测强度值，MPa；

　　　Q_c——每立方米砂浆的水泥用量，精确至 1，kg；

　　　α、β——砂浆的特征系数，其中 $\alpha=3.03$、$\beta=-15.09$，也可由当地的统计资料计算
　　　　　　获得。

　　3. 黏结力

　　砌体是通过砂浆把块状材料黏结成为整体的，砂浆应具有一定的黏结力。砂浆的抗压强度越高，其黏结力也越大。此外，砂浆的黏结力与墙体材料的表面状态、清洁程度、湿润情况以及施工养护条件等都有关系。

　　砌筑砂浆的黏结力直接关系砌体的抗震性能和变形性能。而掺入聚合物的水泥砂浆，其黏结强度有明显提高，所以砂浆外加剂中常含有聚合物组分。我国古代在石灰砂浆中掺入糯米汁、黄米汁也是为了提高砂浆黏结力。

　　聚合物砂浆与普通砂浆相比，抗拉强度高、弹性模量低、干缩变形小、抗冻性和抗渗性好、黏结强度高，具有一定的弹性，抗裂性能好，这对解决砌体裂缝、渗漏、空鼓、脱落等质量通病非常有利。

　　4. 变形性

　　砂浆在承受荷载以及温度和湿度发生变化时，均会发生变形。如果变形过大或不均匀，就会引起开裂。例如抹面砂浆若产生较大收缩变形，会使面层产生裂纹或剥离等质量问题。因此要求砂浆具有较小的变形性。

　　砂浆变形性的影响因素很多，有胶凝材料的种类和用量、用水量、细骨料的种类和质量以及外部环境条件等。

　　（1）结构变形对砂浆变形的影响。砂浆属于脆性材料，墙体结构变形会引起砂浆裂缝。当地基不均匀沉降、横墙间距过大，砖墙转角应力集中处未加钢筋、门窗洞口过大，变形缝设置不当等原因而使墙体因强度、刚度、稳定性不足而产生结构变形，超出砂浆允许变形值时，砂浆层开裂。

　　（2）温度变化对砂浆变形的影响。温度变化导致建筑材料膨胀或收缩，但不同材质有不同的温度系数和变形应力。热膨胀在界面产生温度应力，一旦温度应力大于砂浆抗拉强度，将使材料发生相对位移，导致砂浆产生裂缝。暴露在阳光下的外墙砂浆层的温度往往会超过大气温度，加上昼夜和寒暑温差的变化，产生较大的温度应力，砂浆层产生温度裂缝，虽然裂缝较为细小，但如此反复，裂纹会不断地扩大。

　　（3）湿度变化对砂浆变形的影响。外墙抹面砂浆长期裸露在空气中，往往因湿度的变化而膨胀或收缩。砂浆的湿度变形与砂浆含水量和干缩率有关。由湿度引起的变形中，砂浆的干缩速率是一条逆降的曲线，初期干缩迅速，时间长会逐渐减缓。虽然湿度变化造成的收缩是一种干湿循环的可逆过程，但膨胀值是其收缩值的 1/9，当收缩应力大于砂浆的抗拉强度

时，砂浆必然产生裂缝。

砌筑工程中，不同砌体材料的吸水性差异很大，砌体材料的含水率越大，干燥收缩越大。砂浆若保水性不良，用水量较多，砂浆的干燥收缩也会增大。而砂浆与砌体材料的干缩变形系数不同，在界面上会产生拉应力，引起砂浆开裂，降低抗剪强度和抗震性能。

实际工程中，可通过掺加抗裂性材料，提高砂浆的塑性、韧性，来改善砂浆的变形性能。如配制聚合物水泥砂浆、阻裂纤维水泥砂浆（以水泥砂浆为基体，以非连续的短纤维或者连续的长纤维作增强材料所组成的水泥基复合材料）、膨胀类材料抗裂砂浆等。

5. 耐久性

硬化后的砂浆要与砌体一起经受周围介质的物理化学作用，因而砂浆应具有一定的耐久性。试验证明，砂浆的耐久性随抗压强度的增大而提高，即它们之间存在一定的相关性。防水砂浆或直接受水和受冻融作用的砌体，对砂浆还应有抗渗和抗冻性要求。在砂浆配制中除控制水灰比外，还常加入外加剂来改善抗渗和抗冻性能，如掺入减水剂、引气剂及防水剂等，并通过改进施工工艺，填塞砂浆的微孔和毛细孔，增加砂浆的密实度。砌筑砂浆的抗冻性要求见表 4-3。

表 4-3   砌筑砂浆的抗冻性要求

使用条件	抗冻指标	质量损失率（%）	强度损失率（%）
夏热冬暖地区	F15		
夏热冬冷地区	F25	$\leqslant 5$	$\leqslant 25$
寒冷地区	F35		
严寒地区	F50		

砂浆与混凝土相比，只是在组成上没有粗骨料，因此砂浆的搅拌时间、使用时间对砂浆的强度有影响。砌筑砂浆应采用机械搅拌，搅拌要均匀。《砌体结构工程施工质量验收规范》（GB 50203—2011）规定：水泥砂浆和水泥混合砂浆的搅拌时间不得少于120s；水泥粉煤灰砂浆和掺用外加剂的砂浆搅拌时间不得少于180s；掺液体增塑剂的砂浆，应先将水泥、砂干拌30s混合均匀后，再将混有增塑剂的水溶液倒入干混料中继续搅拌，搅拌时间为210s；掺固体增塑剂的砂浆，应将水泥、砂和增塑剂干拌30s混合均匀后，再将水倒入继续搅拌210s。有特殊要求时，搅拌时间或搅拌方式可按产品说明书的技术要求确定。工厂生产的预拌砂浆及加气混凝土砌块专用黏结砂浆的搅拌时间应按企业技术标准确定或产品说明书采用。

砂浆应随拌随用，必须在 4h 内使用完毕，不得使用过夜砂浆。试验资料表明，5MPa强度的过夜砂浆，强度只能达到 3MPa；2.5MPa 强度的过夜砂浆只能达到 1.4MPa。

◁))知识链接四：砌筑砂浆配合比设计

1. 砌筑砂浆配合比设计的基本要求

砌筑砂浆配合比设计的基本要求包括以下几个方面：

（1）满足砂浆拌合物的和易性要求。

（2）满足砂浆强度要求，即应满足结构设计和施工过程中所要求的强度。

（3）满足砂浆耐久性的要求，即应满足砂浆抗渗性、抗冻性、抗裂性等方面的要求。

(4) 在保证上述三方面要求的前提下，做到节省水泥，合理使用原材料，取得较好的砂浆的经济性。砌筑砂浆配合比设计应根据原材料的性能、砂浆技术要求、块体种类及施工水平进行计算或查表选择，并应经试配、调整后确定。

砂浆配合比用每立方米砂浆中各种材料的用量来表示。砌筑砂浆应根据工程类别及砌体部位的设计要求来选择砂浆的类别与强度等级，再按砂浆强度等级确定其配合比。

2. 水泥混合砂浆配合比计算

砂浆强度等级确定后，一般可以通过查有关资料或手册来选取砂浆配合比。如需计算及试验，较精确地确定砂浆配合比，可采用《砌筑砂浆配合比设计规程》（JGJ/T 98—2010）中的设计方法，按照下列步骤进行：

(1) 确定砂浆的试配强度。

1）砂浆试配强度按式（4-3）确定：

$$f_{m,o} = kf_2 \tag{4-3}$$

式中　$f_{m,o}$——砂浆的试配强度，精确至 0.1MPa；

　　　f_2——砂浆抗压强度平均值（即设计强度等级值），精确至 0.1MPa；

　　　k——系数，按表 4-4 取值。

2）砂浆强度等级的选择。砌筑砂浆的强度等级应根据工程类别及砌体部位选择。在一般建筑工程中，办公楼、教学楼及多层住宅等工程宜用 M5～M15 的砂浆；特别重要的砌体才使用 M15 以上的砂浆。

3）砂浆现场强度标准差的确定。当近期同一品种砂浆强度资料充足时，现场标准差 σ 按数理统计方法算得；当不具有近期统计资料时，现场标准差 σ 按表 4-4 取用。

表 4-4　砌筑砂浆强度标准差 σ 及 k 值　　　　MPa

施工水平	σ							k
	M5	M7.5	M10	M15	M20	M25	M30	
优良	1.00	1.50	2.00	3.00	4.00	5.00	6.00	1.15
一般	1.25	1.88	2.50	3.75	5.00	6.25	7.50	1.20
较差	1.50	2.25	3.00	4.50	6.00	7.50	9.00	1.25

注　摘自《砌筑砂浆配合比设计规程》（JGJ/T 98—2010）。

(2) 计算水泥用量 Q_c。每立方米砂浆的水泥用量应按式（4-4）计算：

$$Q_c = \frac{1000(f_{m,o} - \beta)}{\alpha f_{ce}} \tag{4-4}$$

式中　Q_c——每立方米砂浆的水泥用量，精确至 1，kg；

　　　f_{ce}——水泥的实测强度，精确至 0.1，MPa；

　　　α、β——砂浆的特征系数，$\alpha = 3.03$、$\beta = -15.09$。

当无法取得水泥的实测强度值时，可按下式计算：

$$f_{ce} = \gamma_c f_{ce,k} \tag{4-5}$$

式中：$f_{ce,k}$——水泥强度等级值，MPa；

　　　γ_c——水泥强度的富余系数，可按实际统计资料确定，无统计资料时可取 1.0。

当计算出水泥砂浆中的水泥计算用量不足 200kg/m³ 时，应按 200kg/m³ 选用。

（3）计算掺合料用量 Q_D。公式如下：

$$Q_D = Q_A - Q_c \qquad (4-6)$$

式中 Q_D——每立方米砂浆的掺合料用量，精确至 1，kg；

Q_A——每立方米砂浆中水泥和掺合料的总量，精确至 1kg，可为 350kg，若计算出水泥用量已超过 350kg/m³，则不必采用掺加料，直接使用纯水泥砂浆即可。

为方便现场施工时对掺量进行调整，统一规定膏状物质（石灰膏、电石灰膏等）试配时的稠度为（120±5）mm，稠度不同时，应按表 4-5 换算其用量。

表 4-5　　　　　　　　　　　石灰膏不同稠度的换算系数

稠度（mm）	120	110	100	90	80	70	60	50	40	30
换算系数	1.00	0.99	0.97	0.95	0.93	0.92	0.90	0.88	0.87	0.86

（4）确定砂用量 Q_S。每立方米砂浆中的砂用量，应以干燥状态（含水率<0.5%）的堆积密度值作为计算值。当含水率>0.5%时，应考虑砂的含水率，若含水率为 α%，则砂用量等于 $Q_S(1+\alpha\%)$。

（5）确定用水量 Q_W。每立方米砂浆中的用水量，按砂浆稠度等要求，可根据经验或按表 4-6 选用。

表 4-6　　　　　　　　　　　每立方米砂浆中用水量选用值

砂浆品种	水泥混合砂浆	水泥砂浆
用水量（kg/m³）	210~310	270~330

注　1 水泥混合砂浆中的用水量不包括石灰膏或电石膏中的水。
　　2 当采用细砂或粗砂时，用水量分别取上限或下限。
　　3 稠度小于 70mm 时，用水量可小于下限。
　　4 施工现场气候炎热或干燥季节，可酌量增大用水量。

（6）确定砂浆材料用量。根据试验及工程实践，供试配的水泥砂浆材料用量可按表 4-7 选用，水泥粉煤灰砂浆材料用量可按表 4-8 选用。

表 4-7　　　　　　　　　　　每立方米水泥砂浆材料用量　　　　　　　　　　kg

强度等级	水泥用量 Q_c	用砂量 Q_S	用水量 Q_W
M5	200~230	砂的堆积密度值	270~330
M7.5	230~260		
M10	260~290		
M15	290~330		
M20	340~400		
M25	360~410		
M30	430~480		

注　M15 及以下强度等级水泥砂浆宜用强度等级为 32.5 级的水泥；M15 以上强度等级的水泥砂浆，水泥强度等级为 42.5 级。

表 4 - 8　　　　　　　　　　**每立方米水泥粉煤灰砂浆材料用量**　　　　　　　　　kg

砂浆强度等级	水泥和粉煤灰总量	粉煤灰	砂	用水量
M5	210～240			
M7.5	240～270	粉煤灰掺量可占胶凝材料总量的 15%～25%	砂的堆积密度值	270～330
M10	270～300			
M15	300～330			

注　表中水泥强度等级为 32.5 级。

(7) 砂浆配合比试配、调整和确定。按计算或查表所得配合比进行试拌，按《建筑砂浆基本性能试验方法标准》（JGJ/T 70—2009）测定砌筑砂浆拌合物的稠度和保水率，当不能满足要求时，应调整材料用量，直到符合要求为止，然后确定为试配时的砂浆基准配合比。

试配时至少应采用三个不同的配合比：基准配合比和按基准配合比中水泥用量分别增减 10% 的两个配合比。在保证稠度和保水率合格的条件下，可将用水量、掺合料用量和保水增稠材料用量作相应调整。

采用与工程实际相同的材料和搅拌方法试拌砂浆，分别测定不同配比砂浆的表观密度及强度，选定符合试配强度及和易性要求、水泥用量最少的配合比作为砂浆配合比。

根据拌合物的密度，校正材料的用量，保证每立方米砂浆中的用量准确。校正步骤如下：

1）按确定的砂浆配合比计算砂浆理论表观密度值 ρ_t（精确至 10kg/m³）：

$$\rho_t = Q_c + Q_D + Q_s + Q_w \tag{4-7}$$

2）根据砂浆的实测表观密度 ρ_c 计算校正系数：

$$\delta = \frac{\rho_c'}{\rho_t} \tag{4-8}$$

3）当砂浆的实测表观密度与理论表观密度值之差的绝对值不超过理论值的 2% 时，配合比不作调整；当超过 2% 时，应将试配得到的配合比中每项材料用量均乘以校正系数后，确定为砂浆设计配合比。

一般情况下水泥砂浆拌合物的表观密度不应小于 1900kg/m³，水泥混合砂浆和预拌砂浆的表观密度不应小于 1800kg/m³。

◁))) 知识链接五：建筑砂浆测试方法 █

试验一：取样及试样的制备

1. 取样

建筑砂浆试验用料应从同一盘砂浆或同一车砂浆中取样，取样量应不少于试验所需量的 4 倍。从取样完毕到开始进行各项性能试验不宜超过 15min。

施工中取样进行砂浆试验时，一般在使用地点的砂浆槽、砂浆运送车或搅拌机出料口，至少从三个不同部位取样。现场取来的试样，试验前应人工搅拌均匀。

2. 试样的制备

在实验室制备砂浆拌合物时，所用材料应提前 24h 运入室内。拌和时实验室的温度应保持在（20±5）℃。实验室拌制砂浆时，材料用量称量精度分别为：水泥、外加剂、掺合料等为±0.5%；砂为±1%。

在实验室搅拌砂浆时应采用机械搅拌，搅拌的用量宜为搅拌机容量的30%～70%，搅拌时间不应少于120s。掺有掺合料和外加剂的砂浆，其搅拌时间不应少于180s。

3. 试验记录

试验记录应包括下列内容：

（1）取样日期和时间；

（2）工程名称、部位；

（3）砂浆品种、砂浆强度等级；

（4）取样方法；

（5）试样编号；

（6）试样数量；

（7）环境温度；

（8）实验室温度；

（9）原材料品种、规格、产地及性能指标；

（10）砂浆配合比和每盘砂浆的材料用量；

（11）仪器设备名称、编号及有效期；

（12）试验单位、地点；

（13）取样人员、试验人员、复核人员；

（14）其他。

试验二：稠度试验

为了达到控制用水量的目的，需进行稠度试验以确定配合比或施工过程中控制砂浆的稠度。

1. 试验仪器

（1）砂浆稠度仪：由试锥、容器和支座三部分组成。试锥由钢材或铜材制成，试锥高度为145mm，锥底直径为75mm，试锥连同滑杆的质量应为（300±2）g；盛载砂浆的容器由钢板制成，筒高为180mm，锥底内径为150mm；支座分底座、支架及刻度显示三个部分，由铸铁、钢及其他金属制成。

（2）钢制捣棒：直径10mm、长350mm，端部磨圆。

（3）秒表等。

2. 试验步骤

稠度试验应按下列步骤进行：

（1）用少量润滑油轻擦滑杆，再将滑杆上多余的油用吸油纸擦净，使滑杆能自由滑动。

（2）用湿布擦净盛浆容器和试锥表面，将砂浆拌合物一次装入容器，使砂浆表面低于容器口10mm左右。用捣棒自容器中心向边缘均匀地插捣25次，然后轻轻地摇动容器或敲击5～6下，使砂浆表面平整，然后将容器置于稠度测定仪的底座上。

（3）拧松制动螺栓，向下移动滑杆，当试锥尖端与砂浆表面刚接触时，拧紧制动螺栓，使齿条侧杆下端接触滑杆上端，读出刻度盘上的读数（精确至1mm）。

（4）拧松制动螺栓，同时计时，10s时立即拧紧螺丝，使齿条测杆下端接触滑杆上端，从刻度盘上读出下沉深度（精确至1mm），二次读数的差值即为砂浆的稠度值。

（5）盛装容器内的砂浆，只允许测定一次稠度，重复测定时，应重新取样测定。

3. 试验结果

取两次试验结果的算术平均值，精确至1mm；如两次试验值之差大于10mm，应重新取样测定。

试验三：分层度试验

分层度试验用于测定砂浆拌合物在运输及停放时内部组分的稳定性。

1. 试验仪器

分层度试验所用仪器如下：

（1）砂浆分层度测定仪（见图4-2）：内径为150mm，上节高度为200mm，下节带底净高为100mm，用金属板制成，上、下层连接处需加宽到3～5mm，并设有橡胶热圈。

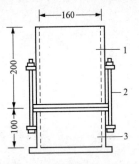

图4-2 砂浆分层度测定仪
1—无底圆筒；2—连接螺栓；3—有底圆筒

（2）振动台：振幅（0.5±0.05）mm，频率（50±3）Hz。

（3）稠度仪、木槌等。

2. 试验步骤

分层度试验应按下列步骤进行：

（1）将砂浆拌合物按稠度试验方法测定稠度。

（2）将砂浆拌合物一次装入分层度筒内，待装满后，用木槌在容器周围距离大致相等的四个不同部位轻轻敲击1～2下，如砂浆沉落到低于筒口，则应随时添加，然后刮去多余的砂浆并用抹刀抹平。

（3）静置30min，去掉上节200mm砂浆，剩余的100mm砂浆倒至拌合锅内拌2min，再按稠度试验方法测其稠度。前后测得的稠度之差即为该砂浆的分层度值（mm）。

3. 试验结果

取两次试验结果的算术平均值作为该砂浆的分层度值；两次分层度试验值之差如大于10mm，应重新取样测定。

试验四：保水性试验

保水性试验适用于测定砂浆保水性，以判定砂浆拌合物在运输及停放时内部组分的稳定性。

1. 试验仪器

保水性试验所用仪器如下：

（1）金属或硬塑料圆环试模，内径100mm、内部高度25mm。

（2）可密封的取样容器，应清洁、干燥。

（3）2kg的重物。

（4）医用棉纱，尺寸为110mm×110mm，宜选用纱线稀疏、厚度较薄的棉纱。

（5）超白滤纸，符合《化学分析滤纸》（GB/T 1914）中速定性滤纸的要求，直径110mm、200g/m²。

（6）2片金属或玻璃的方形或圆形不透水片，边长或直径大于110mm。

（7）天平：量程200g，感量0.1g；量程2000g，感量1g。

（8）烘箱。

2. 试验步骤

保水性试验应按下列步骤进行：

（1）称量下不透水片与干燥试模的质量 m_1 和 8 片中速定性滤纸的质量 m_2。

（2）将砂浆拌合物一次性填入试模，并用抹刀插捣数次，当填充砂浆略高于试模边缘时，用抹刀以 45°角一次性将试模表面多余的砂浆刮去，然后再用抹刀以较平的角度在试模表面反方向将砂浆刮平。

（3）抹掉试模边的砂浆，称量试模、不透水片与砂浆的总质量 m_3。

（4）用 2 片医用棉纱覆盖在砂浆表面，再在棉纱表面放上 8 片滤纸，用不透水片盖在滤纸表面，以 2kg 的重物把不透水片压着。

（5）静止 2min 后移走重物及不透水片，取出滤纸（不包括棉砂），迅速称量滤纸质量 m_4。从砂浆的配比及加水量计算砂浆的含水率。

砂浆保水性应按下式计算：

$$W = \left[1 - \frac{m_4 - m_2}{\alpha \times (m_3 - m_1)}\right] \times 100\% \qquad (4-9)$$

式中　W——保水性，%；

　　m_1——不透水片与干燥试模质量，g；

　　m_2——8 片滤纸吸水前的质量，g；

　　m_3——试模、不透水片与砂浆总质量，g；

　　m_4——8 片滤纸吸水后的质量，g；

　　α——砂浆含水率，%。

取两次试验结果的平均值作为结果，如两个测定值中有 1 个超出平均值的 5%，则此组试验结果无效。

砂浆含水率的测试方法。称取 100g 砂浆拌合物试样，置于一干燥并已称重的盘中，在（105±5）℃的烘箱中烘干至恒重，砂浆含水率应按下式计算：

$$\alpha = \frac{m_5}{m_6} \times 100\% \qquad (4-10)$$

式中　α——砂浆含水率，%；

　　m_5——烘干后砂浆样本损失的质量，g；

　　m_6——砂浆样本的总质量，g。

砂浆含水率值应精确至 0.1%。

试验五：立方体抗压强度试验

立方体抗压强度试验用于测定砂浆立方体的抗压强度。

1. 试验仪器

抗压强度试验所用仪器设备如下：

（1）试模：尺寸为 70.7mm×70.7mm×70.7mm 的带底试模，应具有足够的刚度并拆装方便。试模的内表面应机械加工，其不平度应为每 100mm 不超过 0.05mm，组装后各相邻面的不垂直度不应超过±0.5°。

（2）钢制捣棒：直径为 10mm，长为 350mm，端部应磨圆。

（3）压力试验机：精度为 1%，试件破坏荷载应不小于压力机量程的 20%，且不大于全量程的 80％。

（4）垫板：试验机上、下压板及试件之间可垫以钢垫板，垫板的尺寸应大于试件的承压面，其不平度应为每 100mm 不超过 0.02mm。

（5）振动台：空载中台面的垂直振幅应为（0.5±0.05）mm，空载频率应为（50±3）Hz，空载台面振幅均匀度应不大于 10％，一次试验至少能固定（或用磁力吸盘）3 个试模。

2. 试验步骤

立方体抗压强度试件的制作及养护应按下列步骤进行：

（1）采用立方体试件，每组 3 个试件。

应用黄油等密封材料涂抹试模的外接缝，试模内涂刷薄层机油或脱模剂，将拌制好的砂浆一次性装满砂浆试模，成型方法根据稠度而定。当稠度≥50mm 时采用人工振捣成型，当稠度＜50mm 时采用振动台振实成型。

人工振捣：用捣棒均匀地由边缘向中心按螺旋方式插捣 25 次，插捣过程中如砂浆沉落至低于试模口，应随时添加砂浆，可用油灰刀插捣数次，并用手将试模一边抬高 5～10mm 各振动 5 次，使砂浆高出试模顶面 6～8mm。

（2）机械振动：将砂浆一次装满试模，放置到振动台上，振动时试模不得跳动，振动 5～10s 或持续到表面出浆为止，不得过振。

（3）待表面水分稍干后，将高出试模部分的砂浆沿试模顶面刮去并抹平。

（4）试件制作后应在室温为（20±5）℃的环境下静置（24±2）h，当气温较低时，可适当延长时间，但不应超过两昼夜，然后对试件进行编号、拆模。试件拆模后应立即放入温度为（20±2）℃、相对湿度为 90％以上的标准养护室中养护。养护期间，试件彼此间隔应不小于 10mm，混合砂浆试件上面应覆盖，以防有水滴在试件上。

砂浆立方体试件抗压强度试验应按下列步骤进行：

1）试件从养护地点取出后应及时进行试验。试验前将试件表面擦拭干净，测量尺寸，并检查其外观。并据此计算试件的承压面积，如实测尺寸与公称尺寸之差不超过 1mm，可按公称尺寸进行计算。

2）将试件安放在试验机的下压板（或下垫板）上，试件的承压面应与成型时的顶面垂直，试件中心应与试验机下压板（或下垫板）中心对准。开动试验机，当上压板与试件（或上垫板）接近时，调整球座，使接触面均衡受压。承压试验应连续而均匀地加荷，加荷速度应为每秒钟 0.25～1.5kN（砂浆强度不大于 5MPa 时，宜取下限，砂浆强度大于 5MPa 时，宜取上限），当试件接近破坏而开始迅速变形时，停止调整试验机油门，直至试件破坏，然后记录破坏荷载。

3. 试验结果

砂浆立方体抗压强度应按下式计算：

$$f_{m,cu} = N_u/A \tag{4-11}$$

式中　$f_{m,cu}$——砂浆立方体试件抗压强度，MPa；

　　　　N_u——试件破坏荷载，N；

　　　　A——试件承压面积，mm^2。

砂浆立方体试件抗压强度应精确至 0.1MPa。

以 3 个试件测值的算术平均值的 1.3 倍（f_2）作为该组试件的砂浆立方体试件抗压强度

平均值（精确至 0.1MPa）。

当 3 个测值的最大值或最小值中有一个与中间值的差值超过中间值的 15％时，则把最大值及最小值一并舍除，取中间值作为该组试件的抗压强度值；当有两个测值与中间值的差值均超过中间值的 15％时，则该组试件的试验结果无效。

单元项目二　抹面砂浆与装饰砂浆设计

☆ **任务描述** --

每组学生通过项目任务，完成抹面砂浆或装饰砂浆的选择，熟悉并掌握抹面砂浆在实际工程中的应用。针对不同学习小组给出不同条件下的工程条件，依据实际工程对砂浆的技术要求，来确定抹面或装饰砂浆的种类，并进行配合比设计及施工方案编制。

任务一：了解目前抹面砂浆、装饰砂浆的种类。

任务二：针对不同环境进行抹面或装饰砂浆的选择。

任务三：确定抹面或装饰砂浆的配合比，并编写施工方案。

各小组选用不同的工程背景，具体工程概况如下：

小组一：

山东省某酒店位于济南市泺源大街，总建筑面积 15 万 m²，是集办公、住宿、餐饮、娱乐于一体的综合性超高层建筑，室内精装修面积约 18000m²。室内装饰施工内容主要包括一层大堂、二层西餐厅、三厅潮州餐厅、六层会议中心及大宴会厅、酒店客房，及附属用房的室内装饰工程。该工程土建施工已结束，施工水电接驳点已预留。现场已具备装饰施工条件，且交通便利。

现根据实际情况选择合适的装饰砂浆工程材料，确定施工配合比及施工工序，并配以装饰效果图。

小组二：

山西省某小区二期工程改造某高层住宅楼，该工程为剪力墙结构体系，剪力墙模板全部采用钢制大模板、顶板采用竹胶板，表面平整、垂直度基本能达到规范要求，后砌墙体厚度每边预留 1.5cm 的抹灰量（采用底层粉刷石膏与混凝土墙面找平），以避免后砌墙体开裂现象。

现根据实际情况对剪力墙及后砌墙体选择合适的抹面砂浆工程材料，确定施工配合比及施工工序。

小组三：

西安某安置小区 6 号楼工程地点位于西安翠花南路东、雁南五路南。6 号楼平面呈"凹型"，层高 2.8m，建筑总高度为 77.8m，室外标高－0.30m。

现根据实际情况，针对不同部位进行外墙设计，确定抹面及装饰砂浆的品种、配合比及施工工序，并以效果图展示。建筑外墙不同部位包括主体外露部分，突出大墙面的各种阳台、空调板、窗套、线条、压顶，突出平屋面的电梯机房、楼梯间、屋面下墙、露台上的外墙、女儿墙等部位。

小组四：

青岛某墙外整饰工程位于镜泊街，整饰面积 72842m²，包括镜泊西街北侧及城后西街南侧办公楼及住宅楼。工程任务包括建筑基地以内的建筑、立面及节能改造，其中沿街立面、主要立面及山墙立面进行节能改造及重点立面整饰，背立面进行节能改造的同时进行简单的立面整饰。

主墙体为原建筑墙体外贴 80mm 厚 EPS 板保温层，立面凸凹及线脚均为在 80 保温层基础上用 EPS 板制作，外抹 5～7mm 厚聚合物抗裂砂浆压入两层耐碱玻纤网格布，面层涂刷高级外墙涂料。屋面采用轻钢屋架、彩钢瓦屋面，选用金属雨落水系统。

现根据实际情况，针对不同部位进行外墙设计，确定抹面及装饰砂浆的品种、配合比及施工工序，并以效果图展示。

🔍 任务分析

凡涂抹在建筑物和构件表面以及基底材料的表面，兼有保护基层和满足使用要求作用的砂浆，可统称为抹面砂浆（也称抹灰砂浆）；抹面砂浆主要用于抹灰保温系统中保温层外的抗裂保护层，也被称为聚合物抹面抗裂砂浆。根据功能的不同，可将抹面砂浆分为普通抹面砂浆、装饰砂浆和具有某些特殊功能的抹面砂浆（如防水砂浆、绝热砂浆、吸音砂浆和耐酸砂浆等）。抹面砂浆应具有良好的和易性，容易抹成均匀、平整的薄层，便于施工；有较高的黏结力，砂浆层应能与底面黏结牢固，长期不致开裂或脱落；处于潮湿环境或易受外力作用部位（如地面和墙裙等）时，还应具有较高的耐水性和强度。

装饰砂浆是直接用于建筑物内外表面，以提高建筑物装饰艺术性为主要目的的抹面砂浆。它是常用的装饰手段之一。装饰砂浆的底层和中层抹灰与普通抹面砂浆基本相同，主要是装饰砂浆的面层，要选用具有一定颜色的胶凝材料和骨料以及采用某种特殊的操作工艺，使表面呈现出各种不同的色彩、线条与花纹等装饰效果。

各小组需要根据不同的环境条件确定抹面砂浆或装饰砂浆的种类、原材料的基本技术性质要求，通过对不同的砂浆进行配合比设计，编写施工方案，必要时给出设计效果图。

⚙️ 任务实施

学生根据教师提供的背景资料，并利用图书馆、网络等多种途径获取信息和资料，组织学习和探究，整理和归纳信息资料。学生自由组队，一般以 5～6 人为一组，制订学习计划并进行分工合作，完成教师制定的学习任务。在课堂上，学生以团队形式进行汇报，展示学习成果，并由其他团队及教师进行点评。

📌 知识链接

🔊 知识链接一：抹面砂浆的技术性质

抹面砂浆也称一般抹面工程用砂浆，是指大面积涂抹于建筑物墙、顶棚、柱等表面的砂浆，具有保护基层和满足使用要求作用的砂浆。本节主要介绍抹面工程质量保证措施，抹面工程用砂浆的配合比设计、施工及质量验收。

根据胶凝材料不同，可以分为水泥抹面砂浆、水泥粉煤灰抹面砂浆、水泥石灰抹面砂浆、掺塑化剂水泥抹面砂浆、聚合物水泥抹面砂浆及石膏抹面砂浆等。其中水泥石灰抹面砂浆是指以水泥为胶凝材料，加入石灰膏、细骨料和水按一定比例配制而成的抹面砂浆，简称混合砂浆。

与砌筑砂浆相比，抹面砂浆具有以下特点：

（1）抹面层不承受荷载。

（2）抹面层与基底层要有足够的黏结强度，使其在施工中或长期自重和环境作用下不脱落、不开裂。

（3）抹面层多为薄层，并分层涂抹，面层要求平整、光洁、细致、美观。

（4）多用于干燥环境，大面积暴露在空气中。

普通抹面砂浆是建筑工程中用量最大的抹面砂浆。其功能主要是保护墙体、地面不受风雨及有害杂质的侵蚀，提高防潮、防腐蚀、抗风化性能，增加耐久性，同时可使建筑达到表面平整、清洁和美观的效果。

抹面砂浆通常分为两层或三层进行施工。各层砂浆要求不同，因此每层所选用的砂浆也不一样。一般底层砂浆起黏结基层的作用，要求砂浆应具有良好的和易性和较高的黏结力，因此底面砂浆的保水性要好，否则水分易被基层材料吸收而影响砂浆的黏结力。基层表面粗糙些有利于与砂浆的黏结。中层抹面主要是为了找平，有时可省略不用。面层抹面主要为了平整美观，因此选用细沙。

用于砖墙的底层抹面时，多用石灰砂浆；用于板条墙或板条顶棚的底层抹面时多用混合砂浆或石灰砂浆；用于混凝土墙、梁、柱、顶板等底层抹面时，多用混合砂浆、麻刀石灰浆或纸筋石灰浆。在容易碰撞或潮湿的地方，应采用水泥砂浆，如墙裙、踢脚板、地面、雨棚。

◁)) 知识链接二：抹面砂浆的配合比选用 ▌

一般抹面工程用砂浆宜选用预拌抹面砂浆。抹面砂浆应采用机械搅拌，其品种及强度等级应满足设计要求。除特别说明外，抹面砂浆性能的试验方法应按现行行业标准《建筑砂浆基本性能试验方法标准》（JGJ/T 70—2009）进行。

抹面砂浆强度不宜比基体材料强度高出两个及以上强度等级，并应符合下列规定：

（1）对于无粘贴饰面砖的外墙，底层抹面砂浆宜比基体材料高一个强度等级或等于基体材料强度。

（2）对于无粘贴饰面砖的内墙，底层抹面砂浆宜比基体材料低一个强度等级。

（3）对于有粘贴饰面砖的内墙和外墙，中层抹面砂浆宜比基体材料高一个强度等级且不宜低于 M15，并宜选用水泥抹面砂浆。

（4）孔洞填补和窗台、阳台抹面等宜采用 M15 或 M20 水泥抹面砂浆。

（5）配制强度等级不大于 M20 的抹面砂浆，宜用 32.5 级通用硅酸盐水泥或砌筑水泥；配制强度等级大于 M20 的抹面砂浆，宜用强度等级不低于 42.5 级的通用硅酸盐水泥。通用硅酸盐水泥宜采用散装的。

用通用硅酸盐水泥拌制抹面砂浆时，可掺入适量的石灰膏、粉煤灰、粒化高炉矿渣粉、沸石粉等，不应掺入消石灰粉。用砌筑水泥拌制抹面砂浆时，不得再掺加粉煤灰等矿物掺合料。

拌制抹面砂浆时，可根据需要掺入改善砂浆性能的添加剂。抹面砂浆的品种宜根据使用部位或基体种类按表 4-9 选用。

表 4 - 9   抹面砂浆的品种选用

使用部位或基体种类	抹面砂浆品种
内墙	水泥抹面砂浆、水泥石灰抹面砂浆、水泥粉煤灰抹面砂浆、掺塑化剂水泥抹面砂浆、聚合物水泥抹面砂浆、石膏抹面砂浆（6 类）
外墙、门窗洞口外侧壁	水泥抹面砂浆、水泥粉煤灰抹面砂浆（2 类）
温（湿）度较高的车间和房屋、地下室、屋檐、勒脚等	水泥抹面砂浆、水泥粉煤灰抹面砂浆（2 类）
混凝土板和墙	水泥抹面砂浆、水泥石灰抹面砂浆、聚合物水泥抹灰砂浆、石膏抹面砂浆（4 类）
混凝土顶棚、条板	聚合物水泥抹面砂浆、石膏抹面砂浆（2 类）
加气混凝土砌块（板）	水泥石灰抹面砂浆、水泥粉煤灰抹面砂浆、掺塑化剂水泥抹面砂浆、聚合物水泥抹面砂浆、石膏抹面砂浆（5 类）

抹面砂浆的施工稠度宜按表 4 - 10 选取。聚合物水泥抹面砂浆的施工稠度宜为 50～60mm，石膏抹面砂浆的施工稠度宜为 50～70mm。

表 4 - 10   抹面砂浆的施工稠度

抹面层	施工稠度（mm）
底层	90～110
中层	70～90
面层	70～80

抹面砂浆的搅拌时间应自加水开始计算，并应符合下列规定：

（1）水泥抹面砂浆和混合砂浆，搅拌时间不得少于120s。

（2）预拌砂浆和掺有粉煤灰、添加剂等的抹面砂浆，搅拌时间不得少于180s。

（3）抹面砂浆施工应在主体结构质量验收合格后进行。

（4）抹面砂浆施工配合比确定后，在进行外墙及顶棚抹面施工前，宜在实地制作样板，并应在规定龄期进行拉伸黏结强度试验。检验外墙及顶棚抹面工程质量的砂浆拉伸黏结强度，应在工程实体上取样检测。

水泥抹面应分层进行，抹面砂浆每层厚度宜为 5～7mm，水泥石灰抹面砂浆每层宜为 7～9mm，并应待前一层达到六七成干后再涂抹后一层。强度高的水泥抹面砂浆不应涂抹在强度低的水泥基层抹面砂浆上。当抹面层厚度大于 35mm 时，应采取与基体黏结的加强措施。不同材料的基体交接处应设加强网，加强网与各基体的搭接宽度不应小于 100mm。各层抹面砂浆在凝结硬化前，应防止暴晒、淋雨、水冲、撞击、振动。水泥抹面砂浆、水泥粉煤灰抹面砂浆和掺塑化剂水泥抹面砂浆宜在润湿的条件下养护。

抹面砂浆的配合比可根据抹面砂浆的使用部位和基层材料的特性，参考有关资料选用，见表 4 - 11。

表 4 - 11 　　　　　　　　　　　　　　抹面砂浆配合比及应用范围

材料	配合比	应用范围
石灰：砂	1：4～1：2	用于砖石墙表面（檐口、勒脚、女儿墙以及潮湿房间的墙除外）
石灰：黏土：砂	1：1：8～1：1：4	干燥环境墙表面
石灰：石膏：砂	1：1.5：3～1：0.6：2	用于不潮湿房间的墙及天花板
石灰：石膏：砂	1：2：4～1：2：2	用于不潮湿房间的线脚及其他装饰工程
石灰：水泥：砂	1：1：5～1：0.5：4.5	用于檐口、勒脚、女儿墙以及潮湿的部位
水泥：砂	1：2～1：1.5	用于地面、天棚或墙面面层
水泥：砂	1：1～1：0.5	用于混凝土地面随时压光
水泥：石膏：砂：锯末	1：1：3：5	用于吸音粉刷
水泥：白石子	1：1.5	用于剁假石（打底用1：2.5～1：2水泥砂浆）
石灰膏：麻刀	100：2.5（质量比）	用于板层、天棚底层
石灰膏：麻刀	100：1.3（质量比）	用于板层、天棚底层
石灰膏：纸筋	石灰膏 0.1m³，纸筋 0.36kg	用于较高级墙面、天棚

◁)) 知识链接三：装饰砂浆的种类 ▎

建筑装饰砂浆是指专门用于建筑物外表面装饰，以增加建筑物外观美为目的的砂浆。其常是在抹面的同时，经各种艺术处理而获得特殊的表面装饰效果，以满足审美需要的表面装饰。装饰砂浆主要是通过色彩、花纹图案及质感的改变来获得装饰效果的。装饰砂浆可以分为以下两类。

1. 灰浆类饰面砂浆

灰浆类饰面砂浆是利用水泥砂浆本身的色彩与质感，配合对水泥砂浆表面形态的艺术加工，而获得一定装饰效果的抹面砂浆。其主要包括拉毛灰、甩毛灰、搓毛灰、扫毛灰、拉条、假面砖、假大理石、外墙喷涂、外墙滚涂、弹涂等种类。

拉毛是指先用水泥砂浆做底层，再用水泥石灰砂浆做面层，在砂浆尚未凝结之前，用抹刀将表面拍拉成凹凸不平的形状。

此外装饰砂浆还可以采用喷涂、弹涂、辊压等工艺方法，做成丰富多彩、形式多样的装饰面层。装饰砂浆的操作方便，施工效率高，与其他墙面、地面装饰相比，成本低、耐久性好。

2. 石渣类饰面砂浆

石渣类饰面砂浆是配合水洗、斧剁、水磨等去除砂浆表面水泥浆皮的施工手段，使骨料外露，利用骨料本身的色彩、形状、规格及质感体现装饰效果的抹面砂浆。其主要包括水刷石、剁斧石、拉假石、干粘石、水磨石等种类。

（1）水刷石。用颗粒细小（约5mm）的石渣拌成的砂浆做面层，在水泥终凝前，喷水冲刷表面，冲洗掉石渣表面的水泥浆，使石渣表面外露。水刷石用于建筑物的外墙面，具有一定的质感，且经久耐用，不需要维护。

（2）干粘石。在水泥砂浆面层的表面，黏结粒径 5mm 以下的白色或彩色石渣、小石子、彩色玻璃、陶瓷碎粒等。要求石渣黏结均匀、牢固。干粘石的装饰效果与水刷石相近，且石子表面更洁净、艳丽，避免了喷水冲洗的湿作业，施工效率高，而且节约材料和水。干粘石在预制外墙板的生产中，有较多的应用。

（3）斩假石（又称剁斧石）。砂浆的配制基本与水刷石的一致，砂浆抹面硬化后，用斧刃将表面垛毛并露出石渣。斩假石的装饰效果与粗面花岗岩相似。

（4）假面砖。将硬化的普通砂浆表面用刀斧锤凿刻划出线条，或者在初凝后的普通砂浆表面用木条、钢片压划出线条，也可用涂料划出线条，将墙面装饰成仿瓷砖、仿石材贴面等艺术效果。

（5）水磨石。用普通水泥、白水泥、彩色水泥或普通水泥加耐碱颜料拌和各种色彩的大理石石渣做面层，硬化后用机械反复磨平抛光表面而成。水磨石多用于地面、水池等工程部位。可事先设计图案色彩，磨平抛光后更具有艺术效果。水磨石还可以制成预制件或预制块，做楼梯踏步、窗台板、柱面、台度、踢脚板、地面板等构件。

◁))知识链接四：装饰砂浆的组成材料▌

1. 胶凝材料

装饰砂浆常用的胶凝材料有石膏、石灰、白水泥、普通水泥、白色硅酸盐水泥及彩色硅酸盐水泥。或在水泥中掺加白色大理石粉，使砂浆表面色彩更为明朗。

此外，合成树脂也是经常使用的胶凝材料。常用于装饰砂浆、装饰混凝土及人造装饰石材的合成树脂主要为环氧树脂、不饱和聚酯树脂、聚醋酸乙烯等。环氧树脂和不饱和聚酯树脂具有优良的物理力学性能和耐化学腐蚀性，环氧树脂的性能更佳，但其价格偏高。不饱和聚酯树脂性能略低于环氧树脂，且固化时收缩较大，但价格相对低，是人造石材中用量最大的合成树脂。聚醋酸乙烯的强度、耐热性和耐水性差，主要用于装饰砂浆、装饰混凝土。

2. 骨料

装饰砂浆用骨料多为白色、浅色或彩色的天然砂、石屑（大理石、花岗岩等）、陶瓷碎粒或特制的色粒，有时为使表面获得闪光效果，可加入少量云母片、玻璃碎片或长石等。骨料的粒径可分为 1.2、2.5、5.0mm 或 10mm，有时也可以用石屑代替砂石。装饰砂浆、装饰混凝土及人造装饰石材用骨料分为天然骨料和人造骨料。如天然或人造的黑、白及彩色砂、石，或彩色碎陶瓷、碎玻璃等骨料，可使制品获得更丰富的色彩与质感。

（1）石渣。石渣又称石米或米石，是用质地良好的天然碎石（白云岩、石英岩、玄武岩、大理岩、花岗岩等）再次破碎而成的粒径不大的细碎骨料。方解石为白色调，赤石为红色调，铜尾矿为黑色调，松香石为棕黄色调等。

石渣按粒径划分为大二分（20mm）、一分半（15mm）、大八厘（8mm）、中八厘（6mm）、小八厘（4mm）和米粒石（1.2mm）。

（2）人工彩砂。人工彩砂是近十几年出现的人造着色细骨料。彩砂加工方法有三种：第一种是用有机颜料对天然砂着色；第二种是将无机颜料及树脂涂在砂粒上经 $200\sim3000℃$ 温度烤干而成；第三种是将无机颜料涂覆在石英砂粒表面经高温焙烧而成。彩砂粒径多为 5mm，适合做成干粘石、水刷石，用于室内外墙面和屋面或加入丙烯酸树脂做成彩砂喷涂涂料。

（3）石屑。石屑是比石渣粒径更小的细砂状或粗粉状石质原料，也称石屑粉。常用的有白云岩石屑和松香石石屑等。

3. 颜料

颜料选择要根据其价格、砂浆品种、建筑物所处的环境和设计要求而定。建筑物处于受酸侵蚀的环境中时，要选用耐酸性好的颜料；受日光曝晒的部位，要选用耐光性好的颜料；碱度高的砂浆，要选用耐碱性好的颜料；若设计要求颜色鲜艳，可选用色彩鲜艳的有机颜料。

彩色灰浆、彩色砂浆和彩色混凝土使用的颜料分为有机颜料与无机颜料两类。但很多有机颜料抗光老化、抗热老化性较差，或对混凝土强度等一些性能有不利影响，因此目前基本使用的是无机颜料。

无机颜料有天然矿物颜料与人造矿物颜料。一般要求其耐光性、耐碱性、耐候性好，着色力与遮盖力强，分散性好，不溶于水和油等。

掺入颜料中的化学助剂应对水泥、混凝土性能无害。但除氧化铁类颜料外，掺无机颜料（10%）的砂浆比纯水泥砂浆强度降低 10%～15%；掺有机颜料的则降低 20%～35%。因此，应尽量减少颜料的掺量。

单元项目三　其他砂浆在建筑工程中的应用

☆ 任务描述 ---

每组学生通过项目任务，完成特种砂浆的选择，熟悉并掌握抹面砂浆在实际工程中的应用。针对不同的学习小组给出不同条件下的工程条件，依据实际工程对砂浆的技术要求，来确定特种砂浆的种类，并进行原材料的选择、配合比设计及施工方案编制。

任务一：了解目前特种砂浆的种类。

任务二：针对不同环境进行特种砂浆的选择。

任务三：选择特种砂浆的原材料、确定配合比设计及编写施工方案。

各小组选用不同的工程背景，具体工程概况如下：

小组一：

西安某小区位于凤城五路，由 8 幢二十六层住宅楼组成，占地面积 47242m²，总建筑面积 88127.2m²，阳台面积 10764.3m²，地下室面积 31157m²，层高 3.2m。建筑结构安全等级二级，建筑耐火等级二级，结构抗震等级均为三级，抗震设防烈度为 8 度，建筑物合理使用年限为 50 年，防水等级为二级，合理使用年限为 15 年。

根据实际情况，确定屋面、卫生间等水泥砂浆防水层工程所采用的砂浆种类，并进行原材料的选择、配合比设计及施工方案编制。

小组二：

内蒙古某小区 2～5 号住宅楼工程建筑面积 10399.09m²，位于乌什县友谊路。工程要求质量标准为合格，抗震设防烈度为 8 度，建筑类别为三类，建筑结构安全等级为二级，建筑耐久年限为 50 年。

根据实际情况，确定建筑物外墙砂浆所采用保温砂浆的种类，并进行原材料的选择、配合比设计及施工方案编制。

小组三：

上海某医院位于上海市徐汇区，该工程属一类建筑，建筑面积为 160000m²，由科技楼、心血管病临床医学楼、肝肿瘤临床医学楼、儿科门急诊楼组成。

根据实际情况，确定放射科、检验科等场所砂浆的种类，并进行原材料的选择、配合比设计及施工方案编制。

小组四：

安徽某小区 5 号楼工程建筑安装工程，位于蚌埠市经济开发区公园南路与龙腾路交汇处，总建筑面积约 $144000m^2$。

根据实际情况，确定建筑物外墙所用聚合物砂浆的种类，并进行原材料的选择、配合比设计及施工方案编制。

小组五：

福建某公路排洪渠设计起点为陈五路 K0＋728 盖板涵进水口，设计终点接南滨大道。排洪渠全长 794.395m，根据排洪渠所处道路位置不同，人行道下采用盖板涵结构，车行道下采用箱涵结构。盖板涵有 2m×1m、2m×2m 两种尺寸，盖板厚 20cm，侧墙厚度为 40cm，基础采用整板基础。2m×1m 箱涵壁厚为 25cm；2m×2m 箱涵壁厚为 30cm。涵洞每隔 10m 左右设置一道沉降缝，缝内设置止水。

根据实际情况，确定建筑物外墙所用膨胀砂浆的种类，并进行原材料的选择、配合比设计及施工方案编制。

小组六：

内蒙古某图书馆工程位于内蒙古呼和浩特市金山开发区，建筑面积 $26284m^2$，地下一层，地上五层；施工场地宽敞，建筑物四周设环形道路，东侧为材料加工堆放场，北侧为工人生活区，西北侧为混凝土搅拌站，东南侧为项目部生活区及办公区。结构形式为框架结构，陶粒混凝土砌块及 ALC 外墙板维护，钢筋混凝土及中厅球形网架屋面。

根据实际情况，确定建筑物剪力墙、砌体结构所用预拌砂浆的种类，并进行原材料的选择、配合比设计及施工方案编制。

任务分析

特种砂浆是砂浆的一种，主要适用于有保温隔热、吸声、防水、耐腐蚀、防辐射等特殊要求的砂浆。

各小组需要根据不同的环境条件确定所选用的特种砂浆种类，并对此种砂浆的机理、研究现状、应用及发展前景进行资料搜集及汇总工作，以汇报的形式向其他组及教师展示。

任务实施

学生根据教师提供的背景资料，并利用图书馆、网络等多种途径获取信息和资料，组织学习和探究，整理和归纳信息资料。学生自由组队，一般以 5～6 人为一组，制定学习计划并进行分工合作，完成教师制定的学习任务。在课堂上，学生以团队形式进行汇报，展示学习成果，并由其他团队及教师进行点评。

知识链接

知识链接一：防水抹面砂浆

防水砂浆是一种刚性防水材料，通过提高砂浆的密实性及改进抗裂性以达到防水抗渗的目的。主要用于不会因结构沉降，温度、湿度变化以及受振动等产生有害裂缝的防水工程。用作防水工程防水层的防水砂浆有三种：①刚性多层抹面的水泥防水砂浆；②掺防水剂的防水砂浆；③聚合物水泥防水砂浆。

1. 刚性多层抹面类

由水泥加水配制的水泥素浆和由水泥、砂、水配制的水泥砂浆，将其分层交替抹压密实，以使每层毛细孔通道大部分被切断，残留的少量毛细孔也无法形成贯通的渗水孔网。硬化后的防水层具有较高的防水和抗渗性能。

2. 掺防水剂类

在水泥砂浆中掺入各类防水剂以提高砂浆的防水性能，常用的掺防水剂的防水砂浆有氯化物金属类防水砂浆、氯化铁防水砂浆、金属皂类防水砂浆和超早强剂防水砂浆等。

（1）氯化物金属类。由氯化钙、氯化铝等金属盐和水按一定比例混合配制的一种淡黄色液体，加入水泥砂浆中与水泥和水起作用。在砂浆凝结硬化过程中生成含水氯硅酸钙、氯铝酸钙等化合物，填塞在砂浆的空隙中以提高砂浆的致密性和防水性。

（2）氯化铁类。以氧化铁皮、盐酸、硫酸铝为主要原料制成的氯化铁防水剂，为深棕色溶液，主要成分为氯化铁、氯化亚铁及硫酸铝。该防水剂先用水稀释后再加入水泥、砂中搅拌，形成一种防水性能良好的防水砂浆。砂浆中氯化铁与水泥水化时析出的氢氧化钙作用生成氯化钙及氢氧化铁胶体，氯化钙能激发水泥的活性，提高砂浆的强度，而氢氧化铁胶体能降低砂浆的析水性，提高密实性。

（3）金属皂类。用碳酸钠或氢氧化钾等碱金属化合物、氨水、硬脂酸和水按一定比例混合加热皂化成乳白色浆液加入到水泥砂浆中而配制成的防水砂浆，具有塑化效应，可降低水灰比，并使水泥质点和浆料间形成憎水化吸附层和生成不溶性物质，以堵塞硬化砂浆的毛细孔，切断和减少渗水孔道，增加砂浆密实性，使砂浆具有防水特性。

（4）超早强剂类。在硅酸盐水泥（或普通水泥）中掺入一定量的低钙铝酸盐型的超早强外加剂配制而成的砂浆，使用时可根据工程缓急，适当增减掺量，凝结时间的调节幅度可为1～45min。超早强剂防水砂浆的早期强度高，后期强度稳定，并具有微膨胀性，可提高砂浆的抗开裂性及抗渗性。

3. 聚合物水泥类

将水泥、聚合物分散体作为胶凝材料与砂配制而成的砂浆。聚合物水泥砂浆硬化后，砂浆中的聚合物可有效地封闭连通的孔隙，增加砂浆的密实性及抗裂性，从而改善砂浆的抗渗性及抗冲击性。聚合物分散体是在水中掺入一定量的聚合物胶乳（如合成橡胶、合成树脂、天然橡胶等）及辅助外加剂（如乳化剂、稳定剂、消泡剂、固化剂等），经搅拌而使聚合物微粒均匀分散在水中的液态材料。常用的聚合物品种有有机硅、阳离子氯丁胶乳、乙烯-聚醋酸乙烯共聚乳液、丁苯橡胶胶乳、氯乙烯-偏氯化烯共聚乳液等。

◁))知识链接二：保温砂浆

保温砂浆是指由阻隔型保温材料和砂浆材料混合而成的，用于构筑建筑表面保温层的一种建筑材料。保温砂浆是一种以各种轻质材料为骨料，以水泥为胶凝料，掺和一些改性添加剂，搅拌混合而制成的砂浆，主要用于建筑外墙保温，具有施工方便、耐久性好等优点。

根据化学性质，保温砂浆主要分为两种：一种是无机保温砂浆，如玻化微珠防火保温砂浆和复合硅酸铝保温砂浆；另一种是有机保温砂浆，如胶粉聚苯颗粒保温砂浆。

1. 无机保温砂浆

无机保温砂浆是一种用于建筑物内外墙粉刷的新型保温节能砂浆材料，以无机玻化微珠（又称闭孔膨胀珍珠岩）为轻骨料，加由胶凝材料、抗裂添加剂及其他填充料等组成的干粉砂浆，具有节能利废、保温隔热、防火防冻、耐老化的优异性能以及低廉的价格等特点，有着广泛的市场需求。具体特点如下：

（1）无机保温砂浆有良好的温度稳定性和化学稳定性：无机保温砂浆材料保温系统是由无机材料制成，耐酸碱、耐腐蚀、不开裂、不脱落、稳定性高，无老化问题，与建筑墙体使用寿命相同。

（2）施工简便，综合造价低：无机保温砂浆材料保温系统可直接涂刷在毛坯墙上，其施工方法与水泥砂浆找平层相同。施工机械、工具简单，与其他保温材料相比具有施工周期短、质量容易控制的优势。

（3）适用范围广，阻止冷热桥产生：无机保温砂浆材料保温系统适用于各种墙体基层材质、各种形状复杂墙体的保温。全封闭、无接缝、无空腔、无冷热桥产生。既可做外墙外保温，还可以做外墙内保温、外墙内外同时保温、屋顶保温和地热隔热层，为节能体系的设计提供一定的灵活性。

（4）绿色、环保、无公害：无机保温砂浆材料保温系统无毒、无味、无放射性污染，对环境和人体无害，同时其大量推广使用可以利用部分工业废渣及低品级建筑材料，具有良好的综合利用环境保护效益。

（5）强度高：无机保温砂浆材料保温系统与基层黏结强度高，不产生裂纹及空鼓。这一点与国内所有的保温材料相比具有一定的技术优势。

（6）防火阻燃，安全性好：无机保温砂浆材料保温系统防火阻燃。可广泛用于密集型住宅、公共建筑、大型公共场所、易燃易爆场所、对防火要求严格的场所，还可作为放火隔离带施工。

（7）热工性能好：无机保温砂浆材料保温系统蓄热性能远优于有机保温材料，可用于南方的夏季隔热。同时其导热系数低，而且导热性能可以方便地调整以配合力学强度的需要及实际使用功能的要求，可以在不同的部位使用，如地面、天花等部位。

（8）防霉效果好：可以防止冷热桥传导，防止室内结露后产生的霉斑。

2. 有机保温砂浆

有机保温砂浆主要是指胶粉聚苯颗粒保温砂浆，这是一种双组分的保温材料，主要由聚苯颗粒加由胶凝材料、抗裂添加剂及其他填充料等组成的干粉砂浆。其性能特点如下：

（1）对多种保温材料均具有良好的黏结力。

（2）柔性、耐水性、耐候性良好；导热系数低、保温性能稳定、软化系数高，耐冻融、抗老化。

（3）现场直接加水调和使用，方便操作；透气性好，呼吸功能强，既有很好的防水功能，又能排解保温层的水分。

（4）综合造价较低。

（5）保温性能优越。

胶粉聚苯颗粒保温砂浆与无机玻化微珠保温砂浆的保温性能均较好，一般来说，从成本方面考虑，可选择胶粉聚苯颗粒保温砂浆，但其安全性能不高，不耐高温、易燃，近年来使用得已经越来越少。无机玻化微珠保温砂浆由无机材料组成，能够阻燃，但造价高，会增加工程成本。

🔊 知识链接三：防辐射砂浆 ▌

防辐射砂浆主要采用重晶石，它具有吸收 X 射线和 γ 射线的性能，用重晶石制作的钡水泥、重晶石砂浆和重晶石混凝土，可以代替金属铅板屏蔽实验室、医院放射室、化疗室等建筑。

重晶石砂浆是一种容重较大、对 X 射线和 γ 射线有阻隔作用的砂浆，一般要求采用水化热低的硅酸盐水泥，通常水泥∶重晶石粉∶重晶石砂∶粗砂的配合比为 1.0∶0.25∶2.5∶1.0。砂浆中重晶石 $BaSO_4$ 含量应不低于 80%，其中含有的石膏、黄铁矿、硫化物和硫酸盐等杂质不得超过 7%。

🔊 知识链接四：聚合物砂浆 ▌

聚合物砂浆是近年来工程上新兴的一种新型建筑材料，它是由胶凝材料和可以分散在水中的有机聚合物搅拌而成。简单地讲，就是指在建筑砂浆中添加聚合物黏结剂，从而使砂浆性能得到很大改善的一种建材。

聚合物砂浆因加有多种高分子聚合物改剂、胶粉及抗裂纤维，因此具有良好的施工和易性、黏结性、抗渗性、抗剥落性、抗冻融性、抗碳化性、抗裂性、钢筋阻锈性能，并具有高强度等性能，适用于混凝土结构的空洞、蜂窝、破损、风化、剥落、露筋、碳化等表面欠缺部分的修补，以及钢筋保护层不足的修补，以恢复混凝土结构良好的使用性能。

根据用途可以分为聚合物防水砂浆、聚合物保温砂浆、聚合物地坪砂浆、聚合物饰面砂浆、聚合物加固砂浆、聚合物抗腐蚀砂浆、聚合物修补砂浆等。

🔊 知识链接五：膨胀砂浆 ▌

微膨胀砂浆由水泥、细骨料（中砂）、掺合料（粉煤灰）及膨胀剂等材料组成。砂浆中掺入粉煤灰，可替代石灰粉、节省部分水泥、增加砂浆和易性；加入膨胀剂（UEA），可在有约束的条件下产生微膨胀应力，从而起到补偿收缩的作用，抵消砂浆硬化过程中形成的收缩力，使砂浆黏结力增强，硬化后体积稳定，避免普通砂浆由于干缩产生的起壳、开裂等问题。

膨胀剂主要有无水硫酸铝钙、明矾石、UEA 等，目前广泛采用的微膨胀剂是由天然明矾石和氧化铝加石膏粉按照一定比例配制而成，膨胀剂与混凝土中的水泥掺和后，与水泥在水化过程中析出的氢氧化钙相互作用形成一定量的水化硫铝酸钙，即形成针柱状的钙矾石，使混凝土体积因此而产生膨胀，达到结构密实的目的。UEA 全称为 U 型膨胀剂，是一种新型膨胀剂，它是以硫酸铝、氧化铝、硫酸铝钾等为主要膨胀源，拌水后生成大量膨胀性结晶水化物。因此混凝土中掺入膨胀剂后能够使混凝土产生适量的膨胀，从而提高混凝土的强度，并能够补偿混凝土在增强阶段收缩时带来的裂缝问题，使混凝土的致密性、抗裂性、抗渗性能均有提高。此外，膨胀砂浆在施工过程中具有一次成型厚度高，适合管路输送和机械化施工的性能特点。

🔊 知识链接六：预拌砂浆 ▌

预拌砂浆是指专业生产厂生产的商品砂浆，用于一般工业与民用建筑工程的砂浆，包括干拌砂浆和湿拌砂浆。湿拌砂浆是指水泥、细骨料、保水增稠材料、外加剂和水以及根据需要掺入的矿物掺合料等组分按一定比例在搅拌站经计量、拌制后，采用搅拌运输车运送至使用地点，放入专用容器储存，并在规定时间内使用完毕的砂浆拌合物。干拌砂浆是指经干燥筛分处理的细骨料与水泥、保水增稠材料以及根据需要掺入的外加剂、矿物掺合料等组分按一定比例在专业生产厂混合而成的固态混合物，在使用地点按规定比例加水或配套液体拌和使用。预拌砂浆生产时会加入保水增稠材料，这是一种改善砂浆可操作性及保水性能的非石灰类物质。

对于预拌砂浆，必须注重存放时间的要求。湿拌砂浆的存放时间是指湿拌砂浆运到工地后按一定的方法储存与保管，能保证砂浆使用性能的时间。干拌砂浆的存放时间是指砂浆干拌料装袋或装罐后到加水搅拌使用的时间，干拌砂浆存放时间应短于其有效期。

普通预拌砂浆是预拌砌筑砂浆、预拌抹面砂浆和预拌地面砂浆的统称，可以是干拌砂浆，也可以是湿拌砂浆。特种预拌砂浆是指具有抗渗、抗裂、高黏结和装饰等特殊功能的预拌砂浆，包括预拌防水砂浆、预拌耐磨砂浆、预拌自流平砂浆和预拌保温砂浆等。

预拌砌筑砂浆应满足下列规定：

（1）在确定湿拌砂浆稠度时，应考虑砂浆在运输和储存过程中的稠度损失；由于在运输过程中湿拌砂浆稠度会有所降低，为保证施工性能，生产时应对其损失进行充分考虑。

（2）湿拌砂浆应根据凝结时间要求确定外加剂掺量；为保证不同的湿拌砂浆凝结时间的需要，应根据要求确定外加剂掺量。

（3）干混砂浆应明确拌制时的加水量范围；不同材料的需水量不同，因此生产厂家应根据配制结果，明确干混砂浆的加水量范围，以保证其施工性能。

（4）预拌砂浆的搅拌、运输、储存及性能等应符合现行行业标准《预拌砂浆》（JG/T 230）的规定。

预拌砂浆应通过试配确定配合比。当砂浆的组成材料有变更时，其配合比应重新确定。干拌外墙抹面砂浆水泥质量不宜少于物料总质量的 15%，湿拌外墙抹面砂浆水泥用量不宜少于 250kg/m³。地面面层砂浆水泥质量不宜少于总质量的 18%，且水泥用量不宜少于 300kg/m³，宜采用硅酸盐水泥或普通硅酸盐水泥，矿物掺合料掺量不宜大于水泥质量的 15%。湿拌外墙抹面砂浆水泥用量不宜少于 250kg/m³，地面面层砂浆水泥用量不宜少于 300kg/m³。

干拌砂浆用的包装袋（或散装罐相应的卡片）上应有清晰标志显示产品的以下内容：①产品名称；②产品标记；③生产厂名称和地址；④生产日期；⑤生产批次号；⑥加水量要求；⑦加水搅拌时间；⑧内装材料重量；⑨产品储存期。

生产厂家也可视产品情况在包装袋（或散装罐相应的卡片）上加注以下标志：产品用途、产品色泽、使用限制、安全使用要求等。

袋装或散装干拌砂浆在运输和储存过程中，不得淋水、受潮、靠近高温或受阳光直射，装卸时要防止硬物划破包装袋。不同品种和强度等级的产品应分别运输和储存，不得混杂。

干拌砂浆储存期不宜超过 3 个月，超过 3 个月的干拌砂浆在使用前必须重新检验合格方可使用。

湿拌砂浆运输应采用搅拌运输车。装料前，装料口应保持清洁，筒体内不得有积水、积浆及杂物。在装料及运输过程中，应保持搅拌运输车筒体按一定速度旋转，使砂浆运至储存地点后，不离析、不分层，组分不发生变化，并能保证施工所必需的稠度。运输设备应不吸水、不漏浆，并保证卸料及输送畅通，严禁在运输和卸料过程中加水。湿拌砂浆在搅拌车中运输的延续时间应符合表 4-12 的规定。

表 4-12　　　　　　　　　湿拌砂浆在搅拌车中运输的延续时间

气温（℃）	运输延续时间（min）
5～35	≤150
其他	≤120

NO.4　干混砂浆在建设工程中的应用

项目五　石材性能检测与应用

🔖 能力目标	石材是土木工程中最悠久且常见的建筑材料之一。本章主要介绍天然石材和人造石材两部分。学生通过完成设定的项目任务，了解石材的种类及不同的物理、力学性质，掌握其技术性质的检测方法及步骤。通过团队分工，培养学生的团队协作能力、沟通能力和执行能力
✋ 知识目标	了解石材的分类、技术性质、加工类型及选用原则。掌握石材的测试内容，各项测试指标要求、测试方法等。 　了解石材抗压性能、吸水率、平均质量磨耗率等的测定方法
📄 能力训练任务	通过子项目任务，建立小组，分配任务，查找相关规范、标准等资料。 　了解石材在结构设计、土建施工中的选用原则。通过试验了解相关技术性质的测试、确定方法

单元项目　石材的种类及技术性质

⭐ **任务描述** --

　　每组学生通过项目任务，完成建筑石材的选择及其性能检测，熟悉并掌握建筑石材在实际工程中的应用。针对不同学习小组给出不同条件下的工程实际，依据实际工程对石材的技术要求，来确定所需要的石材，并在实验室进行性能检测，查阅相关规范及标准，验证所选择的正确性。

　　任务一：根据工程类型及环境选择合适的石材。

　　任务二：根据所选石材，选取样本，在实验室完成其性能及技术性质检测。

　　任务三：查找相关规范及标准，给出石材的选择依据及试验性能测定结果的对比校核。

　　各小组选用不同的工程背景，具体工程概况如下：

　　小组一：

　　陕西省西安市某学院外教楼，建筑面积 $300mm^2$，耐火等级为二级，抗震设防烈度为 8 度，设计地震分组为第一组。全年主导风向为西北风，基本风压为 $0.35kN/m^2$，基本雪压为 $0.25kN/m^2$。采用柱下独立基础，层高 3.0m，建筑总高度 11.8m，以举行小型聚会及日常住宿为主。勒脚的作用是防止地面水、屋檐水的侵蚀，从而保持墙体及室内干燥，提高建筑物耐久性。该建筑勒脚高 1m，采用外贴石材面层。试选择该建筑勒脚所用石材。

　　小组二：

　　江苏省南通市地处长江口北翼，属北亚热带季风气候，年平均降水量 1086mm，年平均相对湿度 77%～80%，年平均气温 5～15℃。现在人流量大的路口修建一城市人行天桥，以缓解城市交通压力。该桥梁采用承托式结构，即将承重的桥梁直接架设在桥墩上，桥梁跨度为 45m、宽 5m，地处城市交通枢纽，兼具城市景观功能，施工工期短。试选择其桥墩所用石材。

小组三：

河南省汝阳县一小型水坝，水坝出口为河道的狭窄处，坝址以上流域面积内，林木茂密，植被良好，水土流失较轻。坝址地处岸坡平缓，选择正槽式溢洪道，结构简单，水流平稳。该水坝以灌溉为主，兼具水景观及人畜饮水的功能，主要构筑物有大坝枢纽及配套的渠系工程。大坝采用单心双曲拱坝，砌石材料，最大坝高 20m。试选择该堤坝坝体所用石材。

小组四：

某大厦位于塘沽区响螺湾商务区，占地面积 9665.3m²，建筑面积 76645m²，地下 2 层，地上 30 层，高 127m，主体为钢筋混凝土框架 - 核心筒结构，是集研发、办公于一身的高品质写字楼。塘沽区属大陆性季风气候，并具有海洋性气候特点，全年大风日数较多，冬季多雾，夏季气温高、湿度大、降水集中，易发生风暴潮灾害。该大厦外墙墙身采用石材、玻璃幕墙装饰，其钢横梁与钢立柱一端为焊接，另一端为螺栓连接。试选择其墙身所用石材。

小组五：

陕西省西安市某景区一宾馆，位于秦岭北麓祥峪森林公园，主体 4 层，局部 5 层，采用混凝土框架结构，建筑面积 3500mm²，耐火等级为二级，抗震设防烈度为 8 度，设计地震分组为第一组。全年主导风向为西北风，基本风压为 0.35kN/m²，基本雪压为 0.25kN/m²。现进行室内装修工程，要求体现现代主义风格，注重材料自身质地和色彩的配置效果，达到空间布局与使用功能的完美结合。试根据人造石材类型及性能选择该宾馆面盆、窗台及台面所用石材。

小组六：

人造透光石板材是一种新型复合材料，是采用透光材料仿天然石材制造出来的环保人造石，采用天然石颗粒、微粉、不饱和聚酯树脂、填料、颜料，在少量引发剂的作用下经过专用的加工机械和生产设备制造而成。因其具有无毒性、无放射性、阻燃性、不粘油、不渗污、抗菌防霉、耐磨、耐冲击、易保养、拼接无缝、任意造型等优点，正逐步成为装修建材市场上的新宠，比工艺玻璃更适合在家居中使用。现对一栋 180m² 的高层复式住宅做室内装修，住宅位于山东省青岛市黄岛区，其客厅面积 60m² 左右，业主要求客厅的电视背景墙及吊顶采用透光幕墙、透光吊顶。试查阅相关资料，了解其物理性能及用途，根据不同的使用环境选择合适的人造透光石材。

任务分析

石材种类的选择使用工程类型、使用位置、使用环境、施工条件、施工设备等受诸多因素的影响。通过学习以及翻转课堂，使学生了解相关知识点，了解石材种类选择及用途。

任务实施

学生根据任务进行项目规划，做出小组任务分配，根据任务查找相关规范及标准等资料。根据资料合理进行任务规划、分配，与教师交流讨论，以团队形式汇报、展示成果，由其他小组和教师进行点评并给出得分，从而达到了解石材种类、技术性质及其使用条件的目的。

📌 知识链接

🔊 知识链接一：天然岩石的形成与分类

按地质分类法的不同，天然石材可分为岩浆岩、沉积岩、变质岩三类。

一、岩浆岩

1. 岩浆岩的形成

岩浆岩又称火成岩，是地壳内的熔融岩浆在地下或喷出地面后冷凝而成的岩石。根据不同的形成条件，岩浆岩又分为以下三类：

（1）深成岩。深成岩是地壳深处的岩浆在受上部覆盖层压力作用经缓慢冷凝而成的岩石。其晶粒粗大、结晶完整、结构致密，具有抗压强度高、孔隙率及吸水率小、表观密度大、抗冻性好等特点。土木工程中常用的深层岩有花岗岩、橄榄岩、正长岩、闪长岩等。

（2）喷出岩。喷出岩是岩浆喷出地表时，在压力较低和冷却较快条件下形成的岩石。由于其大部分岩浆来不及完全结晶，因而常呈隐晶或玻璃质结构。当喷出的岩浆形成较厚岩层时，其岩石的结构与性质类似深成岩；当形成较薄的岩层时，由于冷却速度快及气压作用而易形成多孔结构的岩石，其性质近似于火山岩。土木工程中常见的喷出岩有辉绿岩、玄武岩、安山岩等。

（3）火山岩。火山岩是火山爆发时，岩浆被喷到空中而急速冷却后形成的岩石。有多孔玻璃质结构的散粒状火山岩，如火山岩、火山渣及浮石等；也有因散粒状火山岩堆积而受到覆盖层压力凝聚成的大块胶结火山岩，如火山凝灰岩等。

2. 岩浆岩的分类

岩浆岩的矿物成分是岩浆矿物成分的体现，其化学成分相当复杂，但是对岩石的矿物成分影响最大、含量最高的是 SiO_2。根据 SiO_2 的含量，岩浆岩可分为以下几类：

（1）酸性岩类（SiO_2 含量大于 65%）。矿物成分以石英、正长石为主，并含有少量的黑云母及角闪石。岩石的密度小、颜色浅。常见的酸性岩类有花岗岩、花岗斑岩及流纹岩等。

（2）中性岩类（SiO_2 含量为 52%～65%）。矿物成分以正长石、斜长石及角闪石为主，并含有少量的黑云母及辉石。岩石的密度大、颜色较深。常见的中性岩类有正长岩、正长斑岩、粗面岩、闪长岩、闪长斑岩及安山岩等。

（3）基性岩类（SiO_2 含量为 45%～52%）。矿物成分以斜长石、辉石为主，并含有少量的角闪石及橄榄石。岩石的密度大、颜色深。常见的基性岩类有辉长岩、辉绿岩及玄武岩等。

（4）超基性岩（SiO_2 含量小于 45%）。矿物成分以橄榄石、辉石为主，并含有角闪石，一般不含硅铝矿物。岩石的密度很大、颜色很深。

3. 常用的岩浆岩

（1）花岗岩。花岗岩是岩浆岩中分布较广的一种岩石，主要由长石、石英和少量的云母或角闪石组成，具有致密的结晶结构和块状构造。其颜色一般为灰白、微黄、淡红色等。由于结构致密，其孔隙率和吸水率很小，表观密度大于 $2700kg/m^3$；抗压强度达 250MPa；抗冻性达 $100\sim200$ 次冻融循环；耐风化，使用期为 $75\sim200$ 年；对硫酸和硝酸的腐蚀具有较强抵抗性。表面经雕磨加工后光泽美观，是优良的装饰材料。土木工程中花岗岩常用于砌筑基础、闸坝、台阶、桥墩、路面、勒脚及纪念性土建结构物等。高温作用下，由于花岗岩内的石英膨胀会引起石材破坏；另外，其耐火性能较差。

（2）玄武岩、辉绿岩。

1）玄武岩是喷出岩中最普通的一种，颜色较深，常常呈玻璃质或隐晶质结构，有时也呈多孔状或斑形构造。其硬度高、脆性大、抗风化能力强，表观密度为 $2900\sim3500kg/m^3$，抗压强度达 $100\sim500MPa$，常用作高强混凝土的骨料、路面的抗滑表层等。

2）辉绿岩主要由铁、铝硅酸盐组成，有较强的耐酸性。常用作高强混凝土的骨料、耐酸混凝土骨料、路面的抗滑表层等。其熔点为 $1400\sim1500℃$，可作铸石的原料，所制得的铸石结构均匀、致密且耐酸性好，是化工设备耐酸衬里的良好材料。

（3）火山灰、浮石。

1）火山灰是颗粒直径小于 5mm 的粉状火山岩。其具有火山灰活性，即在常温和有水情况下可与石灰（CaO）反应生成具有水硬性胶凝能力的水化产物，因此可用作水泥的混合料及混凝土的掺合料。

2）浮石是粒径大于 5mm 且具有多孔构造的火山岩。其表观密度较小，一般为 $300\sim600kg/m^3$，因此可用作轻质混凝土的骨料。

主要岩浆岩的矿物成分及性质见表 5 - 1。

表 5 - 1　　　　　　　　　　主要岩浆岩的矿物成分及性质

岩浆岩		矿物成分	主要性质	
深成岩	喷出岩		表观密度（kg/m^3）	抗压强度（MPa）
花岗岩	石英斑岩	石英、长石、云母	$2500\sim2700$	$120\sim250$
正长岩	粗面岩	长石、暗色矿物（较少）	$2600\sim2800$	$120\sim250$
闪长岩	安山岩	长石、暗色矿物（较多）	$2800\sim3000$	$150\sim300$
辉长岩	玄武岩、辉绿岩	暗色矿物	$2900\sim3500$	$100\sim500$

二、沉积岩

1. 沉积岩的形成和种类

沉积岩又名水成岩，是由地表的各类岩石经自然风化、风力搬运、流水冲刷等作用后再沉积而成的岩石，主要存在于地表及不太深的地下。其特征是呈层状构造，外观多层理，表观密度小，孔隙率及吸水率较大，强度较低，耐久性较差。沉积岩是地表表面分布最广的一种岩石，体积占地壳的 5%，露出面积约占陆地表面积的 75%。根据沉积岩的生成条件，可分为机械沉积岩、化学沉积岩及有机沉积岩。

2. 常见的沉积岩

（1）石灰岩。石灰岩俗称灰石或青石，主要成分为 $CaCO_3$，主要矿物成分为方解石，一般也常含有白云石、石英、蛋白石、菱镁硬矿、含水铁矿物及黏土等。因此，石灰岩的化学成分、矿物组成、致密程度及物理性质等差别很大。

石灰岩通常为灰白、浅白色，并常因含有杂质而呈深灰、灰黑、浅黄色，表观密度为 $2600\sim2800kg/m^3$，抗压强度为 $20\sim160MPa$，吸水率为 $2\%\sim10\%$。石灰岩来源广、硬度低、易劈裂、便于开采，具有一定的强度和耐久性，因而广泛用于土木工程中。块石可作基础、墙身、路面、阶石等，碎石是常用的水泥混凝土和沥青混凝土的骨料，也是生产水泥和石灰的主要原料。

（2）砂岩。砂岩主要是由石英砂或石灰岩等细小碎屑经沉积、重新胶结而成的岩石。其性质取决于胶结物的种类及胶结密实程度。以氧化硅胶结而成硅质砂岩；以碳酸钙胶结而成石灰质砂岩；另有铁质砂岩和黏土质砂岩。砂岩的主要矿物为石英，次要矿物为长石、云母及黏土等。致密的硅质砂岩的性能接近花岗岩，密度大、强度高、硬度大、加工较困难，常用于纪念性土木工程、耐酸性工程等；钙质砂岩的性能类似石灰岩，抗压强度为 $60\sim80MPa$，加工较易，应用较广，常用作基础、踏步、人行道等，但其耐酸性较差；铁质砂岩的性能较钙质砂岩差，较密实的可用于一般土木工程；黏土质砂岩浸水易软化，土木工程中宜少用。

三、变质岩

1. 变质岩的形成

变质岩是地壳中原有的各类岩石，在地层压力和温度作用下，原岩石在固体状态下发生再结晶作用，其矿物成分、结构构造及化学成分部分或全部发生改变而形成的新岩石。一般由岩浆岩变质而成的称为正变质岩，如片麻岩等；由沉积岩变质而成的称为副变质岩，如大理石、石英岩等。

2. 常用的变质岩

（1）大理岩。大理岩又称大理石，是由石灰岩或白云石经过高温高压作用，重新结晶变质而成。其表观密度为 $2500\sim2700kg/m^3$，抗压强度为 $50\sim140MPa$，耐用年限为 $30\sim100$ 年。大理石的构造致密，密度大，但硬度不大，易于分割。纯大理石常呈雪白色，含有杂质时，呈黑、红、黄、绿等色彩。大理石锯切、雕刻性能好，磨光后非常美观，可用于高级土木工程的装饰。我国的汉白玉、丹东绿切花白、红奶油、墨玉等大理石均为世界高级土木工程装饰材料。

（2）石英岩。石英岩是由硅质砂岩变质而成，为晶体结构，岩体均匀、致密，抗压强度为 $250\sim400MPa$，耐久性好，但是硬度大，加工困难，常用作耐磨耐酸的装饰材料。

（3）片麻岩。片麻岩是由花岗岩变质而成，故其矿物成分与花岗岩相似，呈片状构造，因而各个方向的物理力学性质不同。垂直于片层（解理）的方向抗压强度较高，可达 $120\sim200MPa$；沿解理方向易于开采加工，但在冻融循环过程中易剥落分离成片状，故抗压强度较差，易于风化。片麻岩常用作碎石、块石、人行道石板等。

🔊 知识链接二：人造石材的类型

根据人造石材胶结料的类型可将其分为以下四类。

1. 水泥型人造石材

以白色、彩色水泥或硅酸盐、铝酸盐水泥为胶结料，砂为细骨料，碎大理石、碎花岗岩石或工业废渣为粗骨料，必要时再加入适量的耐碱颜料，经配料、搅拌、成型和养护后，再进行抹平抛光而制成。例如各种水磨石制品等（见图 5-1）该类产品的规格、色泽和性能均可根据使用要求制作。

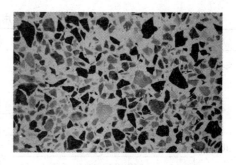

图 5-1　水泥型人造石材——水磨石

2. 聚酯型人造石材

以不饱和聚酯为胶结料，加入石英、大理石和方解石粉等无机填料和颜料，经配料、混合搅拌、浇筑成型、固化、干燥、抛光等工序制作而成。目前国内外人造大理石、花岗石以聚酯型为最多，该类产品颜色浅、光泽好，可调配成各种鲜明的花色及图案，见图 5-2。由于不饱和聚酯的黏度低，易于成型，且在常温下固化较快，因此便于制作形状复杂的制品。与天然大理石相比，聚酯型人造石材具有强度高、密度小、厚度薄、耐酸碱性好、美观等优点。但其老化性能不及天然石材，故多用于室内装饰，如宾馆、商场、公共土木工程及制作各种卫生器具等。

图 5-2　聚酯型人造石材——大理石

3. 复合型人造石材

该类人造石材由无机胶结料（水泥、石膏等）和有机胶结料（不饱和聚酯或单体）共同组合而成。例如，可在廉价的水泥型基板材（不需磨光等）上复合聚酯型薄层，组合复合型板材，以获得最佳的装饰效果和经济指标；也可将水泥基等人造石材浸渍于具有聚合性能的有机单体（如苯乙烯、甲基丙烯酸、甲酯、二氯乙烯、丁二烯等）中加以聚合，以提高饰品的性能和档次。

4. 烧结型人造石材

把斜长石、石英石粉和赤铁矿及高岭土等混合成矿粉，再经 1000℃ 左右的高温焙烧而成。如仿花岗岩瓷砖、仿大理石陶瓷艺术板等。

知识链接三：天然石材的技术性质

天然石材的技术性质可分为物理性质、化学性质、力学性质和工艺性质。

天然石材因生成条件各异，常含有不同类别的杂质，矿物成分会有所变化，所以即使是同一类岩石，其性能也会有很大差别。因此，在使用时，必须进行检验和鉴定。常用天然石材的性能见表 5-2。

表 5 - 2 　　　　　常用石材的性能及用途

名称	主要质量指标			主要用途
花岗岩	表观密度（kg/m³）		2500～2700	基础、桥墩、堤坝、阶石、路面、海港结构、基座、勒脚、窗台及装饰石材等
	强度（MPa）	抗压	120～250	
		抗折	8.5～15	
		抗剪	13～19	
	吸水率（%）		<1	
	膨胀系数（×10⁻⁶/℃）		5.6～7.37	
	平均韧性（cm）		8	
	平均质量磨耗率（%）		11	
	耐用年限（a）		75～200	
石灰岩	表观密度（kg/m³）		1000～2600	墙身、桥墩、基础、阶石、路面及石灰和粉刷材料原料等
	强度（MPa）	抗压	22～140	
		抗折	1.8～20	
		抗剪	7～14	
	吸水率（%）		2～6	
	膨胀系数（×10⁻⁶/℃）		6.75～6.77	
	平均韧性（cm）		7	
	平均质量磨耗率（%）		8	
	耐用年限（a）		20～40	
砂岩	表观密度（kg/m³）		2200～2500	基础、墙身、衬面、阶石、人行道、纪念碑及其他装饰石材等
	强度（MPa）	抗压	47～140	
		抗折	3.5～14	
		抗剪	13～19	
	吸水率（%）		<10	
	膨胀系数（×10⁻⁶/℃）		9.2～11.2	
	平均韧性（cm）		10	
	平均质量磨耗率（%）		12	
	耐用年限（a）		20～200	
大理岩	表观密度（kg/m³）		2500～2700	装饰材料、踏步、地面、墙面、柱面、柜台及栏杆等
	强度（MPa）	抗压	47～140	
		抗折	2.5～1.6	
		抗剪	8～12	
	吸水率（%）		<1	
	膨胀系数（×10⁻⁶/℃）		6.5～11.2	
	平均韧性（cm）		10	
	平均质量磨耗率（%）		12	
	耐用年限（a）		30～120	

1. 物理性质

由于石材含有一定的孔隙（见图5-3），因此考虑孔隙的方式不同，其密度的计算结果也不同。

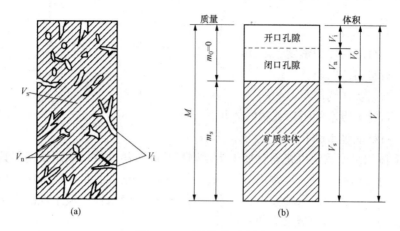

图5-3　石材结构示意图

（a）石料组成结构示意图；（b）石料结构的质量与体积关系示意图

（1）石材的密度。石材的密度是指石材在规定条件下 [(105±5)℃烘干至恒重，20℃称重]，在绝对密实状态下单位体积所具有的质量。计算公式为：

$$\rho = \frac{m_s}{V_s} \tag{5-1}$$

式中　ρ——石材的密度，g/cm^3；

　　　m_s——石材的质量，g；

　　　V_s——石材的体积，cm^3。

石材密度的测定可采用比重瓶法或李氏比重瓶法。要获得矿质实体的体积，必须将石料粉碎磨细，然后通过试验测定出来。

（2）表观密度。石材的表观密度是单位体积（含石材的实体矿物及不吸水的闭口孔隙，但不包括能吸水的开口孔隙的体积）石材所具有的质量，常按下式计算：

$$\rho_a = \frac{m_s}{V_s + V_n} \tag{5-2}$$

式中　ρ_a——石材的表观密度，g/cm^3；

　　　m_s——石材实体的质量，g；

　　　V_s——石材实体的体积，cm^3；

　　　V_n——石材不吸水的闭口孔隙的体积，cm^3。

测试方法是将已知质量的干燥岩石浸水，使其开口孔隙吸饱水，称出饱水后岩石的质量，吸水前、后岩石的质量差即为岩石包括闭口孔隙在内的表观体积。

天然石材根据表观密度大小可分为以下两种：

1）轻质石材，表观密度≤1800kg/m³。

2）重质石材，表观密度＞1800kg/m³。

表观密度的大小间接反映石材的致密程度与孔隙多少。在通常情况下，同种石材的表观密度越大，抗压强度越高，且吸水率小，耐久性强，导热性好。

（3）毛体积密度。石材的毛体积密度是单位体积（含石材实体矿物、不吸水的闭口孔隙及能吸水的开口孔隙在内的体积）所具有的质量，按下式计算：

$$\rho_b = \frac{m_s}{V_s + V_n + V_i} \qquad (5-3)$$

式中　ρ_b——石材的毛体积密度，g/cm^3；

　　　m_s——石材实体的质量，g；

　　　V_s——石材实体的体积，cm^3；

　　　V_n——石材不吸水的闭口孔隙的体积，cm^3；

　　　V_i——石材能吸水的开口孔隙的体积，cm^3。

石材的毛体积密度测定可将石材加工为规则形状的石料试件，采用精密器具测量其几何形状的方法计算其体积；对于遇水崩解、溶解和干缩湿胀松软石料，应采用封蜡法测定。

（4）吸水性。石材在浸水状态下吸入水分的能力称为吸水性。吸水性的大小以吸水率表示，常有质量吸水率和体积吸水率两种形式。

1）质量吸水率：石材的饱和吸水量占材料干燥质量的百分比。其按下式计算：

$$w = \frac{m_2 - m_1}{m_1} \times 100\% \qquad (5-4)$$

式中　w——石材的质量吸水率，%；

　　　m_2——石材饱水后在空气中的质量，g；

　　　m_1——石材烘干后在空气中的质量，g。

2）体积吸水率：石材饱和吸收水分的体积占干燥自然体积的百分比，表示材料体积内被水充实的程度。其按下式计算：

$$p = \frac{V_2}{V_1} = \frac{m_2 - m_1}{V_1} \times \frac{1}{\rho_{水}} \times 100\% \qquad (5-5)$$

式中　p——石材的体积吸水率，%；

　　　V_2——石材饱水时的体积，cm^3；

　　　V_1——干燥石材自然状态下的体积，cm^3；

　　　$\rho_{水}$——水的密度，g/cm^3。

其他符号意义同前。

质量吸水率与体积吸水率存在以下关系：

$$p = \frac{w}{\rho_{水}}$$

吸水率低于 1.5% 的岩石称为低吸水性岩石，介于 1.5%～3% 之间的称为中吸水性岩石，高于 3% 的称为高吸水性岩石。

岩浆深成岩以及许多变质岩的孔隙率都很小，故吸水率也很小，比如花岗岩的吸水率通常小于 0.5%。沉积岩由于形成条件、密实程度及胶结情况的不同，孔隙率及孔隙特征变动很大，故其吸水率的波动也很大，如致密的石灰岩的吸水率小于 1%，而多孔的贝壳石灰岩的吸水率却高达 15%。

（5）耐水性。石材的耐水性用软化系数表示。岩石中含有较多的黏土或易溶物质时，软化系数较小，其耐久性也较差。根据软化系数大小，可将石材分为高、中、低三个等级。软化系数大于 0.9 的为高耐久性石材，0.75～0.9 的为中耐久性石材，0.6～0.75 的为低耐久性石材，软化系数小于 0.6 的石材不允许用在重要的土木工程结构物中。

（6）抗冻性。石材在饱水状态下，能经受多次冻融和融化作用（冻融循环试验）而不破坏，强度也不发生明显降低的性质成为抗冻性。通常采用 −15℃ 的温度（水在微小毛细管中低于 −15℃ 才能冻结）冻结后，再在 20℃ 的水中融化，这样的过程称为一次冻融循环。

石材经多次冻融交替作用后，表面将出现剥落、裂纹，从而产生质量损失和强度降低。因为石材孔隙内的水结冰时，体积膨胀，将引起材料的破坏。

根据经验，吸水率小于 0.5% 的石材具有一定抗冻性，可不进行抗冻试验。

（7）耐热性。耐热性与其化学成分及矿物组成有关。含有石膏的石材，在 100℃ 以上时就开始破坏；含有碳酸镁的石材，温度高于 725℃ 才会发生破坏；含有碳酸钙的石材，在 100℃ 时，由于石材受热膨胀，强度迅速下降。石材的耐热性与导热性有关，导热性主要与其致密程度有关。重质石材的热导率可达 2.91～3.49。具有封闭孔隙的石材，导热性较差。

（8）坚固性。坚固性是采用硫酸钠侵蚀法来测定的。该法是将烘干并称量过的规则试件侵入饱和硫酸钠溶液中，经 20h 后取出置于 (105±5)℃ 的烘箱中烘 4h。然后取出冷却至室温，这样为一个循环。如此重复若干个循环，最后用蒸馏水沸煮洗净，烘干称量，再计算其质量损失率。此法的原理是基于硫酸钠饱和溶液侵入石材孔隙后，经过烘干，硫酸钠结晶膨胀，产生和水结冰相似的作用，石材孔隙周壁受到张拉应力，经过多次循环，引起石材破坏。坚固性是测定石材耐候性的一种简易快速的方法，有设备条件的单位应采用直接冻融法试验。

由于用途及使用条件不同，对石材的性质及其所要求的指标有所不同。工程中用于基础、桥梁、隧道及石砌工程的石材，一般规定其抗压强度、耐水性、抗冻性等必须达到一定指标。

2. 力学性质

天然石材的力学性质主要包括抗压强度、冲击韧性、硬度及耐磨性等。

（1）抗压强度。石材的抗压强度是划分石材强度等级的依据，采用边长为 70mm 的立方体试件，用标准方法进行测试。根据《砌体结构设计规范》（GB 50003—2011）的规定，天然石材的强度等级可分为 MU100、MU80、MU60、MU50、MU40、MU30、MU20 共 7 个等级。抗压试件尺寸也可采用表 5-3 所列尺寸的正方体，但其试验结果应乘以表中所列相应的换算系数。

表 5-3　　　　　　　　　　　　石材强度等级换算系数

立方体边长（mm）	200	150	100	70	50
换算系数	1.43	1.28	1.14	1	0.86

矿物组成对石材抗压强度有一定的影响。如组成花岗岩的主要矿物成分中石英是很坚硬的矿物质，其含量越高，则花岗岩的强度也越高；而云母是片状物，易于分裂成柔软薄片，因此云母含量越高，则花岗岩强度就越低。沉积岩的抗压强度与胶结物成分有关，由硅质物质胶接的其抗压强度较大，石灰质胶结的次之，泥质物质胶结的则最小。

结构与构造特征对石材的抗压强度也有很大影响。结晶质的强度较玻璃质的高，等粒状的强度较斑状的高，构造致密的强度较疏松多孔的高。层状、带状或片状石材，其垂直于层理方向的抗压强度较平行于层理方向的高。

（2）冲击韧性。冲击韧性是指石材抵抗外来冲击荷载的能力，其取决于矿物组成的硬度及构造。凡由致密、坚硬矿物组成的石材，其硬度就高。硬度以莫氏硬度测定表示，硬度高的石材，其冲击韧性也越高。

（3）耐磨性。耐磨性是指石材在使用条件下抵抗摩擦及冲击等复杂作用的性质，其与内部组成矿物的硬度、结构性及石材的抗压强度、冲击韧性等性质有关。组成矿物越坚硬，构造越致密，抗压强度及冲击韧性越高，则石材的耐磨性越好。

凡是用于可能遭受磨损作用的场所，如台阶、地面、人行道及楼梯踏步等，均应采用高耐磨性的石材。

3. 工艺性质

石材的工艺性质指开采和加工工程的难易程度及可能性，包括加工性、磨光性与抗钻性等。

（1）加工性。加工性是指对岩石劈解、破碎及雕琢的难易程度。凡强度、硬度、韧性较高的石材，都不易加工。性脆而粗糙，有颗粒交错结构，含有层状、片状结构及已风化的岩石，都难以满足加工要求。

（2）磨光性。磨光性是指岩石能否磨成光滑表面的性质。致密、均匀、细粒的岩石一般都有良好的磨光性，疏松多孔，有鳞片状构造的岩石，磨光性均不好。

（3）抗钻性。抗钻性是指岩石钻孔难易程度的性质，一般与岩石的强度及硬度有关。

4. 化学性质

在土木工程中，各种矿物骨料是与结合料（如水泥与沥青）组成混合料而使用于结构物中的。近代物化力学研究表明，矿物骨料在混合料中与结合料起着复杂的物理化学作用，矿物骨料的化学性质很大程度上影响着混合料的物理化学性质。比如在沥青混合料中，其他条件完全相同的条件下，采用石灰岩、花岗岩和石英岩与同种沥青组成的沥青混合料，其强度与浸水后强度就有很大差异。

◁))) 知识链接四：人造石材的性能 ▌

1. 装饰性

人造石材是模仿天然花岗石、大理石的表面纹理、特点等设计而成，其具有天然石材的花纹和质感，具有美观、大方、装饰效果好的特点。

2. 物理性能

不同的胶结料和工艺方法制作的人造石材，其物理性能不同。现以 196 号聚酯型人造石材为例，说明其性能，见表 5 - 4。

表 5 - 4   196 号聚酯型人造石材的物理性能

抗折强度 （MPa）	抗压强度 （MPa）	抗冲击强度 （J/m^2）	表面硬度 （HB）	表面光泽度 （度）	密度 （g/cm^3）	吸水率 （%）	线膨胀系数 （$\times 10^{-6}/℃$）
38 左右	>100	15 左右	40 左右	>100	2.1 左右	<0.1	2~3

3. 耐久性

以聚酯型人造石材为例，其耐久性表示如下：

（1）骤冷骤热（0℃、5min 与 80℃、15min）交替进行 30 次，表面无裂纹，颜色无变化。80℃烘 100h，表面无裂缝，色泽略微变黄。

（2）室外暴露 300d，表面无裂纹，色泽略微变黄。

（3）人工老化试验结果见表 5-5。

4. 可加工性

人造石材具有良好的可加工性，加工天然石材的常用方法既可对其锯、切、钻孔等。因加工容易，对人造石材的安装和使用特别有利。

表 5-5　　　　　　　　　　　　聚酯型人造石材的人工老化性能

树脂	项目	时间（h）		
		0	200	1000
2～306 号	光泽度（度）	85	63	26.7
	色差（NBS）	43.6	—	41.3
196 号	光泽度（度）	86	74	29
	色差（NBS）	43.8	—	41

◁))) 知识链接五：天然石材的加工类型及选用原则

1. 加工类型

（1）砌筑用石材。砌筑用石材分为毛石和料石两类。

1）毛石。毛石又称块石或片石（见图 5-4），是采用爆破方法直接得到的石块。按其表面的平整程度分为乱毛石和平毛石两类。

a. 乱毛石是形状不规则的毛石，一般在一方向的尺寸可达 300～400mm，质量可达 20～30kg，强度不小于 10MPa，软化系数不应小于 0.75，常用于砌筑基础、墙身、勒脚、挡土墙、堤坝等，也可作混凝土的骨料。

b. 平毛石是乱毛石略经加工而成，形状较整齐，表面粗糙，其中部厚度不应小于 200mm。

2）料石。料石又称条石（见图 5-5），是由人工或机械开采、较规则且略加雕琢而成的六面体石块。按其表面加工的平整程度可分为：

a. 毛料石。一般不加工或仅稍作修整，外形大致方正的石块。其厚度不小于 200mm，长度常为厚度的 1.5～3 倍，叠砌面凹凸深度不应大于 25mm。

b. 粗料石。外形较方正，截面的宽度、高度不应小于 200mm，而且不小于长度的 1/4，叠砌面凹凸深度不应大于 20mm。

c. 半细料石。外形方正，规格尺寸同粗料石，但叠砌面凹凸深度不应大于 15mm。

d. 细料石。经过细加工，外形规则，规格尺寸同粗料石，但叠砌面凹凸深度不应大于 10mm。制作为长方形的称作条石，长、宽、高度大致相等的称为方斜石，楔形的称为拱石。

上述石料常用致密的砂岩、花岗岩、石灰岩等开采雕琢，至少应有一个面的边角整齐，以便相互合缝。料石常用于砌筑墙身、踏步、地坪、拱和纪念碑等；形状复杂的料石制品可用作柱头、柱基、窗台板、栏杆和其他装饰等。

図 5-4　毛石　　　　　　　　　図 5-5　料石

（2）板材。板材是用致密岩石凿平或锯解而成、厚度一般为 20mm 的石材。

1）天然大理石板材。大理石板材（见图 5-6）是由矿山开采出来的具有规则形状的天然大理石块经锯切、研磨、抛光等加工而成的石材。常用规格为厚 20mm、宽 150～915mm、长 300～1200mm，也可加工为 8～12mm 厚的薄板及异型板材。大理石板材主要用于装饰室内饰面，如墙面、台面、柱面、地面、栏杆、踏步等。因大理石抗风化能力差、易受空气中二氧化硫的腐蚀而使表面失去光泽、变色并逐渐破损，所以应谨慎用于室外，通常只有汉白玉等少数几种致密、质纯的品种可用于室外。

天然大理石板材按形状可分为普通板材（正方形或长方形板材，N）和异型板材（其他形状，S）；按其外观质量、镜面光泽度等可分为优等品（A）、一等品（B）、合格品（C）3个等级。

图 5-6　天然大理石板材

2）天然花岗石板材。花岗石板材（见图 5-7）是以火成岩中的花岗岩、安山岩、辉长岩、片麻岩等块料经锯片、磨光、修饰等加工而成的板材。其品种、质地、花色繁多，根据用途和加工方法可分为：

a. 剁斧板材：表面粗糙，具有规则的条纹、斧纹。

b. 机刨板材：表面平整，具有相互平行的刨纹。

c. 粗磨板材：表面平整、光滑，但无光泽。

d. 磨光板材：表面光亮、平整，晶体纹理清晰，色泽鲜明，有镜面感。

由于花岗石板材质感丰富，且质地坚硬、耐久性好，具有华丽高贵的装饰效果，所以是

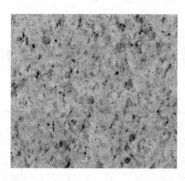

图 5-7 天然花岗石板材

室内外高级饰面材料，可用作各类高级土木工程中的墙、柱、地、楼梯、台阶、展示台、服务台等的饰面材料。

天然花岗石板材按形状分为普通板材（N）和异型板材（S）；按其表面加工程度分为细面板材（RB）、镜面板材（PL）和粗面板材（RU）；按其尺寸、平面度、角度偏差、外观质量等可分为优等品（A）、一等品（B）、合格品（C）3 个等级。

（3）颗粒状石材。

1）碎石。碎石是天然岩石经人工或机械破碎而成的粒径大于 5mm 的颗粒状石材，其性质取决于母岩的性质，主要用作道路或基础的垫层，也用于配置混凝土。

2）卵石。卵石是母岩经自然条件风化、腐蚀、冲刷等作用而形成的表面较光滑的颗粒状石材，其用途同碎石，还可作为装饰混凝土的骨料和园林庭院地面的铺砌材料等。

3）石渣。石渣是用天然大理石与花岗石等的残碎料加工而成，其具有多种颜色和装饰效果，可作为人造大理石、水磨石、斩假石、水刷石等的骨料，还可用于制作黏石制品。

2. 选用原则

在土木工程设计和施工中，应根据适用性和经济性原则选用石材。

（1）适用性。主要考虑石材的技术性质能否满足使用要求。可根据石材在土木工程中的用途和部位，选定适合的岩石。如基础、勒脚、柱和墙等承重部位的石材应主要考虑其强度等级、耐久性、抗冻性等技术性质；围护结构用的石材主要考虑良好的绝热性能；地面、台阶等用石材主要考虑坚韧耐磨性能；对于饰面板、栏杆、扶手等装饰用的构件，主要考虑石材本身的色彩及可加工性等；对处于高温、高湿或严寒等特殊环境下的构件，主要分别考虑石材的耐久性、耐水性、抗冻性及耐化学侵蚀性等性能。

（2）经济性。天然石材的密度大，不宜长途运输，应综合考虑地方资源，尽可能做到就地取材。

NO.5 家居设计中的石材背景墙

项目六　墙体和屋面材料性能检测与应用

🖊 **能力目标**	墙面材料和屋面材料都是土木工程材料不可缺少的材料之一。 墙体材料是指用于砌筑墙体的材料，具有承重、围护和分隔作用。掌握如何根据工程特点、所处环境等选择砌墙砖、砌块以满足设计要求是本章学习的主要任务。 屋面材料以各类瓦制品和各种屋面板为主。通过本章的学习，了解屋面材料的种类和特性
✋ **知识目标**	掌握烧结普通砖、烧结多孔砖、烧结空心砖、蒸压粉煤灰砖、蒸压灰砂砖的种类、技术性质和应用。掌握各种砌块材料和墙用板材的种类、技术性质和应用。 了解屋面材料种类、特性及应用
📄 **能力训练任务**	通过子项目任务，建立小组，分配任务，查找相关文献资料，了解砌墙砖、砌块、墙用板材、屋面瓦类及屋面板材在土木工程中的选用及技术要求。 通过试验了解相关数据的测试、调整、确定方法，了解砌墙砖、砌块的质量评级

单元项目一　砌墙砖与砌块的选择与应用

☆ **任务描述**

每组学生通过项目任务，完成砌墙砖、砌块的选择，熟悉并掌握砌墙砖、砌块在实际工程中的应用。针对不同的学习小组，给出不同的工程条件，依据实际工程对砌墙砖、砌块的技术要求，确定其种类，了解所选砌墙砖、砌块的发展历程、生产工艺、优缺点，并在实验室完成所选砌墙砖、砌块技术性能的检测。

任务一：了解目前砌墙砖、砌块的种类，针对不同环境进行砌墙砖、砌块的选择。

任务二：了解所选砌墙砖或砌块的发展历程、生产工艺、优缺点。

任务三：完成所选砌墙砖或砌块技术性能的检测。

各小组选用不同的工程背景，具体工程概况如下：

小组一：

延安市一窑洞住宅小区位于宝塔区，依山而建，总建筑面积31500.00m²，总户数322户。自下而上设11排窑洞，共建有窑洞707孔。本住宅小区地处山坡地形，基地高差变化较大，客观上为小区建设设置了较大的障碍。

现针对该项目中窑洞选择适宜的砌墙砖种类，并对所选砌墙砖的性能进行检测。同时分析这类砌墙砖的生产工艺、特性及应用。

小组二：

某工业厂房是汉中市郊区内的一个高双跨（18m＋18m）生产车间。车间总长36m，纵向柱距6m，在车间中部，有温度伸缩缝一道，厂房两头设有山墙。柱顶标高大于8m，故采用钢筋混凝土排架结构。

　　现针对该生产车间选择适宜的砌墙砖种类，并对所选砌墙砖的性能进行检测。同时分析这类砌墙砖的生产工艺、特性及应用。

　　小组三：

　　北京一住宅小区项目坐落于有东方莱茵河之美誉的顺义潮白河畔，7000 亩浩瀚林木自成天然的绿色屏风，占地 234 万 m^2，建筑面积仅为 70 万 m^2。其中 7 号院为中式四合院，占地面积为 $1245m^2$，建筑面积 $843m^2$。

　　现针对该中式四合院选择适宜的砌墙砖种类，并对所选砌墙砖的性能进行检测。同时分析这类砌墙砖的生产工艺、特性及应用。

　　小组四：

　　某商务会馆，建筑结构安全等级为二级，建筑耐火等级为二级，抗震设防烈度为 7 度，防水等级为二级，剪力墙结构。

　　现针对该商务会馆二次结构选择适宜的砌块种类，并对所选砌块的性能进行检测。同时分析这类砌块的生产工艺、特性及应用。

　　小组五：

　　某综合写字楼，占地面积约 $26000m^2$，总建筑面积 $150000m^2$，采用钢筋混凝土框架结构。根据经营需要现对一楼部分面积进行改造，改造后为一浴场。

　　现针对该改造的浴场部分所用墙体选择适宜的填充墙砌块种类，并对所选砌块的性能进行检测。同时分析这类砌块的生产工艺、特性及应用。

　　小组六：

　　2000 年 4 月 27 日开工的京开高速公路北京段已建成通车。该路段北起玉泉营立交桥，经丰台区花乡、大兴西红门镇、黄村卫星城、庞各庄镇、榆垡镇，南至北京市与河北省交界处的固安大桥，全长 42.650km。京开高速主路两侧是挡土墙。

　　现针对该高速路主路两侧选择适宜的砌块种类，并对所选砌块的性能进行检测。同时分析这类砌块的生产工艺、特性及应用。

任务分析

　　砌墙砖是指以黏土、工业废料或其他地方资源为主要原料，以不同工艺制造的、用于砌筑承重和非承重墙体的墙砖。虽然目前出现了各种新型墙体材料，但由于砌墙砖的价格便宜，且能满足一定的建筑功能要求，因此砌墙砖仍是主要的墙体材料。按照其生产工艺及其孔的大小等分为不同种类。

　　砌块是在建筑工程中用于砌筑墙体的尺寸较大的块体材料。砌块适应性强，在施工时比较灵活，既可干法操作，也可湿法施工。砌块砌筑方便，适用面广，工效高，周期短，还可以改善墙体的功能。生产砌块可充分利用地方材料和工业废料。砌块的分类有许多方法，按承重分为承重砌块和非承重砌块；按有无孔洞分为密实砌块和空心砌块；按用料分为水泥混凝土砌块、粉煤灰砌块、炉渣砌块、加气混凝土砌块、石膏砌块等；按大小分为小型砌块和中型砌块。

任务实施

　　学生根据提供的背景资料和知识链接，利用图书馆和网络等多种资源，合理进行项目规划，做出小组任务分配，完成任务，并以团队形式汇报、展示成果，由其他小组和老师进行点评和打分，从而使学生掌握各种砌墙砖的特性及应用。

🎯 知识链接

🔊 **知识链接一：砌墙砖**

砌墙砖是砌筑用的小型块料，按原材料可分为黏土砖、粉煤灰砖、页岩砖、煤矸石砖和炉渣砖；按生产工艺可分为烧结砖和非烧结砖，前者是指以黏土和各种工业废渣为原材料经烧结制成的砌墙砖，后者则主要指以活性的硅铝质材料与钙质材料发生水热反应或以水泥作为胶结料制成的一类砌墙砖；按砖的孔洞率、孔的尺寸大小和数量，可分为普通砖、多孔砖和空心砖。

1. 烧结砖

凡以黏土、页岩、煤矸石、粉煤灰等为原料，经成型及焙烧所得的用于砌筑承重或非承重墙体的砖，统称为烧结砖。烧结砖按有无穿孔分为烧结普通砖、烧结多孔砖和烧结空心砖。

（1）烧结普通砖。以黏土、页岩和粉煤灰为主要原料，经配料、制坯、干燥、焙烧而成的砖称为烧结普通砖，包括烧结黏土砖（N）、烧结页岩砖（Y）、烧结煤矸石砖（M）及烧结粉煤灰砖（F）等多种。其中，以黏土为主要原料制成的烧结普通砖最为常见，简称黏土砖。而烧结页岩砖（Y）、烧结煤矸石砖（M）及烧结粉煤灰砖（F）属于烧结非黏土砖。

黏土砖有红砖与青砖两种。红砖是砖坯在氧化气氛中焙烧，黏土中铁的化合物被氧化成红色的三价铁。青砖是砖坯开始在氧化气氛中焙烧，当达到烧结温度后（1000℃左右），再在还原气氛中继续焙烧，红色的三价铁被还原成青灰色的二价铁。青砖的耐久性比红砖好。

1）烧结普通砖的技术要求。按照国家标准《烧结普通砖》（GB 5101—2003）的规定，强度和抗风化性能合格的砖，根据尺寸偏差、外观质量、泛霜和石灰爆裂分为优等品（A）、一等品（B）及合格品（C）3个等级。

a. 规格。烧结普通砖的标准尺寸为240mm×115mm×53mm。一般将240mm×115mm称为大面，240mm×53mm称为条面，115mm×53mm称为顶面。考虑10mm灰缝厚度，则4块砖长、8块砖宽、16块砖厚均为1m。由此计算墙体用砖数量，如1m³砖砌体需用烧结普通砖512块，砌筑1m²的240mm厚墙需用砖128块。烧结普通砖的优等品必须颜色基本一致，尺寸偏差应符合表6-1的规定。外观质量必须完整，其表面的高度差、弯曲、杂质凸出的高度、缺棱掉角的尺寸和裂纹长度要求见表6-2。

表 6-1   **烧结普通砖尺寸偏差**   mm

公称尺寸	优等品		一等品		合格品	
	样本标准差	样本极差≤	样本标准差	样本极差≤	样本标准差	样本极差≤
长度240	±2.0	6	±2.5	7	±3.0	8
宽度115	±1.5	5	±2.0	6	±2.5	7
高度53	±1.5	4	±1.6	5	±2.0	6

表 6 - 2　　　　　　　　　　　　　　烧结普通砖外观质量要求　　　　　　　　　　　　　　mm

项　目		优等品	一等品	合格品
两条面高度差	≤	2	3	4
弯曲	≤	2	3	4
杂质凸出高度	≤	2	3	4
缺棱角的 3 个破坏尺寸（不得同时大于）		5	20	30
裂纹长度 ≤	大面上宽度方向及其延伸至条面上的裂纹长度	30	60	80
	大面上长度方向及其延伸至顶面上的裂纹长度或条顶面上水平裂纹的长度	50	80	100
完整面不少于		二条面、二顶面	一条面、一顶面	—
颜色		基本一致	—	—

　　b. 强度等级。烧结普通砖根据抗压强度分为 MU30、MU25、MU20、MU15 和 MU10 共 5 个强度等级。各强度等级应符合表 6 - 3 的规定。烧结普通砖的强度等级是根据 10 块砖样进行抗压强度试验确定的，表 6 - 3 中的抗压强度标准值和变异系数按下式计算：

$$f_K = \overline{f} - 1.8S \tag{6 - 1}$$

$$S = \sqrt{\frac{1}{9}\sum_{i=1}^{10}(f_i - \overline{f})^2} \tag{6 - 2}$$

$$\delta = \frac{S}{\overline{f}} \tag{6 - 3}$$

式中　f_K——烧结普通砖抗压强度的标准值，MPa；

　　　$\overline{f}$——10 块砖样的抗压强度算术平均值，MPa；

　　　S——10 块砖样的抗压强度标准差，MPa；

　　　f_i——单块砖样的抗压强度算术测定值，MPa；

　　　δ——砖强度变异系数，精确到 0.01。

表 6 - 3　　　　　　　　　　烧结普通砖抗压强度及变异系数　　　　　　　　　　MPa

强度等级	抗压强度平均值 $\overline{f}$ ≥	变异系数 $\delta \leq 0.21$ 抗压强度标准值 f_K ≥	变异系数 $\delta > 0.21$ 单块最小抗压强度标准值 f_{min} ≥
MU30	30.0	22.0	25.0
MU25	25.0	18.0	22.0
MU20	20.0	14.0	16.0
MU15	15.0	10.0	12.0
MU10	10.0	6.5	7.5

c. 泛霜。当砖体的原料内含有可溶性盐类物质（如硫酸钠）时，它们会隐含在成品砖内。当砖体受潮后干燥时，其中的可溶性盐类物质防水分蒸发向外迁移，使可溶性盐类物质渗透并附着在砖体表面，干燥后形成一层白色结晶粉末，这就是泛霜现象。

轻度泛霜会影响建筑物的外观，泛霜较重时会造成砖体表面的不断粉化与脱落，降低墙体的抗冻融能力。严重的泛霜还可能很快降低墙体的承载能力。因此，工程中使用的优等砖不允许有泛霜现象，合格等级的砖不得有严重的泛霜现象。

d. 石灰爆裂。当生产烧结普通砖的原料中夹杂石灰石杂质时，焙烧砖体会使其中的石灰石被烧成生石灰。这种生石灰常为过火石灰，在使用过程中，砖受潮或受雨淋时石灰吸水消化成消石灰，体积膨胀约为 98%，导致砖体开裂，严重时会使砖砌体强度降低，直至破坏。

石灰爆裂是黏土砖内部的安全隐患，轻者影响墙体外观，重者会影响承载能力，甚至危及结构主体安全。为此，优等砖不允许出现破坏尺寸大于 2mm 的爆裂区域，合格等级砖不允许出现破坏尺寸大于 15mm 的爆裂区域。

烧结普通砖的泛霜和石灰爆裂指标应符合表 6-4 的规定。

表 6-4 　　　　　　　　　　烧结普通砖的泛霜及石灰爆裂的技术标准

项目	优等品	一等品	合格品
泛霜	无泛霜	不允许出现中等泛霜	不允许出现严重泛霜
石灰爆裂	不允许出现最大破坏尺寸>2mm 的爆裂区域	（1）2mm<最大破坏尺寸≤10mm 的爆裂区域，每组砖样不得多于 15。 （2）不得出现最大破坏尺寸>10mm 的爆裂区域	（1）2mm<最大破坏尺寸≤15mm 的爆裂区域，每组砖样不得多于 15 处，其中>10mm 的不得多于 7 处。 （2）不得出现最大破坏尺寸>15mm 的爆裂区域

e. 欠火砖与过火砖。由于焙烧窑内的温度难以保证绝对均匀，因此除正火砖（合格品）之外，还常有欠火砖和过火砖。当烧结温度过低或焙烧时间太短时，砖体内各固体颗粒之间的大量间隙不能被焙融物填充与黏结，造成其孔隙过大，内部结构不够密实和连续，这种砖就是欠火砖。欠火砖强度低，敲击时声音发哑。当砖在焙烧时温度过高或高温时间持续过长，可能使砖体中熔融物过多，导致形成过火砖。过火砖敲击时声音清脆，吸水率低，强度较高，但有弯曲变形，受压时容易断裂。

欠火砖和过火砖均属不合格品。

f. 抗风化性能。抗风化性能是指在干湿变化、温度变化、冻融变化等物理因素作用下，材料不破坏并长期保持原有性质的能力。我国按照风化指数分为严重风化（风化指数≥12700）和非严重风化区（风化指数<12700）。

风化指数是指日气温从正温降至负温或从负温升至正温的每年平均天数与每年从霜冻之日起至霜冻消失之日止这一期间降雨总量（以 mm 为单位）的平均值的乘积。我国风化区的划分见表 6-5。

表6-5　　　　　　　　　　　　　我国风化区的划分

严重风化区		非严重风化区	
(1) 黑龙江省；	(10) 山西省；	(1) 山东省；	(10) 湖南省；
(2) 吉林省；	(11) 河北省；	(2) 河南省；	(11) 福建省；
(3) 辽宁省；	(12) 北京市；	(3) 安徽省；	(12) 台湾省；
(4) 内蒙古自治区；	(13) 天津市	(4) 江苏省；	(13) 广东省；
(5) 新疆维吾尔自治区；		(5) 湖北省；	(14) 广西壮族自治区；
(6) 宁夏回族自治区；		(6) 江西省；	(15) 海南省；
(7) 甘肃省；		(7) 浙江省；	(16) 云南省；
(8) 青海省；		(8) 四川省；	(17) 西藏自治区；
(9) 陕西省；		(9) 贵州省；	(18) 上海市

　　严重风化区中的（1）～（5）地区的砖必须进行抗冻性试验。其他风化区砖的吸水率和饱和吸水指标若能达到表6-6的要求，可不再进行冻融试验；否则，必须进行冻融试验。冻融试验后，每块砖不允许出现裂缝、分层、掉皮、缺棱及掉角等现象，质量损失不得大于2%。

表6-6　　　　　　　　　　烧结普通砖的吸水率、饱和系数

砖种类	严重风化区				非严重风化区			
	5h沸煮吸水率（%）≤		饱和吸收≤		5h沸煮吸水率（%）≤		饱和吸收≤	
	平均值	单块最大值	平均值	单块最大值	平均值	单块最大值	平均值	单块最大值
黏土砖	18	20	0.85	0.87	19	20	0.88	0.90
粉煤灰砖	21	23	0.85	0.87	23	25	0.88	0.90
页岩砖	16	18	0.74	0.77	18	20	0.76	0.88
煤矸石砖	16	18	0.74	0.77	18	25	0.76	0.88

　　注　粉煤灰掺入量（体积比）小于30%时，抗风化性能按黏土砖规定检测。

　　g. 吸水率。由于烧结普通砖的原料融土被部分烧结，故具有较多的孔隙，且多为开口孔隙，所以吸水性较大，一般吸水率为8%～16%。砖的表观密度为1800～1900kg/m³。

　　砖的孔隙对砖的强度、吸水性、透气性、抗渗性、抗冻性以及隔声性、绝热性等都有重要影响。

　　h. 抗冻性。将砖吸水饱和后置于-15℃水中冻结，再在10～20℃水中融化，按规定的方法反复15次冻融循环后，其质量损失不超过2%，抗压强度降低值不超过25%，即为抗冻性合格。

　　i. 放射性。放射性物质不能超过规定值，应符合《建筑材料放射性核素限量》（GB 6566—2010）的规定。

　　2）烧结普通砖的应用。烧结普通砖具有良好的绝热性、透气性、耐久性和热稳定性等特点，在建筑工程中主要用于墙体材料，其中中等泛霜的砖不得用于潮湿部位。烧结普通砖可用于砌筑柱、拱、烟囱、窑身、沟道及基础；可与轻混凝土、加气混凝土等隔热材料复合使用，砌成两面为砖，中间填充轻质材料的复合墙体，在砌体中配置适当钢筋和钢筋网成为配筋砖砌体，可代替钢筋混凝土柱和过梁。

　　由于砖砌体的强度不仅取决于砖的强度，而且受砂浆性质的影响很大，故在砌筑前砖应

进行浇水湿润，同时应充分考虑砂浆的和易性及铺筑砂浆的饱满度。

以黏土为原料的烧结普通砖虽然价格低廉、历史悠久，但黏土砖有大量毁坏良田、自重大、能耗高、尺寸小、施工效率低、抗震性能差等缺点，已被列为禁止生产使用的建筑材料（除古建筑修复外）。烧结非黏土砖是指制砖原科主要不是使用黏土的一类烧结普通砖。其生产工艺相对简单，设备投资少，基本利用原有的烧结黏土砖设备即可生产，且能消耗大量的粉煤灰和煤矸石等工业废渣，具有一定的发展潜力。但从建筑节能的长远角度看，烧结非黏土砖不是未来产品的发展方向。

（2）烧结多孔砖。烧结多孔砖通常指孔内径不大于 22mm（非圆孔内切圆直径不大于 15mm），孔洞率不小于 15%，孔的尺寸小而数量多的烧结砖。按主要原料不同，烧结多孔砖可分为黏土砖（N）、页岩砖（Y）、煤矸石砖（Y）和粉煤灰砖（F）。

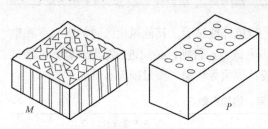

图 6-1　烧结多孔砖的外形

多孔砖有 190mm×190mm×90mm（M 型）和 240mm×115mm×90mm（P 型）两种规格。手抓孔的尺寸为（30～40mm）×（75～85mm），其外形如图 6-1 所示。

1）尺寸偏差和外观质量。按现行国家标准《烧结多孔砖和多孔砌块》（GB 135344—2011）的规定，烧结多孔砖尺寸允许偏差与外观质量应符合表 6-7 的要求。

表 6-7　　　　　　　　　　　烧结多孔砖尺寸允许偏差和外观质量　　　　　　　　　　　　　　　　mm

项　　目			指　　标	
			样本平均偏差	样本极差
尺寸偏差	>400		±3.0	≤10.0
	300～400		±2.5	≤9.0
	200～300		±2.5	≤8.0
	100～200		±2.0	≤7.0
	<100		±1.5	≤6.0
外观质量	完整面		不得同时小于一条面和一顶面	
	缺棱掉角的三个破坏尺寸		不得同时大于 30	
	裂纹长度	①大面（有孔面）上深入孔壁 15mm 以上宽度方向及其延伸到条面的长度	≤80	
		②大面（有孔面）上深入孔壁 15mm 以上长度方向及其延伸到顶面的长度	≤100	
		③条、顶面上的水平裂纹	≤100	
	杂质在砖或砌块面上造成的凸出高度		≤5	

注　凡有以下缺陷之一者，不得称为完整面：缺损在条面和顶面上造成的破坏面尺寸同时大于 20mm×30mm；条面或顶面上裂纹宽度大于 1mm，其长度超过 70mm；缺陷、黏底、焦花在条面或顶面上的凹陷深度或凸出高度超过 2mm，区域最大投影尺寸同时大于 20mm×30mm。

2）强度等级。强度等级同烧结普通砖。

3）耐久性指标。

a. 泛霜。每块砖或砌块不允许出现严重泛霜。

b. 石灰爆裂。

（a）破坏尺寸大于 2mm、小于或等于 15mm 的爆裂区域，每组砖和砌块不得多于 15 处，其中大于 10mm 的不得多于 7 处。

（b）不允许出现破坏尺寸大于 15mm 的爆裂区域。

c. 抗风化性能和抗冻性。严重风化区中的（1）～（5）地区的砖必须进行抗冻性试验。其他风化区的砖的吸水率和饱和系数指标若能达到表 6 - 8 的要求，可不再进行冻融试验；否则，必须进行冻融试验。冻融试验后，每块砖不允许出现裂缝、分层、掉皮、缺棱、掉角等现象。

表 6 - 8　　　　　　　　　　　烧结多孔砖和砌块的抗风化性能

砖种类	严重风化区				非严重风化区			
	5h 沸煮吸水率（%）≤		饱和吸收≤		5h 沸煮吸水率（%）≤		饱和吸收≤	
	平均值	单块最大值	平均值	单块最大值	平均值	单块最大值	平均值	单块最大值
黏土砖	21	23	0.85	0.87	23	25	0.88	0.90
粉煤灰砖	23	25	0.85	0.87	30	32	0.88	0.90
页岩砖	16	18	0.74	0.77	18	20	0.78	0.88
煤矸石砖	19	21	0.74	0.77	21	23	0.78	0.88

c. 成品砖中不允许有欠火砖（砌块）、酥砖（砌块）。

（3）烧结空心砖。烧结空心砖是以黏土、页岩、煤矸石、粉煤灰及其他废料为原料，经焙烧而成的空心块体材料。一般烧结空心砖的孔洞率≥35%，主要用于砌筑非承重的墙体结构。它们多为直角六面体的水平空心孔，在其外壁上应设有深度 1mm 以上的凹槽以增加与砌筑胶结材料的结合力，砖的壁厚应大于 10mm，肋厚应大于 7mm，其外形如图 6 - 2 所示。

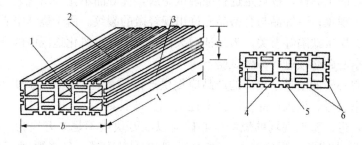

图 6 - 2　烧结空心砖的外形
1—顶面；2—大面；3—条面；4—肋；5—凹陷槽；6—外壁；l—长度；b—宽度

1）技术要求。常用空心砖的尺寸：长为 290、240mm，宽为 240、190、180、140、115mm，高为 115、90mm。其他规格可由供需双方协商确定。砖的壁厚应大于 10mm，肋厚应大于 7mm。

a. 尺寸偏差和外观质量。在烧结砖的整个生产过程中，可能由于材料不均匀、所制的坯变形尺寸过大、干燥工艺不合理、焙烧或装运码放不当等原因，造成砖体的各种外观缺陷或尺寸偏差。尺寸允许偏差和外观质量应符合国家标准《烧结空心砖和空心砌块》（GB 13545—2014）的规定。

b. 强度等级与密度级别。烧结空心砖按照抗压强度分为 MU10.0、MU7.5、MU5.0、MU3.5、MU2.5 五个强度等级；按砖和砌块的体积密度分为 800、900、1000、1100 四个密度级别。强度、密度、抗风化性能和放射性物质合格的砖和砌块，根据尺寸偏差、外观质量、孔洞排列及结构、泛霜、爆裂、吸水率分为优等品（A）、一等品（B）和合格品（C）。对于不同强度等级、密度级别的空心砖和空心砌块的强度、密度要求见表 6 - 9 和表 6 - 10。

表 6 - 9　　　　　　　　　　　　　　烧结空心砖的强度等级

强度等级	抗压强度平均值 $\overline{f}$（MPa）≥	变异系数 $\delta \leqslant 0.21$ 抗压强度标准值 f_K（MPa）≥	变异系数 $\delta > 0.21$ 单块最小抗压强度标准值 f_{min}（MPa）≥	密度等级范围（kg/m³）
MU10.0	10.0	7.0	8.0	
MU7.5	7.5	5.0	5.8	
MU5.0	5.0	3.5	4.0	≤1100
MU3.5	3.5	2.5	2.8	
MU2.5	2.5	1.6	1.8	≤800

表 6 - 10　　　　　　　　　　　　烧结空心砖的密度等级　　　　　　　　　　　kg/m³

密度等级	5块平均密度值	密度等级	5块平均密度值
800	≤800	1000	901～1000
900	801～900	1100	1001～1100

2）质量缺陷与耐久性。烧结空心砖的耐久性常以其抗冻性、吸水率等指标来表示，一般要求其应有足够的抗冻性，按规定进行冻融试验后，优等品不允许出现裂纹、分层、掉皮及缺棱掉角等损坏现象；一等品与合格品允许出现轻微的裂纹。由于烧结空心砖耐久性的好坏与其内部结构、质量缺陷等有关，为保证耐久性，对于严重风化地区中的（1）～（5）地区所使用的烧结空心砖必须进行冻融试验。

为确保烧结空心砖的质量，出厂的产品应提供产品质量合格证（生产厂名、产品标记、批量及编号、证书编号、该批产品实测技术性能和生产日期等），并由检验员和承检单位签章。一般情况下，进入施工现场的烧结空心砖应以 3 万块或不足 3 万块为一批进行抽样检验，主要检验其尺寸偏差、强度等级、密度级别和外观质量，且必要时还应进行耐久性试验。

3）特点与应用。烧结空心砖的原料及生产工艺与烧结普通砖基本相同，但对原料的可塑性要求较高。

大面有孔洞的烧结空心砖，孔多而小，表面密度为 1400kg/m³ 左右，强度较高。使用时孔洞垂直于承压面，主要用于砌筑六层以下承重墙。顶面有孔的空心砖，孔大而少，表观

密度在 $800\sim1100kg/m^3$ 之间，强度低，使用时孔洞平行于受力面，用于砌筑非承重墙。

与烧结普通砖相比，生产空心砖可节约黏土 20%～30%，节约燃料 10%～20%，且砖坯焙烧均匀，烧成率高。采用空心砖砌筑墙体，重量可减轻 1/3 左右，工效提高 40% 左右，同时能有效改善墙体热工性能和降低建筑物使用能耗。因此，推广应用空心砖是加快我国墙体材料改革的重要措施之一。

2. 非烧结砖

非烧结砖又称蒸压（养）砖，是以石灰和砂子、粉煤灰、煤矸石、炉渣及页岩等含硅材料加水拌和，经成型、蒸养或蒸压而制得的砖。生产这类砖，可以大量利用工业废料，减少环境污染，不需占用农田，且可常年稳定生产，不受气候与季节影响，故这种砖是我国墙体材料的发展方向之一。

非烧结砖的规格尺寸同烧结砖。非烧结砖目前主要有灰砂砖、粉煤灰砖、炉渣砖等，它们均为水硬性材料，即在潮湿环境中使用，强度将会有所提高。

（1）蒸压灰砂砖。蒸压灰砂砖（灰砂砖）是以磨细的生石灰粉或消石灰粉和砂子为主要原料，经搅拌混合、陈伏、成型、蒸压养护而成的实心砖。

根据国家标准《蒸压灰砂砖》（GB 11945—1999）的规定，蒸压灰砂砖根据尺寸偏差和外观质量分为优等品（A）、一等品（B）及合格品（C）3 个产品等级。按浸水 24h 后的抗压强度和抗折强度分为 MU25、MU20、MU15 及 MU10 共 4 个强度等级，每个强度等级有相应的抗冻指标。各等级砖的抗压强度及抗冻性应符合表 6-11 的规定。

表 6-11　　　　　　　　　灰砂砖的强度指标和抗冻指标

强度等级	抗压强度（MPa）		抗折强度（MPa）		抗冻性	
	平均值 ≥	单块值 ≥	平均值 ≥	单块值 ≥	抗压强度平均值（MPa）≥	单块砖干质量损失（%）≥
MU25	25.0	20.0	5.0	4.0	20.0	2.0
MU20	20.0	16.0	4.0	3.2	16.0	2.0
MU15	15.0	12.0	3.3	2.6	12.0	2.0
MU10	10.0	8.0	2.5	2.0	8.0	2.0

　　注　优等品的强度等级不得小于 MU15 级。

灰砂砖呈灰白色，如掺入耐碱颜料，可制成各种颜色。灰砂砖组织均匀、密实，尺寸偏差小，外形光洁、整齐，表观密度为 $800\sim1100kg/m^3$，导热系数为 $0.61W/（m\cdot K）$。与其他材料相比，蓄热能力显著，隔声性能优越，其生产过程能耗较低。

MU15、MU20 和 MU25 的砖可用于基础及其他建筑部位；MU10 砖仅可用于防潮层以上的建筑部位。灰砂砖具有足够的抗冻性，可抵抗 15 次以上的冻融破坏，但在使用中应注意防止抗冻性的降低。灰砂砖在长期潮湿环境中强度变化不大，但抗流水冲刷的能力较弱，不宜用于受到流水冲刷的地方。

由于灰砂砖中的一些组分，如水化硅酸钙、氢氧化钙、碳酸钙等不耐酸，也不耐热，若长期受热会发生分解、脱水，甚至还会使石英发生晶型转变，因此长期受热高于 200℃、受急冷急热或有酸性介质侵蚀的地方，应避免使用灰砂砖。

（2）蒸压（养）粉煤灰砖。以粉煤灰、生石灰粉或消石灰粉为主要原料，加入石膏和一些骨料经制坯、高压或常压养护所得的实心砖为粉煤灰砖。根据养护工艺的不同，粉煤灰可包括蒸压粉煤灰、蒸养粉煤灰和自养粉煤灰3类。它们的原材料和制作过程基本一致，但因养护工艺有所差别，产品性能往往相差较大。

蒸压粉煤灰砖是经高压蒸汽养护制成，水合过程是在饱和蒸汽压（蒸汽温度一般高于176℃，压力在0.5MPa以上）条件下进行的，因为砖中的硅铝活性组分凝胶化反应充分，水化产物晶化好，收缩小，砖的强度高，性能稳定。而蒸养粉煤灰砖是经常压蒸汽养护制成，硅铝活性组分凝胶化反应不充分，水化产物晶化也差，强度及其他性能往往不及蒸压粉煤灰砖。自养粉煤灰砖则是以水泥为主要胶凝材料，成型后经自然养护制成。

根据《粉煤灰砖》（JC 239—2001）的规定，粉煤灰砖根据尺寸偏差和外观质量分为优等品（A）、一等品（B）及合格品（C）3个产品等级。按抗压和抗折强度分为 MU20、MU15、MU10、MU7.5 共4个强度等级。

各等级砖的抗压强度和抗折强度及抗冻性指标应符合表6-12规定。

表 6 - 12   粉煤灰砖的强度指标和抗冻指标

强度等级	抗压强度（MPa）		抗折强度（MPa）		抗冻性	
	平均值≥	单块值≥	平均值≥	单块值≥	抗压强度平均值（MPa）≥	单块砖干质量损失（%）≥
MU20	20.0	25.0	4.0	3.0	16.0	2.0
MU15	15.0	11.0	3.2	2.5	12.0	2.0
MU10	10.0	7.5	2.5	1.9	8.0	2.0
MU7.5	7.5	5.6	2.0	1.5	6.0	2.0

注 强度等级以蒸汽养护后1d的强度为准。

蒸压（养）粉煤灰砖呈深灰色，表观密度为 1400～1500kg/m³，导热系数为 0.65W/(m·K)。干燥收缩大。

粉煤灰砖可用于一般工业与民用建筑的墙体和基础；在易受冻融和干湿交替作用的工程部位必须使用一等砖，用于易受冻融作用的工程部位时要进行抗冻性检验，并用水泥砂浆抹面，或在设计上采用其他适当措施，以提高结构的耐久性。用粉煤灰砂砌筑的建筑物，应适当增设圈梁及伸缩缝，或采取其他措施，以避免或减少收缩裂缝的产生。长期受热高于200℃、受冷热交替作用或有酸性侵蚀的工程部位，不得使用粉煤灰砖。

粉煤灰砖是一直有潜在活性的水硬性材料，在潮湿环境中，水化反应能继续进行而使其他结构更为密实，有利于砖强度的提高。大量工程现场调查发现，用于建筑勒脚、基础和排水沟等潮湿部位的蒸压粉煤灰砖，虽经一二十年的冻融和干湿双重作用，有的砖已经完全碳化，但强度并未降低，而是均有所提高。与其他种类的砌体材料相比，这是粉煤灰砖的优势之一。粉煤灰砖属节土、利废的新型轻质墙体材料之一。

（3）煤渣砖。煤渣砖是以煤渣为主要原料，掺入适量石灰、石膏，经混合、压制成型、蒸养或蒸压而成的实心砖。按照不同的养护工艺，可分为蒸养煤渣砖、蒸压煤渣砖和自养煤渣砖。

煤渣砖的规格尺寸主要为 240mm×115mm×53mm，呈灰黑色，表观密度为 1500～2000kg/m³，吸水率为 6%～19%，根据抗压强度和抗折强度将强度等级划分为 MU20、MU15 及 MU10 共3个等级。其技术要求尺寸偏差、外观质量、强度等级、抗冻性、碳化性能及质量与强度等级分为优等品（A）、一等品（B）及合格品（C）3个产品等级。其中，优等品的等级不低于15级，一等品的等级不低于10级。

煤渣砖可用于工业与民用建筑的墙体和基础，但用于基础或用于易受冻融和干湿交替作业的部位时，砖的强度必须在MU15及以上。

知识链接二：混凝土砌块

1. 混凝土小型空心砌块

混凝土小型空心砌块主要由水泥、细骨料、粗骨料和外加剂经搅拌成型和养护制成，可以采用专用设备进行工业化生产，是砌块建筑的主要建筑材料之一。

它具有强度高、自重轻、耐久性好，部分砌块还具有美观的饰面以及良好的保温隔热等优点。砌块建筑还具有安全、美观、耐久、使用面积较大、施工速度较快、建筑造价和维护费用较低等优点。

（1）技术要求。

1）规格和质量等级。混凝土小型空心砌块的块形主要有标准块、半块、一端开口块、两端开口块、圈梁块、开口圈梁块、过梁块、壁柱块和独立柱块等。尺寸规格较多，主要有390mm×190mm×190mm、290mm×190mm×190mm、190mm×190mm×190mm。混凝土小型空心砌块各部位名称如图6-3所示（以普通单排孔砌块为例）。砌块外壁厚度不应小于30mm，最小肋厚不应小于20mm，空洞率不应小于25%。砌块的孔洞一般竖向设置，多为单排孔，也有双排孔和三排孔。孔洞有全贯通、半封顶和全封顶3种。

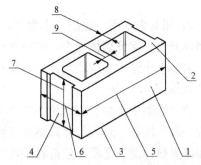

图6-3　混凝土小型空心砌块示意图
1—条面；2—坐浆面（肋厚较小的面）；
3—铺浆面（肋厚较大的面）；4—顶面；5—长度；
6—宽度；7—高度；8—壁；9—肋

根据《粉煤灰砖》（JC 239—2001）的规定，按尺寸偏差、外观质量将混凝土小型空心砌块分为优等品（A）、一等品（B）及合格品（C）3个产品等级。各级产品的尺寸允许偏差、外观质量应符合表6-13及表6-14的规定。

表6-13　　　　　　　混凝土小型空心砌块的尺寸允许偏差　　　　　　　　　　mm

项目名称	优等品（A）	一等品（B）	合格品（C）
长度	±2	±3	±3
宽度	±2	±3	±3
高度	±2	±3	+3/−4

表6-14　　　　　　　混凝土小型空心砌块的外观质量要求

项目名称		指标		
		优等品（A）	一等品（B）	合格品（C）
缺棱掉角	个数（个）	≤0	≤2	≤2
	3个方向投影尺寸的最小值（mm）	≤0	≤20	≤30
裂纹延伸的投影尺寸累计（mm）		≤0	≤20	≤30
弯曲（mm）		≤2	≤2	≤3

2）强度等级。根据国家标准《混凝土小型空心砌块的强度等级》（GB 8329—1997）的规定，混凝土空心砌块可划分为 6 个强度等级，每种砌块的抗压强度见表 6-15。

表 6-15   混凝土小型空心砌块的强度等级

强度等级	砌块抗压强度（MPa）	
	平均值	单块最小值
MU3.5	≥3.5	≥2.8
MU5.0	≥5.0	≥4.0
MU7.5	≥7.5	≥6.0
MU10.0	≥10.0	≥8.0
MU15.0	≥15.0	≥12.0
MU20.0	≥20.0	≥16.0

3）相对含水率。混凝土小型空心砌块干缩较大，水分蒸发越多，干燥收缩越大。为防止墙体开裂、保证墙体安全，砌块在出厂时必须提供相对含水率报告，不合格者不准出厂。

混凝土小型空心砌块在使用时除检验以上指标外，必要时还要根据使用条件检验其抗渗性和抗冻性。

（2）混凝土小型空心砌块的特点与应用。普通混凝土小型空心砌块具有强度较高、自重较轻、耐久性好、外表尺寸规整等优点，部分类型的混凝土砌块还具有美观的饰面以及良好的保温隔热性能，适用于建造各种居住、公共、工业、教育、国防和安全性质的建筑，包括高层与大跨度的建筑，以及围墙、挡土墙、桥梁、花坛等市政设施，应用范围十分广泛。混凝土砌块施工方法与普通烧结砖相近，在产品生产方面还具有原材料来源广泛、不毁坏良田、能利用工业废渣、生产能耗较低、对环境的污染程度较小、产品质量容易控制等优点。

2. 轻骨料混凝土小型空心砌块

轻骨料混凝土小型空心砌块是以粉煤灰陶粒、黏土陶粒、页岩陶粒、膨胀珍珠岩等各种轻骨料配以水泥、砂制作而成，其生产工艺与普通混凝土小型空心砌块类似。按其孔的排数分为实心、单排孔、双排孔、三排孔和四排孔 5 类。主要规格尺寸为 390mm×190mm×190mm。

根据国家标准《轻骨料混凝土小型空心砌块》（GB/T 15229—2002）的规定，轻骨料混凝土小型空心砌块根据抗压强度分为 1.5、2.5、3.5、5.0、7.5、10.0 共 6 个等级；按其尺寸偏差和外观质量分为优等品（A）、一等品（B）及合格品（C）。

与普通混凝土小型空心砌块相比，轻骨料混凝土小型空心砌块重量更轻，保温性能、隔声性能、抗冻性能更好，主要应用于非承重结构的围护和框架结构填充墙。

知识链接三：蒸压加气混凝土砌块

蒸压加气混凝土砌块是以粉煤灰、石灰、水泥、石膏、矿渣等为主要原料，加入适量发气剂、调节剂、气泡稳定剂，经配料搅拌、浇注、静停、切割和高压蒸养等工艺过程而制成的多孔混凝土制品。

根据采用的主要原料不同，蒸压加气混凝土砌块相应有水泥-矿渣-砂、水泥-石灰-砂和水泥-石灰-粉煤灰等多种。

1. 技术要求

根据《蒸压加气混凝土砌块》（GB/T 11966—2006）的规定，砌块按尺寸和偏差、外观质量、体积密度可分为优等品（A）和合格品（B）两个等级。按抗压强度分为 A1.0、A2.0、A2.5、A3.5、A5.0、A7.5、A10 七个强度等级。按干密度分为 B03、B04、B05、B06、B07、B08 六个密度级别。强度等级及物理性能应符合表 6-16 规定。掺有工业废渣原料时，所含放射性物质，应符合《建筑材料放射性核素限量》（GB 6566—2010）的规定。

表 6-16　　　　　　　　　　蒸压加气混凝土砌块抗压强度

强度等级	立方体抗压强度（MPa）	
	平均值≥	单块最小值≥
A1.0	1.0	0.8
A2.0	2.0	1.6
A2.5	2.5	2.0
A3.5	3.5	2.8
A5.0	5.0	4.0
A7.5	7.5	6.0
A10.0	10.0	8.0

2. 蒸压加气混凝土砌块的特点

（1）轻质。

（2）具有结构材料必要的强度。

（3）弹性模量和徐变较普通混凝土小。

（4）耐火性好。

（5）保温隔热性能好。

（6）吸声性能好。

（7）吸水导湿缓慢。

（8）干燥收缩大。

3. 蒸压加气混凝土砌块的应用

蒸压加气混凝土砌块适用于民用建筑三层或三层以下的承重墙，可以用于大型框架结构的间隔墙、屋面的隔热保温层，还可用于钢筋混凝土框架建筑的填充墙、复合墙板、楼板的填充块。无可靠的防护措施时，不得用于处于水中或高湿度和有侵蚀介质的环境中，也不得用于长期处于高温环境中的建筑物。

🔊 知识链接四：粉煤灰砌块

粉煤灰砌块是以粉煤灰、石膏、石灰和骨料等为原料，加水搅拌、振动成型、蒸气养护而成的。

粉煤灰砌块的形状为直角六面体，主要规格尺寸为 880mm×380mm×240mm，880mm×430mm×240mm。砌块端面宜设灌浆槽，坐浆面宜设抗剪槽。

粉煤灰砌块适用于一般的工业与民用建筑的墙体和基础。但由于其干缩较大，变形大于同标号的水泥混凝土制品，因此一般不用于长期受高温影响的承重墙，如铸铁和炼钢车间、锅炉房等的承重结构，也不用于有酸性介质侵蚀的建筑部位。

))) 知识链接五：泡沫混凝土小型砌块

泡沫混凝土又名发泡混凝土，是将化学发泡剂或物理发泡剂发泡后加入到胶凝材料、掺和料、改性剂、卤水等制成的料浆中，经混合搅拌、浇注成型、自然养护所形成的一种含有大量封闭气孔的新型轻质保温材料。

它属于气泡状绝热材料，突出特点是在混凝土内部形成封闭的泡沫孔，使混凝土轻质化和保温隔热化。泡沫混凝土砌块（又称免蒸压加气块）属于加气混凝土砌块的一种，其外观质量、内部气孔结构、使用性能等均与蒸压加气混凝土砌块基本相同。泡沫混凝土砌块内部气孔不相通，而蒸压加气块内部气孔连通，所以相对来说泡沫混凝土砌块保温性能更好，渗水率更低，隔音效果更好。蒸压加气混凝土砌块的生产，采用内掺发泡剂（铝粉）通过化学反应放出气体发泡，而泡沫混凝土砌块的生产，采用发泡剂通过发泡机物理制泡后，再将气泡加入水泥浆中混合；蒸压加气混凝土砌块采用蒸压工艺，泡沫混凝土砌块则采用常温养护或干热养护。综上所述，泡沫混凝土砌块和蒸压加气混凝土砌块两种产品的外观、内部结构，以及它们的技术性能基本相同，二者主要是发泡、制作的方法和养护工艺不同。

))) 知识链接六：企口空心混凝土砌块

此种砌块是采用最大粒径为 6mm 的小石子配制而成的干硬性混合料，经振动加压成型，自然养护而成，要求形状规整，企口尺寸准确，便于不用砂浆进行干砌（拼装）。

应用范围为：5 层或 5 层以下的承重墙；5 层以上的非承重墙。作承重墙体时可浇筑混凝土角栓或圈梁，以提高抗震抗风化能力，砌块空模中可填充保温材料，以提高墙体的热工性能。

该类材料便于手工操作，组装灵活，是一种有发展前景的砌体材料。

))) 知识链接七：砌墙砖及砌块性能测试方法

试验一：抽样方法及相关规定

1. 检测依据

(1)《砌墙砖试验方法》（GB/T 2542—2012）。

(2)《烧结普通砖》（GB 5101—2003）。

(3)《烧结多孔砖和多孔砌块》（GB 13544—2011）。

(4)《烧结空心砖和空心砌块》（GB 13545—2014）。

(5)《蒸压加气混凝土砌块》（GB/T 11966—2006）。

2. 抽样方法

砌墙砖检验批的批量，一般在 3.5 万～15 万块范围内，但不得超过一条生产线的日产量。抽样数量由检验项目确定，必要时可增加适当的备用砖样。有两个以上的检验项目时，非破损检验项目的砖样，允许检验后继续用作其他项，此时抽样数量可不包括重复使用的样品数。

对检验批中可抽样的砖垛、砖垛中的砖层和砖层中的砖块位置，应各依一定顺序编号，编号无需标志在实体上，只做到明确起点位置和顺序即可。凡需从检验后的样品中继续抽样供其他项试验者，在抽样过程中，要按顺序在砖样上写上编号，作为继续抽样的位置顺序。按表 6-17 决定抽样砖垛数和抽样的砖样数量。从检验过的样品中抽样，按所需的抽样数量从表 6-18 中抽样的起点范围及间隔，然后从其规定范围内确定随机数字，即可得到抽样起点和抽样间隔，并由此实施抽样。抽样数量按表 6-19 执行。

表 6-17　　　　　　　　　　从砖垛中抽样的规则

抽样数量（块）	可抽样砖垛数（垛）	抽样砖垛数（垛）	垛中抽样数（块）
50	≥250	50	1
	125～250	25	2
	＜125	10	5
20	≥100	20	1
	＜100	10	2
10 或 5	任意	10 或 5	1

表 6-18　　　　　　　　　　从砖样中抽样的规则

检验过的砖样数（块）	抽样数量（块）	抽样起点范围	抽样间隔（块）
50	20	1～10	1
	10	1～5	4
	5	1～10	9
20	10	1～5	2
	5	1～4	3

表 6-19　　　　　　　　　　抽样数量表

序号	检验项目	抽样数量（块）	序号	检验项目	抽样数量（块）
1	外观质量	50	5	石灰爆裂	5
2	尺寸偏差	20	6	吸水率和饱和系数	5
3	强度等级	10	7	冻融	5
4	泛霜	5			

试验二：尺寸测量

1. 主要仪器设备

砖用卡尺（分度值为 0.5mm）。

2. 测量方法

砖样的长度和宽度应在砖的两个大面的中间处分别测量两个尺寸，高度应在两个条面的中间处分别测量两个尺寸，当被测处缺损或凸出时，可在其旁边测量，但应选择不利的一侧进行测量。

3. 结果评定

结果分别以长度、宽度和高度的最大偏差值表示，不足 1mm 者按 1mm 计。

试验三：外观质量检查

1. 主要仪器设备

砖用卡尺（分度值为 0.5mm）、钢直尺（分度值 1mm）。

2. 检测方法

（1）缺损。缺棱掉角在砖上造成的破损程度，以破损部分对长、宽和高 3 条棱的投影尺寸来度量，称为破坏尺寸，如图 6-4 所示。

缺损造成的破坏面是指缺损部分对条、顶面（空心砖为条、大面）的投影面积，如图 6-5 所示，空心砖内壁残缺及肋残缺尺寸，以长度方向的投影尺寸来度量。

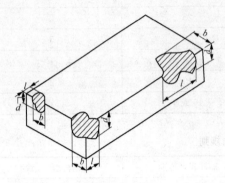 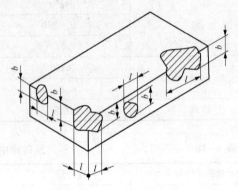

图 6-4　缺棱掉角砖的破坏尺寸量法　　　图 6-5　缺损在条、顶面上造成的破坏面量法

l—长度方向的投影尺寸；b—宽度方向的投影尺寸；　　l—长度方向的投影尺寸；b—宽度方向的投影尺寸

d—高度方向的投影尺寸

（2）裂纹。分为长度方向、宽度方向及高度方向 3 种，以被测方向上的投影长度表示。如果裂纹从一个面延伸到其他面上，则累计其他延伸的投影长度，如图 6-6 所示。

单位为毫米

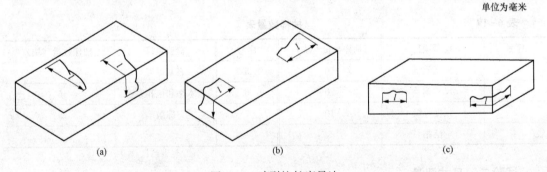

(a)　　　　　　　　　(b)　　　　　　　　　(c)

图 6-6　砖裂纹长度量法

（a）宽度方向裂纹长度量法；（b）长度方向裂纹长度量法；（c）水平方向裂纹长度量法

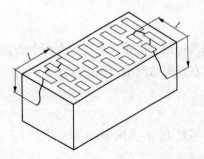

图 6-7　多孔砖裂纹通过孔洞时的尺寸量法

l—裂纹总长度

多孔砖的孔洞与裂纹相通时，将孔洞包含在裂纹内一并测量，如图 6-7 所示。裂纹长度以在 3 个方向上分别测得的最长裂纹作为测量结果。

（3）弯曲。分别在大面和条面上测量，测量时将砖用卡尺的两支脚沿棱边两端放置，其弯曲最大处将垂直尺推至砖面，如图 6-8 所示。但不应将因杂质或碰伤造成的凹陷计算在内。以弯曲测量中测得的较大者作为测量结果。

（4）砖杂质凸出高度量法。杂质在砖面上造成的凸出高度，以杂质距砖面的最大距离表示。

测量时将砖用卡尺的两支脚置于杂质凸出部分两侧的砖平面上，以垂直尺测量，如图 6 - 9 所示。

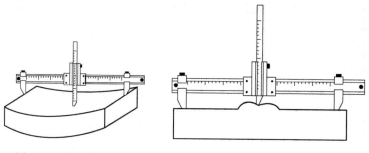

图 6 - 8　砖的弯曲量法　　　　　图 6 - 9　砖的杂质凸出高度量法

3. 结果评定

外观测量以 mm 为单位，不足 1mm 者按 1mm 计。

试验四：抗折强度测试

1. 主要仪器设备

材料试验机、抗折夹具、钢直尺。

2. 试样

试样数量：按照产品标准的要求确定。

试样处理：非烧结砖应放在温度为（20±5）℃的水中浸泡 24h 后取出，用湿布拭去其表面水分进行抗折强度试验。

3. 试验步骤

（1）按上述规定测量试样的宽度和高度尺寸各 2 个，分别取算术平均值，精确至 1mm。

（2）调整抗折夹具下支辊的跨距为砖规格长度减去 40mm。但规格长度为 190mm 的砖，其跨距为 160mm。

（3）将试样大面平放在下支辊上，试样两端面与下支辊的距离应相同，当试样有裂缝或凹陷时，应使有裂缝或凹陷的大面朝下，以（50～150）N/s 的速度均匀加荷，直至试样断裂，记录最大破坏载荷 P。

4. 结果计算与评定

（1）每块试样的抗折强度（f_c）按下式计算，精确至 1MPa：

$$f_c = \frac{3PL}{2bh^2}$$　　　　　　（6 - 4）

式中　f_c——砖样试块的抗折强度，MPa；

　　　P——最大破坏荷载，kN；

　　　L——跨距，m；

　　　b——试样宽度，m；

　　　h——试样高度，m。

（2）试验结果以试验抗折强度的算术平均值和单块最小值表示，精确至 0.01MPa。

试验五：抗压强度测试

1. 主要仪器设备

材料试验机、试件制备平台、水平尺、振动台、制样模具、钢直尺、砂浆搅拌机、切制设备。

2. 试样

试样数量：按照产品标准的要求确定。

3. 试样制备

（1）普通制样。

1）烧结普通砖。

a. 将试样切断或锯成两个半截砖，断开的半截砖长不得小于 100mm，如果不足 100mm，应另取备用试样补足。

b. 在试样制备平台上，将已切开的两个半截砖放入室温的净水中浸泡 10～20min 后取出，并以断口相反方向叠放，两者中间抹以厚度不超过 5mm、强度等级为 32.5 级的普通硅酸盐水泥调制成的稠度适宜的水泥净浆进行黏结，上下两面用厚度不超过 3mm 的同种水泥浆抹平。制成的试件上下两面须相互平行，并且垂直于侧面。

2）多孔砖、空心砖。试件制作采用坐浆法操作，即将玻璃板置于试件制作平台上，其上铺一张湿的垫纸，纸上铺上一层厚度不超过 5mm、强度等级为 32.5 级的普通硅酸盐水泥调制成的稠度适宜的水泥净浆，再将试件在水中浸泡 10～20min，在钢丝架上滴水 3～5min 后，将试样受压面平稳地坐放在水泥浆上，在另一受压面上稍加压力，使整个水泥层与砖受压面相互黏结，砖的侧面应垂直于玻璃板。在水泥浆试样凝固后，连同玻璃板一起翻放在另一铺纸放浆的玻璃板上，再进行坐浆，用水平尺校正好玻璃板的水平。

3）非烧结砖。同一块试样的两半截砖切断口相伴叠放，叠合部分不得小于 100mm，即为抗压强度试件。如果不足 100mm，应另取备用试样补足。

（2）模具制作。

1）将试样切断成两个半截砖，截断面应平整，断开的半截砖长度不得小于 100mm。如果不足 100mm，应另备用试样补足。

2）将已切断的半截砖放入室温的净水中浸泡 20～20min，以断口相反方向装入制样模具中。用插板控制两个半截砖间距为 5mm，砖大面与模具间距为 3mm，砖断面、顶面与模具间垫以橡胶垫或其他密封材料，模具内表面涂油或脱模剂。

3）将经过 1mm 筛的干净细砂 2‰～5‰与强度等级为 32.5 级或 42.5 级的普通硅酸盐水泥，用砂浆搅拌机调制成水灰比为 0.50～0.55 的砂浆。

4）将装好砖样的模具置于振动台上，在砖样上加入少量水泥砂浆，接通振动台电源，边振动边向砖缝间加入水泥砂浆，加浆及振动过程为 0.5～1min。关闭电源，停止振动，稍事静置，将模具上表面刮平整。

5）两种制样方法并行使用，仲裁检验采用模具制样。

4. 试样养护

（1）普通制样法制成的抹面试件应置于不低于 10℃ 且不通风的室内养护 3d；机械制样的试件连同模具应在不低于 10℃ 且不通风的室内养护 24h 脱模，再在相同条件下养护 48h 进行试验。

（2）非烧结砖试件不需养护，可直接进行试验。

5. 试验步骤

（1）测量每个试件连接面或受压面的长、宽尺寸各两个，分别取其平均值，精确至 1mm。

（2）将试件平放在加压板的中央，垂直于受压面加荷，应均匀平稳，不得发生冲击或振动，加荷速度以 4kN/s 为宜，直至试件破坏，记录最大破坏荷载 P。

6. 结果计算与评定

（1）每块试样的抗压强度（f_P）按下式计算，精确至 1MPa。

$$f_P = \frac{P}{Lb} \tag{6-5}$$

式中　f_P——砖样试块的抗压强度，MPa；

　　　P——最大破坏荷载，kN；

　　　L——试件受压面（连接面）的长度，m；

　　　b——试件受压面（连接面）的宽度，m。

（2）试验结果以试验抗压强度的算术平均值和标准值或单块最小值表示，精确至 0.01MPa。

单元项目二　墙用板材与屋面材料的选择与应用

⭐ 任务描述 --

每组学生通过项目任务，完成墙用板材与屋面材料的选择，熟悉并掌握墙用板材与屋面材料在实际工程中的应用。针对不同的学习小组，给出不同的工程条件，依据实际工程对墙用板材与屋面材料的技术要求，确定其种类，了解所选墙用板材与屋面材料的生产工艺、优缺点。

任务一：了解目前墙用板材与屋面材料的种类。

任务二：针对不同环境进行墙用板材与屋面材料的选择。

任务三：了解所选墙用板材与屋面材料的生产工艺、优缺点。

各小组选用不同的工程背景，具体工程概况如下：

第一组：

某大厦是一座集办公、娱乐、健身、餐饮、食宿于一体的综合性智能化大厦，总建筑面积 54 450m²，建筑高度 91.2m，工程为框架 - 剪力墙结构。

现针对该高层不同功能区域选择适宜的墙用板材，同时分析这类墙用板材的生产工艺、特性及应用。

第二组：

山东省某装饰材料精品城为大型专业批发市场，市场内部拟采用板材分割，墙体高度 3m，需考虑防火要求及一定强度，建筑面积 6 万 m²。

现针对该市场选择适宜的墙用板材，同时分析这类墙用板材的生产工艺、特性及应用。

第三组：

某县汽车客运站按二级客运站标准设计，建设用地 251 675m²，建筑面积 8790m²，由车站、商铺、办公三部分组成，框架结构，抗震设防烈度为 7 度。

现针对该客运站不同功能区域选择适宜的墙用板材，同时分析这类墙用板材的生产工艺、特性及应用。

第四组：

哈尔滨某长途客运站售票厅，两层，框架结构，建筑面积 3400m²，由于受技术条件和气候环境等多方面的限制，选用的屋面材料需考虑保温隔热等问题。

现针对该长途客运站售票厅选择适宜的屋面材料，同时分析这类屋面材料的生产工艺、特性及应用。

第五组：

某市区体育馆是一座现代化综合性多功能体育设施，主场馆总建筑面积 39 635m²，纵向最大跨度 160m，横向最大跨度 110m，采用钢屋架。

现针对该体育馆选择适宜的屋面材料，同时分析该类屋面材料的生产工艺、特性及应用。

第六组：

西安周至县某仿古文化剧场项目，剧场舞台部分层高为 6m；局部为办公室，两层，层高 3m。该工程为框架结构。

现针对该房屋选择适宜的屋面材料，同时分析这类屋面材料的生产工艺、特性及应用。

任务分析

墙用板材是框架结构建筑的组成部分。在现代框架结构中，一般是采用强度高的钢筋混凝土材料制成柱、梁、板，组成建筑物的承重框架结构，通过各种措施将墙用板材支承在框架上，墙板起围护和分隔的作用。

墙用板材一般分内、外两种。内墙板材大多为各种石膏板材、石棉水泥板材及加气混凝土板材等，这些板材具有质量轻、保温效果好、隔声、防火以及较好的装饰效果等优点。外墙板大多用加气混凝土板、复合板及各种玻璃钢板等。

屋面是房屋最上层的外围护结构，起着防水、保温、隔热的作用。屋面材料主要为各类瓦制品和屋面板。黏土瓦是我国使用最多、历史最悠久的屋面材料之一，但黏土瓦的生产破坏耕地、浪费资源，因此逐渐被大型水泥类瓦材和高分子复合类瓦材所取代。传统材料中常用的瓦有黏土瓦、水泥瓦、石棉瓦、水泥石棉瓦、钢丝网水泥大波瓦、塑料大波瓦和沥青瓦等，屋面板主要有轻钢彩色屋面板、铝塑复合板等。

任务实施

学生根据提供的背景资料和知识链接，利用图书馆和网络等多种资源，合理进行项目规划，做出小组任务分配，完成任务，并以团队形式汇报、展示成果，由其他小组和老师进行点评和打分。

知识链接

知识链接一：石膏墙板

石膏墙板是以石膏为主要原料制成的墙板的统称，包括纸面石膏板、石膏纤维板、石膏空心条板、石膏刨花板等，主要用作建筑物的隔墙、吊顶等。

纸面石膏板是以熟石膏为胶凝材料，掺入适量添加剂和纤维作为板芯，以特制的护面纸作为面层的一种轻质板材。按照其用途可分为普通纸面石膏板（P）、耐水纸面石膏板（S）和耐火纸面石膏板（H）三种。

石膏纤维板由熟石膏、纤维（废纸纤维、木纤维或有机纤维）和多种添加剂加水组合而成，按照其结构主要有三种：一种是单层均质板，一种是三层板（上下面层为均质板，芯层为膨胀珍珠岩、纤维和胶料组成），还有一种为轻质石膏纤维板（由熟石膏、纤维、膨胀珍珠岩和胶料组成，主要做天花板）。石膏纤维板不以纸覆面并采用半干法生产，可减少生产和干燥时的能耗，且具有较好的尺寸稳定性和防火、防潮、隔声性能以及良好的可加工性和二次装饰性。

石膏空心条板是以熟石膏为胶凝材料，掺入适量的水、粉煤灰或水泥和少量的纤维，同时掺入膨胀珍珠岩为轻质骨料，经搅拌、成型、抽芯、干燥等工序制成的空心条板，包括石膏、石膏珍珠岩、石膏粉煤灰硅酸盐空心条板等。

石膏刨花板以熟石膏为胶凝材料，木质刨花碎料为增强材料，外加适量的水和化学缓凝助剂，经搅拌形成半干性混合料，在 $2.0 \sim 3.5$ MPa 的压力下成型，并维持在该受压状态下完成石膏和刨花的胶结所形成的板材。

以上几种板材均是以熟石膏作为其胶凝材料和主要成分，其性质接近，主要有：

（1）防火性好。石膏板中的二水石膏含 20% 左右的结晶水，在高温下能释放出水蒸气，降低表面温度、阻止热传导或窒息火焰，达到防火效果，且不产生有毒气体。

（2）绝热、隔声性能好。石膏板的导热系数一般小于 0.20 W/（m·K），故具有良好的保温绝热性能。石膏板的孔隙率高，表观密度小（<900kg/m³），特别是空心条板和蜂窝板，表观密度更小，吸声系数可达 $0.25 \sim 0.30$，故具有较好的隔声效果。

（3）抗震性能好。石膏板表观密度小，结构整体性强，能有效地减弱地震荷载和承受较大的层间变位，特别是蜂窝板，抗震性能更佳，特别适用于地震区的中高层建筑。

（4）强度低。石膏板的强度均较低，一般只能作为非承重的隔墙板。

（5）耐干湿循环性能差、耐水性差。石膏板具有很强的吸湿性，吸湿后体积膨胀，严重时可导致晶型转变、结构松散、强度下降。故石膏板不宜在潮湿环境及经常受干湿循环的环境中使用。若经防水处理或粘贴防水纸后，也可以在潮湿环境中使用。

🔊))知识链接二：纤维复合板 ▎

纤维复合板的基本形式有三类：第一类是在黏结料中掺加各种纤维质材料，经"松散"搅拌复制在长纤维网上制成的纤维复合板；第二类是在两层刚性胶结材之间填充一层柔性或半硬质纤维复合材料，通过钢筋网片、连接件和胶结作用构成复合板材；第三类是以短纤维复合板作为面板，再用轻钢龙骨等复制岩棉保温层和纸面石膏板构成复合墙板。复合纤维板材集轻质、高强、高韧性和耐水性于一体，可以按要求制成任意规格的形状和尺寸，适用于外墙及内墙面承重或非承重结构。

根据所用纤维材料的品种和胶结材的不同，目前主要品种有纤维增强水泥平板、玻璃纤维增强水泥复合墙板、混凝土岩棉复合外墙板（包括薄壁混凝土岩棉复合外墙板）、石棉水泥复合外墙板（包括平板）等十几种。

1. 玻璃纤维增强水泥复合墙板（GRC 板）

按照其形状可分为 GRC 平板和 GRC 轻质多孔条板。

GRC 平板以耐碱玻璃纤维、低碱度水泥、轻骨料和水为主要原料所制成，具有密度低、韧性好、耐水、不燃烧、可加工性好等特点。其生产工艺主要有两种，即喷射—抽吸法和布浆—脱水—辊压法，前种方法生产的板材又称为 S—GRC 板，后种称为雷诺平板。以上两种板材的主要技术性质有：密度不大于 1200kg/m³，抗弯强度不小于 8MPa，抗冲击强度不小于 3kJ/m²，干湿变形不大于 0.15%，含水率不大于 10%，吸水率不大于 35%，导热系数不大于 0.22W/（m·K），隔声量不小于 22dB 等。GRC 平板可以作为建筑物的内隔墙和吊顶板，经过表面压花、覆涂之后也可作为建筑物的外墙。

GRC 轻质多孔条板是以耐碱玻璃纤维为增强材料，以硫铝酸盐水泥轻质砂浆为基材制成的具有若干圆孔的条形板。GRC 轻质多孔条板的生产方式很多，有挤压成型、立模成型、喷射成型、预拌泵注成型、铺网抹浆成型等。根据板的厚度可分为 60 型、90 型和 120 型（单位为 mm）。参照建材行业标准《玻璃纤维增强水泥轻质多孔隔墙条板》（JC 666—1997），其主要技术性质有：抗折破坏荷重不小于板重的 0.75 倍，抗冲击次数不小于 3 次，干燥收缩不大于 0.8mm/m，隔声量不小于 30dB。该条板主要用于建筑物的内、外非承重墙体，抗压强度超过 10MPa 的板材也可用于建筑物的加层和两层以下建筑的内、外承重墙体。

2. 纤维增强水泥平板（TK 板）

纤维增强水泥平板是以低碱水泥、中碱玻璃纤维或短石棉纤维为原料，在圆网抄取机上制成的薄型建筑平板。耐火极限为 9.3～9.8min；导热系数为 0.58W/（m·K）。常用规格为：长 1220、1550、1800mm；宽 820mm；厚 40、50、60、80mm。适用于框架结构的复合外墙板和内墙板。

3. 石棉水泥复合外墙板

这种复合板是以石棉水泥平板（或半波板）为覆面板，填充保温芯材、石膏板或石棉水泥板为内墙板，以龙骨为骨架，经复合而成的一种轻质、保温非承重外墙板。其主要特性由石棉水泥平板决定，它是以石棉纤维和水泥为主要原料，经抄坯、压制、养护而成的薄型建筑平板。其表观密度为 1500～1800kg/m³，抗折强度为 17～20MPa。

4. 纤维增强硅酸钙板

通常称为硅钙板，是以钙质材料、硅质材料和纤维作为主要原料，经制浆、成坯、蒸压养护而成的轻质板材，其中建筑用板材厚度一般为 5～12mm。制造纤维增强硅酸钙板的钙质原料为消石灰或普通硅酸盐水泥，硅质原料为磨细石英砂、硅藻土或粉煤灰，纤维可用石棉或纤维素纤维。同时为进一步降低板的密度并提高其绝热性，可掺入膨胀珍珠岩；为进一步提高板的耐火极限温度并降低其在高温下的收缩率，有时也加入云母片等材料。

硅钙板按其密度可分为 D0.6、D0.8、D1.0 三种，按其抗折强度、外观质量和尺寸偏差可分为优等品、一等品和合格品三个等级。

该板材具有密度低、比强度高、湿胀率小、防火、防潮、防霉蛀、加工性良好等优点，主要用作高层、多层建筑或工业厂房的内隔墙和吊顶，经表面防水处理后可用作建筑物的外墙板。由于该板材具有很好的防火性，特别适用于高层、超高层建筑。

知识链接三：混凝土墙板

混凝土墙板是以各种混凝土为主要原料加工制作而成，主要有蒸压加气混凝土板、挤压成型混凝土多孔条板、轻骨料混凝土配筋墙板等。

蒸压加气混凝土板是由钙质材料（水泥＋石灰或水泥＋矿渣）、硅质材料（石英砂或粉煤灰）、石膏、铝粉、水和钢筋组成的轻质板材。其内部含有大量微小、封闭的气孔，孔隙率达 70%～80%，因而具有自重小、保温隔热性好、吸声性强等特点，同时具有一定的承载能力和耐火性，主要用作内、外墙板，屋面板或楼板。

轻骨料混凝土配筋墙板是以水泥为胶凝材料，陶粒或天然浮石为粗骨料，陶砂、膨胀珍珠岩砂、浮石砂为细骨料，经搅拌、成型、养护而制成的一种轻质墙板。为增强其抗弯能力，常常在内部轻骨料混凝土浇筑完后铺设钢筋网片。每块墙板内部均设置六块预埋铁件，施工时与柱或楼板的预埋钢板焊接相连，墙板接缝处需采取防水措施（主要为构造防水和材料防水两种）。

混凝土多孔条板是以混凝土为主要原料的轻质空心条板。按其生产方式有固定式挤压成型、移动式挤压成型两种；按混凝土的种类有普通混凝土多孔条板、轻骨料混凝土多孔条板、VRC 轻质多孔条板等。其中 VRC 轻质多孔条板是以快硬型硫铝酸盐水泥掺入 35%～40% 的粉煤灰为胶凝材料，以高强纤维为增强材料，掺入膨胀珍珠岩等轻骨料而制成的一种板材。以上混凝土多孔条板主要用作建筑物的内隔墙。

))) 知识链接四：复合墙板 ▌

单独一种墙板很难同时满足墙体的物理、力学和装饰性能要求，因此常常采用复合的方式满足建筑物内、外隔墙的综合功能要求，由于复合墙板和墙体品种繁多，这里仅介绍常用的几种复合墙板或墙体。

GRC 复合外墙板是以低碱水泥砂浆做基材、耐碱玻璃纤维做增强材料制成面层，内设钢筋混凝土肋，并填充绝热材料内芯，一次制成的一种轻质复合墙板。

GRC 复合外墙板的 GRC 面层具有高强度、高韧性、高抗渗性、高耐久性，内芯具有良好的隔热性和隔声性，适合于框架结构建筑的非承重外墙挂板。

随着轻钢结构的广泛应用，金属面夹芯板也得到了较大发展。目前，主要有金属面硬质聚氨酯夹芯板（JC/T 866—2000）、金属面聚苯乙烯夹芯板（JC 689—1998）、金属面岩棉、矿渣棉夹芯板（JC/T 869—2000）等。

钢筋混凝土岩棉复合外墙板包括承重混凝土岩棉复合外墙板和非承重薄壁混凝土岩棉复合外墙板。承重混凝土岩棉复合外墙板主要用于大模和大板高层建筑，非承重薄壁混凝土岩棉复合外墙板可用于框架轻板体系和高层大模体系的外墙工程。

承重混凝土岩棉复合外墙板一般由 150mm 厚钢筋混凝土结构承重层、50mm 厚岩棉绝热层和 50mm 混凝土外装饰保护面层构成；非承重薄壁混凝土岩棉复合外墙板由 50mm（或70mm）厚钢筋混凝土结构承重层、80mm 厚岩棉绝热层和 30mm 厚混凝土外装饰保护面层组成。绝热层的厚度可根据各地气候条件和热工要求予以调整。

石膏板复合墙板是指以纸面石膏板为面层、绝热材料为芯材的预制复合板。石膏板复合墙体是以纸面石膏板为面层、绝热材料为绝热层，并设有空气层与主体外墙进行现场复合，用做外墙内保温复合墙体。

预制石膏板复合墙板按照构造可分为纸面石膏复合板、纸面石膏聚苯龙骨复合板和无纸石膏聚苯龙骨复合板，所用绝热材料主要为聚苯板、岩棉板或玻璃棉板。

现场拼装石膏板内保温复合外墙采用石膏板和聚苯板复合龙骨，在龙骨间用塑料钉挂装绝热板保温层、外贴纸面石膏板，在主体外墙和绝热板之间留有空气层。

纤维水泥（硅酸钙）板预制复合墙板是以薄型纤维水泥或纤维增强硅酸钙板作为面板，

中间填充轻质芯材一次复合形成的一种轻质复合板材，可作为建筑物的内隔墙、分户墙和外墙。主要材料为纤维水泥薄板或纤维增强硅酸钙薄板（厚度为 4、5mm），芯材采用普通硅酸盐水泥、粉煤灰、泡沫聚苯乙烯粒料、外加剂和水等拌制而成的混合料。

复合墙板两面层采用纤维水泥薄板或纤维增强硅酸钙薄板，中间为轻混凝土夹芯层。长度可为 2450、2750、2980mm；宽度为 600mm；厚度为 60、90mm。

聚苯模块混凝土复合绝热墙体是将聚苯乙烯泡沫塑料板组成模块，并在现场连接成模板，在模板内部放置钢筋和浇筑混凝土，此模板不仅是永久性模板，而且也是墙体的高效保温隔热材料。聚苯板组成聚苯模块时往往设置一定数量的高密度树脂腹筋，并安装连接件和饰面板。此种方式不仅可以不使用木模或钢模，加快施工进度，而且由于聚苯模板的保温保湿作用，便于夏、冬两季施工中混凝土强度的增长；在聚苯板上可以十分方便地进行开槽、挖孔以及铺设管道、电线等操作。

◀))) 知识链接五：黏土瓦

黏土瓦是以黏土为主要材料，加适量水搅拌均匀后，经模压挤出成型，再经干燥和焙烧而成。制瓦的黏土要求杂质少、塑性高。按烧成后的颜色分为青瓦和红瓦，按形状分为平瓦和脊瓦。

黏土瓦的标准尺寸为 400mm×240mm、380mm×220mm，其物理力学性质见表 6-20。

表 6-20　　　　　　　　　　　　　　　黏土瓦物理力学指标

项目		平瓦			脊瓦	
		优等品	一等品	合格品	一等品	合格品
抗折荷重（kN）	平均值	980	870	780	—	—
	最小值	780	680	680	680	680
饱和吸水强度（kg/m²）		≤50		≥55	—	—
抗冻性		15 次冻融循环后不得出现分层、开裂、剥落等损伤现象				
抗渗性		不得出现滴水				

◀))) 知识链接六：混凝土瓦

混凝土瓦是以水泥、砂或无机的硬质细骨料为主要原料，经配料混合、加水搅拌、机械滚压或人工挤压成型养护而成。

按照《混凝土瓦》（JC/T 746—2007）的规定，混凝土瓦的标准尺寸为 400mm×240mm 和 385mm×235mm 两种，瓦的主体厚度为 14mm。单片瓦最小抗折荷载不得低于 600N，单片瓦的吸水率不得低于 12%，抗渗性、抗冻性均同黏土瓦。混凝土瓦的成本低、耐久性好，但自重较大。

◀))) 知识链接七：石棉水泥瓦

石棉水泥瓦以石棉纤维和水泥为原料，经加水搅拌、压波成型、蒸养和烘干而成的轻型屋面材料，分为大波瓦、中波瓦、小波瓦及脊瓦 4 种。

石棉水泥瓦根据其抗折力、吸水率及外观质量分为优等品、一等品和合格品三个等级，其标准及物理力学性能指标见表 6-21。

表 6 - 21　　　　　　　　　　　石棉水泥瓦的物理力学性能指标

项目		大波瓦			大波瓦			大波瓦		
		优等品	一等品	合格品	优等品	一等品	合格品	优等品	一等品	合格品
规格尺寸（长×宽×高，mm×mm×mm）		2800×994×7.5			2400×745×6.5 1800×745×6.0			1800×720×6.0 1800×720×5.0		
抗折力	横向（N/m）	3800	3300	2900	4200	3600	3100	3200	2800	2400
	纵向（N）	470	450	430	350	330	320	420	360	300
吸水率（%）≤		28	28	28	26	28	28	25	26	26
抗冻性		25 次冻融循环后不得出现起层等破坏现象								
不透水性		浸水后瓦体背面允许出现滴斑，但不允许出现水滴								
抗冲击性		在相距 60cm 处进行观察，冲击一次后被击处不得出现龟裂、剥落、贯通孔及裂纹								

石棉水泥瓦具有防水、防火、防潮、耐寒、耐热、防腐、绝缘、质轻等诸多优越性能，并且单张面积大，有效利用面积大。但由于石棉纤维对人体健康有害，许多国家已经禁止使用，我国已经开始用别的纤维材料（如耐碱纤维和有机玻璃纤维）来代替石棉。石棉水泥波瓦用于仓库、厂房等跨度较大的工业建筑和临时搭建的屋面，也可用于围护墙。

◁)) 知识链接八：琉璃瓦

琉璃瓦是在素烧的瓦胚表面涂琉璃釉料再经烧制而成的瓦。这种瓦种类繁多，有专供排水、防漏的，有构成屋脊的，有装饰性的。因此，琉璃瓦又可以分为瓦件、屋脊部件、装饰件三类。琉璃瓦表面光滑、质地坚硬、色彩艳丽、造型多样，是一种高级的传统屋面材料。由于其成本较高，一般只用于古建筑的修复和园林建筑的建设。

◁)) 知识链接九：沥青瓦

沥青瓦是以玻璃纤维薄毡为胎料，以改性沥青为涂覆材料制成的一种片状屋面材料。其优点是质量轻，可减少屋面自重，施工方面，具有相互黏结功能，有很好的防水和装饰功能。为了满足这些装饰功能，沥青瓦制作是可以在表面撒以不同颜色的矿物颗粒，制成彩色沥青瓦。

◁)) 知识链接十：常用屋面材料组成、特性及作用

几种常用屋面材料的主要组成、特性及作用见表 6 - 22。

表 6 - 22　　　　　　　常用屋面材料的主要组成、特性及作用

品种		主要组成材料	主要特性	主要作用
烧结类瓦材	黏土瓦	黏土、页岩	按颜色分为红瓦、青瓦；按形状分为平瓦、脊瓦。自重大，易脆裂	民用建筑坡形屋面防水
	琉璃瓦	难溶黏土	表面光滑、质地坚密、色彩美丽、耐久性好	高级屋面防水与装饰

续表

	品种	主要组成材料	主要特性	主要作用
水泥类瓦材	混凝土瓦	水泥、砂或无机硬质细骨料	成本低、耐久性好，但质量大	民用建筑波形屋面防水
	纤维增强水泥瓦	水泥、增强纤维	防水、防潮、防腐、绝缘	厂房、库房、堆货棚、凉棚
	钢丝网水泥大波瓦	水泥、砂、钢丝网	尺寸和质量大	工厂散热车间、仓库、临时性围护结构
高分子复合类瓦材	玻璃钢波形瓦	不饱和聚酯树脂、玻璃纤维	轻质、高强、耐冲击、耐热、耐蚀、透光率高、制作简单	遮阳、车站站台、售货亭、凉棚等屋面
	塑料瓦楞板	聚氯乙烯树脂、配合剂	轻质、高强、防水、耐蚀、透光率高、色彩鲜艳	凉棚、遮阳板、简易建筑屋面
	木质纤维波形瓦	木纤维、酚醛树脂防水剂	防水、耐热、耐寒	活动房屋、轻结构房屋屋面、车间、仓库、临时设施等屋面
	玻璃纤维沥青瓦	玻璃纤维薄毡、改性沥青	轻质、黏结性强、抗风化、施工方便	民用建筑波形屋面
轻型复合板	EPS 轻型板	彩色涂层钢板、自熄聚苯乙烯、热固化胶	集承重、保温、隔热、防水于一体，且施工方便	体育馆、展览厅、冷库等大跨度屋面结构
	硬质聚氨酯夹芯板	镀锌彩色压型钢板、硬质聚氨酯泡沫塑料	集承重、保温、防水于一体，且耐候性极强	大型工业厂房、仓库、公共设施等大跨度屋面结构和高层建筑屋面结构

NO. 6 新型复合自保温砌块

项目七 建筑钢材性能检测与应用

🎯 能力目标	钢材是土木工程中非常重要的建筑材料之一。了解钢材的基本知识、掌握建筑钢材的技术性质指标及其影响因素，熟悉钢筋混凝土结构用钢和钢结构用钢，掌握钢筋的加工工艺、钢材的使用以及防锈的方法
🔧 知识目标	了解钢材生产的方法及钢的化学成分对钢材性能的影响，掌握建筑钢材的技术性质和工艺性能，熟悉各种钢结构用钢材和钢筋混凝土用钢材的国家标准。了解钢材的锈蚀成因及防护方法、钢材的防火及防护
📋 能力训练任务	通过子项目任务，建立小组，分配任务，查找相关文献资料，掌握建筑钢材性能的因素影响，通过试验了解相关数据的测试，锻炼掌握专业知识技能、查找资料与沟通协作的能力

单元项目 钢材的种类及技术性质

☆ **任务描述** -

每组学生通过项目任务，完成建筑钢材的选择和性能检测，熟悉并掌握建筑钢材在实际工程中的应用。针对不同的学习小组，给出不同的工程条件，依据实际工程对钢材的技术要求，确定试验内容，并在实验室进行检测，对照相关规范验证数据的合理性。

任务一：根据工程环境选择合适的钢材。

任务二：根据所选钢材，在实验室对钢材性能进行检测。

任务三：查找相关规范，给出钢材选择的依据以及试验性能测定结果的校核。

各小组选用不同的工程背景，具体工程概况如下：

小组一：

某化工厂兴建一栋 5 层办公楼，钢筋混凝土框架结构，抗震设防烈度为 6 度。其中基础采用人工挖孔灌注桩。钢筋笼钢筋有主筋、加强筋、螺旋筋等，试说明为保证质量，针对该钢筋笼所采用钢筋的检验指标和检验数量。

小组二：

某办公楼工程由主楼及裙楼两部分组成。该工程安全等级为一级，设计使用耐久年限为 50 年，抗震设防烈度为 8 度。主楼为现浇钢筋混凝土框架－剪力墙结构，主楼 33 层，基础为筏板基础。

现根据条件确定该钢筋混凝土结构工程中主楼框架柱的纵向受力钢筋和箍筋的类型，说明选择的理由，并参照相关规范确定所选钢筋的检测内容。

小组三：

漳州市某单层钢结构工业厂房，排架结构，跨度 18m，设 20/5t、10t 吊车各一台，吊车均为中级工作制，牛腿面标高 9.6m。

现针对该钢结构厂房选择适宜的钢材种类及型号，并根据相关规范确定所选钢材的检测内容、试验方法及技术指标。

小组四：

某市交通站办公楼，共 12 层，其中地上 10 层，地下 2 层，标准层高 3.6m，抗震设防烈度 8 度，框架结构，桩基础，混凝土为 C35。该工程施工过程中施工单位为节约钢材以及对钢筋进行调直，拟对钢筋进行冷拉，请查取资料和国家相关标准，确定不同等级钢筋冷拉的要求，并测试相关结果。

小组五：

某县级中学修建学校食堂，一层，砖混结构，墙体采用烧结黏土砖，为保证墙体与构造柱牢固连接，请选择合适的拉结筋，确定其规格型号，并进行试验检测所选钢筋的技术性质是否满足需要。

任务分析

钢材选择受到诸多因素的影响，不同的使用环境、施工条件、施工设备，所选钢材不同。通过学习以及翻转课堂，使学生了解相关知识点，了解钢材的分类及其应用特点。

钢材是重要的土木工程材料之一，被广泛应用于建筑工程、市政工程和交通工程建设中。各小组根据所给条件确定钢材的种类，并测定其技术性质，分析所选钢材的合理性。

任务实施

学生根据教师提供的背景资料，并利用图书馆、网络等多种途径获取信息和资料，组织学习和探究，整理和归纳信息资料。学生自由组队，制定学习计划，并进行分工合作，完成教师制定的学习任务。在课堂上，学生以团队形式进行汇报，展示学习成果，并由其他团队及教师进行点评。

知识链接

知识链接一：钢的分类

1. 按化学成分不同分类

（1）碳素钢。碳素钢的主要成分是铁，其次是碳，此外还有少量锰、硅、硫、磷等微量元素。碳素钢根据含碳量的高低又分为：低碳钢，含碳量不大于 0.25%；中碳钢，含碳量介于 0.25%～0.60% 之间；高碳钢，含碳量大于 0.60%。

（2）合金钢。合金钢是为了改善钢的性能，在冶炼碳素钢的基础上，加入一种或者多种改善钢材性能的合金元素制成的，如铬钢、锰钢、铬锰钢、铬镍钢等。按其合金元素的总含量，可分为：低合金钢，合金元素的总含量不大于 5%；中合金钢，合金元素的总含量为 5%～10%；高合金钢，合金元素的总含量大于 10%。

2. 按冶炼时脱氧程度不同分类

（1）沸腾钢。脱氧不完全的钢，浇筑时钢水在锭模中放出大量一氧化碳气体，造成沸腾现象，故称为沸腾钢。沸腾钢内部气泡和杂质较多，化学成分和力学性质不均匀，因此钢的质量较差，但成本较低。

（2）镇静钢。属脱氧完全的钢，钢液浇筑后平静、冷却凝固，基本无一氧化碳气泡产生。镇静钢均匀密实，力学性能良好，品质好，但成本高。镇静钢可用于承受冲击荷载的重要结构。

3. 按品质（杂质含量）不同分类

钢材根据其中硫、磷等有害杂质含量的不同，可分为普通钢、优质钢、高级优质钢。

4. 按用途不同分类

钢材按用途的不同，可分为结构钢（主要用于工程构件及机械零件）、工具钢（主要用于各种刀具、量具及磨具）、特殊钢（具有特殊物理、化学或力学性能，如不锈钢、耐热钢、耐磨钢等，一般为合金钢）。

🔊 知识链接二：钢材主要技术性质及试验

1. 抗拉性能

抗拉性能是表示钢材性能的重要指标。由于拉伸是建筑钢材的主要受力形式，因此抗拉性能采用拉伸试验测定，以屈服点、抗拉强度和伸长率等指标表征，这些指标可通过低碳钢（软钢）受拉时的应力-应变曲线来阐明，如图7-1所示。

从图中可以看出，低碳钢受拉经历弹性阶段（OA）、屈服阶段（AB）、强化阶段（BC）、颈缩阶段（CD）。

（1）屈服点。当试件拉力在 OA 范围内时，如卸去拉力，试件能恢复原状，应力与应变的比值为常数，即弹性模量 E，$E = \sigma/\varepsilon$。该阶段被称为弹性阶段。弹性模量反映钢材抵抗变形的能力，是计算结构受力变形的重要指标。

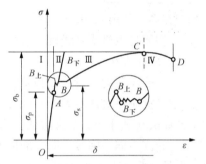

图7-1 低碳钢受拉时的应力-应变曲线

当对试件的拉伸进入塑性变形的屈服阶段 AB 时，称屈服下限 $B_下$（此点较稳定，易测定）所对应的应力为屈服强度或屈服点，记作 σ_s。对屈服现象不明显的钢（硬钢），规定以 0.2% 残余变形时的应力 $\sigma_{0.2}$ 作为屈服强度，称为条件屈服点。

钢材应力超过屈服点以后，虽然没有断裂，但会产生较大的塑性变形，已不能满足结构要求，因此屈服强度是设计时钢材强度取值的主要依据之一，是工程结构计算中非常重要的参数之一。

（2）抗拉强度。从图7-1中 BC 曲线逐步上升可以看出试件在屈服阶段以后，其抵抗塑性变形的能力又重新提高，称为强化阶段。对应于最高点 C 的应力称为抗拉强度，即钢材受拉断裂前的最大应力，用 σ_b 表示。

设计中抗拉强度一般不直接利用，但屈强比 σ_s/σ_b，却能反映钢材的利用率和结构安全可靠性。屈强比越小、反映钢材受力超过屈服点工作时的可靠性越大，因而结构的安全性越高。但屈服比太小，则反映钢材不能有效地被利用，造成钢材浪费。建筑结构钢的合理屈强比一般为 0.60~0.75。

（3）伸长率。图7-1中当曲线到达 C 点后，试件薄弱处急剧缩小，塑性变形迅速增加，产生颈缩现象而断裂，见图7-2。试件拉断后，测定出拉断后标距部分的长度 L_1（mm），

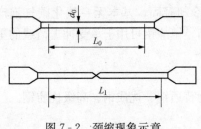

图 7-2　颈缩现象示意

L_1 与试件原标距 L_0（mm）比较，按下式可以计算出伸长率 δ：

$$\delta = (L_1 - L_0)/L_0 \times 100\%$$

　　伸长率表征了钢材的塑性变形能力，δ 越大，说明钢材的塑性越好。钢材的塑性好，不仅便于各种加工，而且能保证钢材在建筑上的安全使用。由于在塑性变形时颈缩处的变形最大，故若原标距与试件的直径之比越大，则颈缩处伸长值在整个伸长值中的比例越小，因而计算的伸长率越小。通常以 δ_5 和 δ_{10} 分别表示 $L_0 = 5d_0$ 和 $L_0 = 10d_0$ 时的伸长率，其中 d_0 为试件直径。对同一种钢材，δ_5 应大于 δ_{10}。

　　2. 拉伸试验

　　（1）试验目的。拉伸性能是钢材的重要性能，通过拉伸试验掌握钢材的屈服强度、抗拉强度和伸长率的测定方法，验证、评定钢材的力学性能。

　　（2）主要仪器。

　　1）万能材料试验机：示值误差不大于 1%。量程的选择：试验时达到最大荷载时，指针最好在第三象限（180°～270°）内，或者数显破坏荷载在量程的 50%～75% 之间。

　　2）钢筋打点机或划线机、游标卡尺（精度为 0.1mm）等。

　　（3）取样方法。

　　1）钢筋应按批进行检查和验收，每批由同一牌号、同一炉罐号、同一规格的钢筋组成。

　　2）每批质量通常不大于 60t。超过 60t 的部分，每增加 40t（或不足 40t 的余数），增加一个拉伸试验试样和一个弯曲试验试样。

　　3）允许由同一牌号、同一冶炼方法、同一浇筑方法的不同炉罐号组成混合批。各炉罐号含碳量之差不大于 0.02%，含锰量之差不大于 0.15%。混合批的质量不大于 60t。

　　（4）试件制备。拉伸试验用钢筋试件不得进行车削加工，可以用两个或一系列等分小冲点或细画线标出试件原始标距，测量标距长度 L_0，精确至 0.1mm，见图 7-3。根据钢筋的公称直径选取公称横截面积（mm²）。

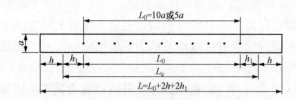

图 7-3　钢筋拉伸试验试件

a—试样原始直径；L_0—标距长度；h_1—取（0.5～1）a；h—夹具长度

　　（5）试验步骤。

　　1）将试件上端固定在试验机上夹具内，调整试验机零点，装好描绘器、纸、笔等，再用下夹具固定试件下端。

　　2）开动试验机进行拉伸。拉伸速度为：屈服前应力增加速度为 10MPa/s；屈服后试验机活动夹头在荷载下移动速度不大于 0.5L_c/min，直至试件拉断。

　　3）拉伸过程中，测力度盘指针停止转动时的恒定荷载，或第一次回转时的最小荷载，

即为屈服荷载 F_s(N)。向试件继续加荷直至试件拉断，读出最大荷载 F_b(N)。

4）测量试件拉断后的标距长度 L_1。将已拉断的试件两端在断裂处对齐，尽量使其轴线位于同一条直线上。

当拉断处距离邻近标距端点大于 $L_0/3$ 时，可用游标卡尺直接量出 L_1。当拉断处距离邻近标距端点小于或等于 $L_0/3$ 时，可按下述移位法确定 L_1：在长段上自断点起，取等于短段格数得 B 点，再取等于长段所余格数［偶数见图 7-4（a）］的 1/2 得 C 点；或者取所余格数［奇数见图 7-4（b）］减 1 与加 1 的 1/2 得 C 与 C_1 点，则移位后的 L_1 分别为 $AB+2BC$ 或 $AB+BC+BC_1$。如果直接测量所求得的伸长率能达到技术条件要求的规定值，则可不采用移位法。

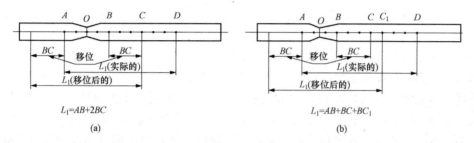

图 7-4　用移位法计算标距

（6）结果评定。

1）钢筋的屈服点 σ_s 和抗拉强度 σ_b 按下式计算：

$$\sigma_s = \frac{F_s}{A} \quad \sigma_b = \frac{F_b}{A}$$

式中　σ_s、σ_b——钢筋的屈服点和抗拉强度，MPa；

　　　F_s、F_b——钢筋的屈服荷载和最大荷载，N；

　　　A——试件的公称横截面积，mm^2。

当 σ_s、σ_b 大于 1000MPa 时，应计算至 10MPa，按"四舍六入五单双法"修约；为 200～1000MPa 时，计算至 5MPa，按"二五进位法"修约；小于 200MPa 时，计算至 1MPa，小数按"四舍六入五单双法"处理。

2）钢筋的伸长率 δ_5 或 δ_{10} 按下式计算：

$$\delta_5 (或 \delta_{10}) = \frac{L_1 - L_0}{L_0} \times 100\%$$

式中　δ_5、δ_{10}——$L_0=5a$ 或 $L_0=10a$ 时的伸长率，精确至 1%；

　　　L_0——原标距长度，5a 或 10a，mm；

　　　L_1——试件拉断后直接量出或按移位法的标距长度，精确至 0.1mm。

如试件在标距端点上或标距外断裂，则试验结果无效，应重做试验。

3. 冲击韧性

冲击韧性是指钢材抵抗冲击荷载的能力。冲击韧性指标是通过标准试件的弯曲冲击韧性试验确定的，如图 7-5 所示。以摆锤冲击试件，将试件冲断时缺口处单位截面积上所消耗的功作为钢材的冲击韧性指标，用 a_k（J/cm^2）表示。a_k 值越大，则钢材的冲击韧性越好。

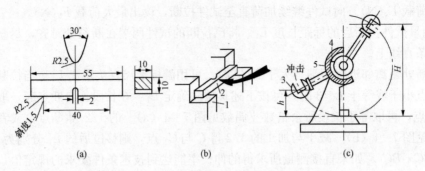

图 7 - 5 冲击韧性试验示意图（单位：mm）

（a）试件尺寸；（b）试验装置；（c）试验机

1—试验台；2—试件；3—摆锤；4—刻度盘；5—指针

钢材的化学成分、内在缺陷、加工工艺及环境温度都会影响钢材的冲击韧性。当钢材内硫、磷的含量高，存在化学偏析，含有非金属夹杂物及焊接形成的微裂纹时，都会使冲击韧性显著降低。温度对钢材冲击韧性的影响也很大。试验表明，冲击韧性随温度的降低而下降，其规律是开始下降缓和，当达到一定温度范围时，突然下降很多且呈脆性，这种脆性称为钢材的冷脆性，此时的温度称为临界温度。其数值越低，说明钢材的低温冲击性能越好。在负温下使用的结构，应当选用脆性临界温度较工作温度低的钢材。

由于时效作用，钢材随时间的延长，其塑性和冲击韧性下降。完成时效变化的过程可过数十年，但是钢材如经受冷加工变形，或使用中经受振动和反复荷载的影响，时效可迅速发展。因时效而导致性能改变的程度称为时效敏感性。对于承受动荷载的结构，应选用时效敏感性小的钢材。

因此，对于直接承受动荷载且可能在负温下工作的重要结构，必须进行钢材的冲击韧性检验。

4. 耐疲劳性

钢材承受交变荷载反复作用时，可能在最大应力远低于屈服强度的情况下突然破坏，这种破坏称为疲劳破坏。疲劳破坏的危险应力用疲劳极限（或称疲劳强度）表示，它是指疲劳试验中试件在交变应力作用下，在规定的周期内不发生断裂所能承受的最大应力。

一般认为，钢材的疲劳破坏是由拉应力引起的，抗拉强度高，其疲劳极限也较高。在设计承受交变荷载作用的结构时，应了解所用钢材的疲劳极限。钢材的疲劳极限与其内部组织和表面质量有关。

5. 硬度

钢材的硬度是指其表面抵抗重物压入产生塑性变形的能力，测定硬度的方法有布氏法和洛氏法。较常使用的方法是布氏法，其硬度指标为布氏硬度值。

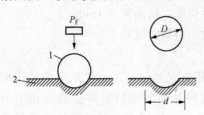

图 7 - 6 布氏硬度测定示意图

1—钢球；2—试件

布氏法是利用直径为 $D(mm)$ 的淬火钢球，以一定的荷载 $P(N)$ 将其压入试件表面，得到直径为 $d(mm)$ 的压痕（见图 7 - 6），以荷载 P 除以压痕表面积 $S(mm^2)$ 所得的应力值，即为试件的布氏硬度值 HB。布氏法比较准确，但压痕较大，不适宜成品检验。

各类钢材的 HB 值与抗拉强度之间有较好的关系。材料的强度越高，塑性变形抵抗力越强，硬度值就越大。

洛氏法测定的原理与布氏法相似，但以压头压入试件的深度来表示洛氏硬度值（HR）。洛氏法压痕较小，常用于判定工件的热处理效果。

6. 冷弯性能

冷弯性能是指钢材在常温下承受弯曲变形的能力，是钢材的重要工艺性能。

冷弯性能指标通过试件被弯曲的角度（90°、180°）及弯心直径 d 对试件厚度（或直径）a 的比值来表示，如图 7 - 7 所示。试验时采用的弯曲角度越大，弯心直径 d 对试件厚度（或直径）a 的比值越小，表示对冷弯性能的要求越高。

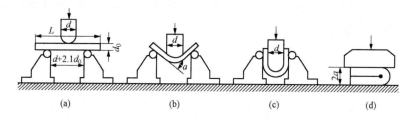

图 7 - 7　钢材冷弯试验示意图
(a) 安装试件；(b) 弯曲 90°；(c) 弯曲 180°；(d) 弯曲至两面重合

钢材试件按规定的弯曲角和弯心直径进行试验，若试件弯曲处的外表面无裂断、裂缝或起层，即认为冷弯性能合格。冷弯试验能反映试件弯曲处的塑性变形，能够揭示钢材是否存在内部组织不均匀、内应力和夹杂物等缺陷。冷弯试验也能对钢材的焊接质量进行严格的检验，能够揭示焊件受弯表面是否存在未熔合、裂缝及夹杂物等缺陷。

7. 冷弯试验

(1) 试验目的。掌握冷弯试验的方法，评定钢材冷弯性能。

(2) 主要仪器。压力机或万能试验机。

(3) 试验步骤。以采用支辊式弯曲装置为例介绍试验步骤与要求。

1) 试样放置在两个支点上，将一定直径的弯心在试样两个支点中间施加压力，使试样弯曲到规定的角度，或出现裂纹、裂缝、断裂为止。

2) 试样在两个支点上按一定弯心直径弯曲至两臂平行时，可一次完成试验，也可先按 1) 弯曲至 90°，然后放置在试验机平板之间继续施加压力，压至试样两臂平行。

3) 试验时应在平稳压力作用下，缓慢施加试验力。

4) 弯心直径必须符合相关产品标准中的规定，弯心宽度必须大于试样的宽度或直径，两支辊间距离为 $(d+3a) \pm 0.5a$，并且在试验过程中不允许有变化。

5) 试验应在 10～35℃下进行，在控制条件下，试验在 (23 ± 2)℃下进行。

6) 卸除试验力以后，按有关规定进行检查并进行结果评定。

(4) 试验结果评定。

1) 以试样弯曲的外侧面无裂纹、裂断或起层评定为冷弯合格。

2) 在冷弯的两根试件中，如有一根试件不合格，应取双倍数量试件重新试验，第二次冷弯试验中，如仍有一根不合格，即判断该批钢筋为不合格品。

8. 焊接性能

钢材主要以焊接的形式应用于工程结构之中。焊接的质量取决于钢材与焊接材料的可焊性及其焊接工艺。

钢材的可焊性是指钢材在通常的焊接方法和工艺条件下获得良好的焊接接头的性能。可焊性好的钢材焊接后不易形成裂纹、气孔及夹渣等缺陷，焊头牢固可靠，焊缝及其热影响区的性能不低于母材的力学性能。影响钢材可焊性的主要因素是化学成分及含量。一般焊接结构用钢应注意选用含碳量较低的氧气转炉或平炉镇静钢。对于高碳钢及合金钢，为了改善焊接性能，焊接时一般要采用焊前预热及焊后热处理等措施。

9. 钢材的冷加工及热处理

(1) 冷加工是指钢材在常温下进行的加工，常见的冷加工方式有冷拉、冷拔、冷轧、冷扭、刻痕等。钢材经冷加工产生塑性变形，从而提高其屈服强度，但塑性和韧性相应降低，这一过程称为冷加工强化处理。

冷加工强化过程如图 7-8 所示。钢材的应力 - 应变曲线为 $OABCD$，若钢材被拉伸至超过屈服强度的任意一点 K 时，放松拉力，则钢材将恢复至 O' 点。如此时立即再拉伸，其应力 - 应变曲线将为 $O'KCD$，新的屈服点 K 比原屈服点 B 提高，但伸长率降低。在一定范围内，冷加工变形程度越大，屈服强度提高得越多，塑性和韧性降低得越多。

工地或预制厂钢筋混凝土施工中常利用这一原理，对钢筋或低碳钢盘条按一定程度进行冷拉或冷拔加工，以提高屈服强度而节约钢材。

(2) 时效。经过冷拉的钢筋于常温下存放 15～20d，或加热到 100～200℃并保持一段时间，其强度和硬度进一步提高，塑性和韧性进一步降低，这个过程称为时效处理，前者称为自然时效，后者称为人工时效。

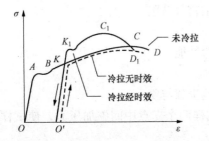

图 7-8　钢筋应力 - 应变曲线图

钢筋冷拉以后再经过时效处理，其屈服点进一步提高，塑性进一步降低。由于时效过程中应力的消减，故弹性模量可基本恢复。如图 7-8 所示，经冷加工和时效后，其应力 - 应变曲线为 $O'K_1C_1D_1$，此时屈服强度 K_1 和抗拉强度 C_1 均较时效前有所提高。一般强度较低的钢材采用自然时效，而强度较高的钢材则采用人工时效。

因时效而导致钢材性能改变的程度称为时效敏感性。时效敏感性较大的钢材，经时效后，其韧性和塑性改变较大。因此，对重要性结构应选用时效敏感性较小的钢材。

(3) 热处理。热处理是将钢材按一定规则加热、保温和冷却，以获得需要性能的一种工艺过程。处理的方法有退火、正火、淬火和回火等。土木工程建筑所用钢材一般只在生产厂进行热处理，并以热处理状态供应。在施工现场，有时需对焊接钢材进行热处理。

🔊 知识链接三：钢材的化学成分

以生铁冶炼钢材，经过一定的工艺处理后，钢材中除主要含有铁和碳外，还有少量硅、锰、磷、硫、氧和氮等难以除净的化学元素。另外，在生产合金钢的工艺中，为了改善钢材的性能，还特意加入一些化学元素，如锰、硅、矾和钛等。这些化学元素对钢材的性能产生了一定的影响。

(1) 碳：是决定钢材性能的重要元素。当钢中含碳量在 0.8% 以下时，随着含碳量的增加，钢材的强度和硬度提高，而塑性和韧性降低；但当含碳量在 1.0% 以上时，随着含碳量的增加，钢材的强度反而下降。随着含碳量的增加，钢材的焊接性能变差（含碳量大于

0.3％的钢材，可焊性显著下降），冷脆性和时效敏感性增大，耐大气锈蚀性下降。一般工程所用碳素钢均为低碳钢，即含碳量小于0.25％；工程所用低合金钢，其含碳量小于0.52％。

（2）硅：作为脱氧剂而存在于钢中，是钢中的有益元素。硅含量较低（小于1.0％）时，能提高钢材的强度，而对塑性和韧性无明显影响。

（3）锰：炼钢时用来脱氧去硫而存在于钢中的，是钢中的有益元素。锰具有很强的脱氧去硫能力，能消除或减轻氧、硫所引起的热脆性，大大改善钢材的热加工性能，同时能提高钢材的强度和硬度。锰是我国低合金结构钢中的主要合金元素。

（4）磷：钢中的有害元素。随着磷含量的增加，钢材的强度、屈强比、硬度均提高，而可焊性、塑性和韧性显著降低，特别是温度越低，对塑性和韧性的影响越大，显著加大钢材的冷脆性。但磷可提高钢材的耐磨性和耐蚀性，故在低合金钢中可配合其他元素作为合金元素使用。

（5）硫：钢中的有害元素。硫的存在会加大钢材的热脆性，降低钢材的各种机械性能，以及可焊性、冲击韧性、耐疲劳性和抗腐蚀性等。

（6）氧：钢中的有害元素。随着氧含量的增加，钢材的强度有所提高，但塑性特别是韧性显著降低，可焊性变差，还会造成钢材的热脆性。

（7）氮：对钢材性能的影响与碳、磷相似，随着氮含量的增加，可使钢材的强度提高，塑性、韧性显著降低，可焊性变差，冷脆性加剧。氮在铝、铌、钒等元素的配合下可以减少其不利影响，改善钢材性能，可作为低合金钢的合金元素使用。

（8）钛：强脱氧剂，能显著提高钢强度，改善韧性、可焊性，但稍降低塑性。钛是常用的微量合金元素。

（9）钒：弱脱氧剂，加入钢中可减弱碳和氮的不利影响，有效地提高强度，但有时也会增加焊接淬硬倾向。钒也是常用的微量合金元素。

🔊))知识链接四：建筑钢材的标准与选用▐

建筑钢材按用途不同，可划分为钢结构用钢材和混凝土结构用钢材两大类。

1. 钢结构用钢材

（1）碳素结构钢。碳素结构钢指一般结构钢和工程用热轧板、管、带、型、棒材等。国家标准《碳素结构钢》（GB/T 700—2006）规定了碳素钢的牌号表示方法和技术标准等。

1）牌号。碳素结构钢的牌号由4部分表示，按顺序为屈服点字母（Q）、屈服点数值、质量等级（有A、B、C、D四级，逐级提高）和脱氧程度（F为沸腾钢，Z为镇静钢，TZ为特殊镇静钢，牌号表示时Z、TZ可省略）。

例如，Q235—A·F表示屈服点为235MPa，A级沸腾钢；Q235—B表示屈服点为235MPa，B级镇静钢。

2）技术要求。GB/T 700—2006对碳素结构钢的化学成分、力学性质及工艺性质做出了具体的规定。其化学成分及含量应符合表7-1的要求。

表7-1　　　　　　　　　　　　碳素钢的化学成分

牌号	质量等级	厚度（或直径，mm）	脱氧方法	化学成分（质量分数，%）≤				
				C	Si	Mn	P	S
Q195	—	—	F、Z	0.12	0.30	0.50	0.035	0.040

牌号	质量等级	厚度（或直径，mm）	脱氧方法	化学成分（质量分数，%）≤				
				C	Si	Mn	P	S
Q215	A	—	F、Z	0.15	0.35	1.20	0.045	0.050
	B							0.045
Q235	A	—	F、Z	0.22	0.35	1.40	0.045	0.050
	B			0.20*				0.045
	C		Z	0.17			0.040	0.040
	D		TZ				0.035	0.035
Q275	A	—	F、Z	0.24	0.35	1.50	0.045	0.050
	B	≤40	Z	0.21			0.045	0.045
		>4		0.22				
	C		Z	0.20			0.040	0.040
	D	—	TZ				0.035	0.035

＊经需方同意，Q235B 的碳含量可不大于 0.22%。

碳素结构钢依据屈服点 Q 的数值大小划分为 5 个牌号。其力学性能见表 7-2，冷弯性能见表 7-3。

表 7-2　　　　碳素结构钢的位伸与冲击试验

牌号	质量等级	屈服强度[1]R_{cH}（N/mm²）≥						抗拉强度[2]R_M（N/mm²）	断后伸长率 δ（%）≥					冲击试验机（V 型缺口）	
		厚度（或直径，mm）							厚度（或直径，mm）					温度（℃）	冲击吸收功（纵向，J）≥
		≤16	>16～40	>40～60	>60～100	>100～150	>150～200		≤16	>40～60	>60～100	>100～150	>150～200		
Q195	—	195	185	—	—	—	—	315～430	33						
Q215	A	215	205	195	185	175	165	335～450	31	30	29	27	26	—	—
	B													+20	27
Q235	A	235	225	215	215	195	185	370～500	26	25	24	22	21	—	—
	B													+20	27
	C													0	
	D													-20	
Q275	A	275	265	255	245	225	215	410～540	22	21	20	18	17	—	—
	B													+20	27
	C													0	
	D													-20	

①Q195 的屈服强度值仅供参考，不作为交货条件。
②厚度大于 100mm 的钢材，抗拉强度下限允许降低 20N/mm²。宽带钢（包括剪切钢板）抗拉强度上限不作为交货条件。
注　厚度小于 25mm 的 Q235B 钢材，如供方能保证冲击吸收功值合格，经需方同意，可不做检验。

表7-3		碳素结构钢的冷弯性能	
牌号	试样方向	冷弯试验180°，$B=2a$	
		钢材厚度（或直径，mm）	
		≤60	>60～100
		弯心直径d	
Q195	纵	0	—
	横	0.5a	—
Q215	纵	0.5a	1.5a
	横	a	2a
Q235	纵	a	2a
	横	1.5a	2.5a
Q275	纵	1.5a	2.5a
	横	2a	3a

注　1 B为试样宽度，a为试样厚度（或直径）。

　　2 钢材厚度（或直径）大于100mm时，弯曲试验由双方协商确定。

3）选用。碳素结构钢依牌号增大，含碳量增加，其强度增大，但塑性和韧性降低。建筑工程中主要应用Q235号钢，可用于轧制各种型钢、钢板、钢管与钢筋。Q235号钢具有较高的强度，良好的塑性、韧性，可焊性及可加工等综合性能好，且冶炼方便，成本较低，因此广泛用于一般钢结构。其中，C、D级可用于重要的焊接结构。

Q195、Q215号钢材强度较低，但塑性、韧性较好，易于冷加工，可制作铆钉、钢筋等。Q275号钢材强度高，但塑性、韧性、可焊性差，可用于钢筋混凝土配筋及钢结构中的构件及螺栓等。

受动荷载作用结构、焊接结构及低温下工作的结构，不能选用A、B质量等级钢及沸腾钢。

（2）低合金高强度结构钢。低合金高强度结构钢是普通低合金结构钢的简称。一般是在普通碳素结构钢的基础上，添加少量的一种或几种合金元素而成。合金元素有硅、锰、钒、钛、铌、铬、镍及稀土元素。加入合金元素后，可使其强度、耐腐蚀性、耐磨性、低温冲击韧性等性能得到显著提高和改善。

国家标准《低合金高强度结构钢》（GB 1591—2008）规定了低合金高强度结构钢的牌号与技术性质。

1）牌号。低合金高强度结构钢的牌号由代表屈服强度的汉语拼音字母Q、屈服强度数值、质量等级符号三个部分组成，按硫、磷含量分为A、B、C、D、E五个质量等级，其中E级质量最好。如Q345A的含义为屈服点为345MPa、质量等级为A的低合金高强度结构钢。

当要求钢板具有厚度方向性能时，则在上述规定的牌号后加上代表厚度方向（Z向）性能级别的符号，例如Q345AZ15。

2）技术要求。按GB 1591—2008的规定，低合金高强度结构钢的化学成分见表7-4，拉伸性能见表 7-5，钢材的 V 型冲击试验的试验温度和冲击吸收能量见表 7-6。当需方要求做弯曲试验时，弯曲试验应符合表 7-7 的规定，当供方保证弯曲合格时，可不做弯曲试验。

表 7-4　　　　　　　　　　　　　低合金高强度结构钢的化学成分

牌号	质量等级	化学成分（%）														Al
		C	Si	Mn	P	S	Nb	V	Ti	Cr	Ni	Cu	N	Mo	B	
		≤														≥
Q345	A	0.20	0.50	1.70	0.035	0.035	0.07	0.15	0.20	0.30	0.50	0.30	0.012	0.10	—	—
	B				0.035	0.035										
	C				0.030	0.030										
	D	0.18			0.030	0.025										0.015
	E				0.025	0.020										
Q390	A	0.20	0.50	1.70	0.035	0.035	0.07	0.20	0.20	0.30	0.50	0.30	0.015	0.10	—	—
	B				0.035	0.035										
	C				0.030	0.030										
	D				0.030	0.025										0.015
	E				0.025	0.020										
Q420	A	0.20	0.50	1.70	0.035	0.035	0.07	0.20	0.20	0.30	0.50	0.30	0.15	0.20	—	—
	B				0.035	0.035										
	C				0.030	0.030										
	D				0.030	0.025										0.015
	E				0.025	0.020										
Q460	C	0.20	0.60	1.80	0.030	0.030	0.11	0.20	0.20	0.30	0.80	0.55	0.015	0.20	0.004	0.015
	D				0.030	0.025										
	E				0.025	0.020										
Q500	C	0.18	0.60	1.80	0.030	0.030	0.11	0.12	0.20	0.60	0.80	0.55	0.015	0.20	0.004	0.015
	D				0.030	0.025										
	E				0.025	0.020										
Q550	C	0.18	0.60	2.00	0.030	0.030	0.11	0.12	0.20	0.80	0.80	0.80	0.015	0.30	0.004	0.015
	D				0.030	0.025										
	E				0.025	0.020										
Q620	C	0.18	0.60	2.00	0.030	0.030	0.11	0.12	0.20	1.00	0.80	0.80	0.015	0.30	0.004	0.015
	D				0.030	0.025										
	E				0.025	0.020										
Q690	C	0.18	0.60	2.00	0.030	0.030	0.11	0.12	0.20	1.00	0.80	0.80	0.015	0.30	0.004	0.015
	D				0.030	0.025										
	E				0.025	0.020										

　　注　1 型材及棒材 P. S 含量可提高 0.005%，其中 A 级钢上限可为 0.045%。

　　　　2 当细化晶粒元素组合加入时，20（Nb＋V＋Ti）≤0.22%，20（Mo＋Cr）≤0.30%。

表 7 - 5　　　　　　　　　　　低合金高强度结构钢的拉伸性能

牌号	质量等级	以下公称厚度（直径、边长）下的屈服强度（MPa）									以下公称厚度（直径、边长）下的抗拉强度（MPa）						
		≤16mm	>16~40mm	>40~63mm	>63~80mm	>80~100mm	>100~150mm	>150~200mm	>200~250mm	>250~400mm	≤40mm	>40~63mm	>63~80mm	>80~100mm	>100~150mm	>150~200mm	>250~400mm
Q345	A B C D E	≥345	≥335	≥325	≥315	≥305	≥285	≥275	≥265	≥265	470~630	470~630	470~630	470~630	450~600	450~600	450~600
Q390	A B C D E	≥390	≥370	≥350	≥330	≥330	≥310	—	—	—	490~650	490~650	490~650	490~650	470~620	—	—
Q420	A B C D E	≥420	≥400	≥380	≥360	≥360	≥340	—	—	—	520~680	520~680	520~680	520~680	500~650	—	—
Q460	C D E	≥460	≥440	≥420	≥400	≥400	≥380	—	—	—	550~720	550~720	550~720	550~720	530~700	—	—
Q500	C D E	≥500	≥480	≥470	≥450	≥440	—	—	—	—	610~770	600~760	590~750	540~730	—	—	—
Q550	C D E	≥550	≥530	≥520	≥500	≥490	—	—	—	—	670~830	620~810	600~790	590~780	—	—	—
Q620	C D E	≥620	≥600	≥590	≥570	—	—	—	—	—	710~880	690~880	670~860	—	—	—	—
Q690	C D E	≥690	≥670	≥660	≥640	—	—	—	—	—	770~940	750~920	730~900	—	—	—	—

注　1 当屈服不明显时，可测量 $R_{p0.2}$ 代替下屈服强度。

　　2 宽度不小于 600mm 的扁平材，拉伸试验取横向试样；宽度小于 600mm 的扁平材、型材及棒材取纵向试样。

　　3 厚度 >250~400mm 的数值适用于扁平材。

表 7-6　　　　　　　　　　V 型冲击试验的试验温度和冲击吸收能量

牌号	质量等级	试验温度（℃）	冲击吸收能量（J）		
			公称厚度（直径、边长）		
			12～150mm	＞150～250mm	＞250～400mm
Q345	B	20	≥34	≥27	—
	C	0			
	D	−20			27
	E	−40			
Q390	B	20	≥34	—	—
	C	0			
	D	−20			
	E	−40			
Q420	B	20	≥34	—	—
	C	0			
	D	−20			
	E	−40			
Q460	C	0	≥34	—	—
	D	−20			
	E	−40			
Q500、Q550、Q620、Q690	C	0	≥55	—	—
	D	−20	≥47		
	E	−40	≥31		

注　冲击试验取纵向试样。

表 7-7　　　　　　　　　　低合金高强度结构钢的弯曲试验

牌号	试样方向	180°弯曲试验	
		钢材厚度（直径、边长）	
		≤16mm	＞16～100mm
		弯心直径 d	
Q345 Q390 Q420 Q460	宽度不小于 600mm 扁平材，拉伸试验取横向试样。宽度小于 600mm 的扁平材、型材及棒材取纵向试样	2a	3a

注　a 为试样厚度（直径）。

　　3）选用。低合金高强度结构钢具有轻质、高强，耐蚀性、耐低温性好，抗冲击性强，使用寿命长等良好的综合性能，具有良好的可焊性及冷加工性，易于加工与施工。因此，低合金高强度结构钢可以用作高层及大跨度建筑（如大跨度桥梁、大型厅馆、电视塔等）的主体结构材料。与普通碳素钢相比可节约钢材，具有显著的经济效益。

　　当低合金钢中的铬含量达 11.5％时，铬就在合金金属的表面形成一层惰性的氧化铬膜，成为不锈钢。不锈钢具有低的导热性、良好的耐蚀性能等优点；缺点是温度变化时膨胀性较大。不锈钢既可以作为承重构件，又可以作为建筑装饰材料。

（3）型钢、钢板和钢管。碳素结构钢和低合金高强度结构钢还可以加工成各种型钢、钢板及钢管等构件直接供工程选用，构件之间可采用铆接、螺栓连接和焊接等方式进行连接。

1）型钢。型钢有热轧和冷轧两种成型方式。热轧型钢主要有角钢、工字钢、槽钢、T型钢、H型钢及Z型钢等，如图7-9所示。以碳素结构钢为原料热轧加工的型钢，可用于大跨度、承受动荷载的钢结构。冷轧型钢主要有角钢、槽钢等开口薄壁型钢及方形、矩形等空心薄壁型钢，主要用于轻型钢结构。

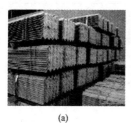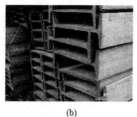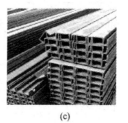

（a）　　　　　　　　　（b）　　　　　　　　　（c）

图7-9　热轧型钢

（a）角钢；（b）工字钢；（c）槽钢

2）钢板。钢板也有热轧和冷轧两种形式。热轧钢板有厚板（厚度大于4mm）和薄板（厚度小于4mm）两种，冷轧钢板只有薄板（厚度为0.2～4mm）一种。一般厚板用于焊接结构，薄板可用作屋面及墙体围护结构等，也可进一步加工成各种具有特殊用途的钢板使用。

3）钢管。钢管分为无缝钢管与焊接钢管两大类。

焊接钢管采用优质带材焊接而成，表面镀锌或不镀锌。按其焊缝形式分为直纹焊管和螺纹焊管。焊管成本低，易加工，但一般抗压性能较差。

无缝钢管多采用热轧、冷拔联合工艺生产，也可采用冷轧方式生产，但成本昂贵。热轧无缝钢管具有良好的力学性能与工艺性能。无缝钢管主要用于压力管道，在特定的钢结构中，往往也设计使用无缝钢管。

2. 混凝土结构用钢材

（1）热轧钢筋。

1）牌号。《钢筋混凝土用钢　第1部分：热轧光圆钢筋》（GB 1499.1—2008）和《钢筋混凝土用钢　第2部分：热轧带肋钢筋》（GB 1499.2—2007）规定，热轧光圆钢筋分为HPB235、HPB300两个牌号；热轧带肋钢筋分普通热轧钢筋和细晶粒热轧钢筋两个类别，其中普通热轧钢筋分为HRB335、HRB400、HRB500三个牌号，细晶粒热轧钢筋分为HRBF335、HRBF400、HRBF500两个牌号。牌号中的数字表示热轧钢筋的屈服强度。带肋钢筋的几何形状如图7-10所示。

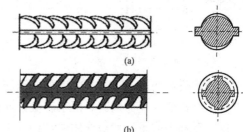

图7-10　带肋钢筋

（a）月牙肋钢筋；（b）等高肋钢筋

2）技术要求。按照GB 1499.1—2008和GB 1499.2—2007的规定，对热轧光圆钢筋和热轧带肋钢筋的力学性能和工艺性能的要求见表7-8。

表 7 - 8　　　　　　　　　　热轧钢筋的力学性能、工艺性能

类别	牌号	公称直径 (mm)	屈服强度 σ_s (MPa)	抗拉强度 σ_b (MPa)	伸长率 δ_5 (%)	冷弯	
			≥			弯曲角 (°)	弯心直径 d
热轧光圆钢筋	HPB300	6～20	300	420	25	180	a
热轧带肋钢筋	HRB335 HRBF335	6～25 28～40 >40～50	335	455	17	180	$3a$ $4a$ $5a$
	HRB400 HRBF400	6～25 28～40 >40～50	400	540	16	180	$4a$ $5a$ $6a$
	HRB500 HRBF500	6～25 28～40 >40～50	500	630	15	180	$6a$ $7a$ $8a$

注　a 为钢筋直径。

3）选用。光圆钢筋的强度较低，但塑性及可焊性好，便于冷加工，广泛用作普通钢筋混凝土；HRB335、HRB400 带肋钢筋的强度较高，塑性及可焊性也较好，广泛用作大、中型钢筋混凝土结构的受力钢筋；HRB500 带肋钢筋强度高，但塑性与可焊性较差，适宜作预应力钢筋。

（2）冷拉热轧钢筋。为了提高强度以节约钢筋，工程中常按施工规程对热轧钢筋进行冷拉。冷拉后钢筋的力学性能应符合《混凝土结构工程施工及验收规范》（GB 50204—2015）的规定，见表 7 - 9。

表 7 - 9　　　　　　　　　冷拉热轧钢筋的力学性能

钢筋级别	直径 (mm)	屈服强度 σ_s (MPa)	抗拉强度 σ_b (MPa)	伸长率 δ (%)	冷弯	
		≥			弯曲角 (°)	弯心直径 d
冷拉Ⅰ级	≤12	280	370	11	180	$3a$
冷拉Ⅱ级	≤25	450	510	10	90	$3a$
	28～40	430	490	10		$4a$
冷拉Ⅲ级	8～40	500	570	8	90	$5a$
冷拉Ⅳ级	10～28	700	835	6	90	$5a$

注　1 钢筋直径大于 25mm 的冷拉Ⅱ、Ⅳ级钢筋，冷弯弯心直径应增加 $1a$。
　　2 a 为钢筋直径。

冷拉Ⅰ级钢筋适用于非预应力受拉钢筋，冷拉Ⅱ、Ⅲ、Ⅳ级钢筋强度较高，可用作预应力混凝土结构的预应力钢筋。由于冷拉钢筋的塑性、韧性较差，易发生脆断，因此不宜用于负温度、受冲击或重复荷载作用的结构。

（3）冷轧带肋钢筋。冷轧带肋钢筋是用低碳钢热轧圆盘条经冷轧或冷拔后，在其表面冷轧成三面有肋的钢筋。国家标准《冷轧带肋钢筋》（GB 13789—2008）规定，冷轧带肋钢筋的牌号由 CRB 和钢筋的抗拉强度构成，分为 CRB550、CRB650、CRB800、CRB970 共 4 个

牌号，其中 CRB550 为普通钢筋混凝土用钢筋，其他牌号为预应力混凝土用钢筋。冷轧带肋钢筋的力学和工艺性质见表 7 - 10。

表 7 - 10　　　　　　　　　　冷轧带肋钢筋的力学和工艺性质

级别代号	屈服强度 $\sigma_{0.2}$ (MPa)	抗拉强度 σ_b (MPa)	伸长率（％）		冷弯		应力松弛率为 $0.7\sigma_b$
			δ_{10}	δ_{100}	弯曲角（°）	反复弯曲次数	1000h（％）
	$\geqslant$				$D=3d$		$\leqslant$
CRB550	500	550	8.0	—	180	—	—
CRB650	585	650	—	4.0	—	3	8
CRB800	720	800	—	4.0	—	3	8
CRB970	875	970	—	4.0	—	3	8

注　D 为弯心直径，d 为钢筋标志直径。

冷轧带肋钢筋提高了钢筋的握裹力，可广泛用于中、小型预应力钢筋混凝土结构构件和普通钢筋混凝土结构构件，也可用于焊接钢筋网。

（4）冷轧扭钢筋。冷轧扭钢筋由低碳钢热轧圆盘条经专用钢筋冷轧扭机调直、冷轧并冷扭一次成型而成，具有规定截面形状和节距的连续螺旋状钢筋。按其截面形状不同分为Ⅰ型（近似矩形截面）、Ⅱ型（近似正方形截面）、Ⅲ型（近似圆形截面）3 种类型，代号为 CTB。

冷轧扭钢筋适用于钢筋混凝土构件，其力学和工艺性质应符合《冷轧扭钢筋》（GB 3046—2006）的规定，见表 7 - 11。

表 7 - 11　　　　　　　　　　冷轧扭钢筋的性能

强度级别	型号	抗拉强度 σ_b (MPa)	伸长率（％）	180°弯曲试验（弯心直径＝3d）	应力松弛率（％）当 $\sigma_{con}=0.7f_{ptk}$	
					10h	1000h
CTB550	Ⅰ	≥550	$\delta_{11.3}$≥4.5	受弯曲部位钢筋表面不得产生裂纹	—	—
	Ⅱ	≥550	δ≥10		—	—
	Ⅲ	≥550	δ≥12		—	—
CTB650	Ⅲ	≥650	δ_{100}≥4		≤5	≤8

注　1　d 为冷轧扭钢筋标志直径。

　　2　A、$A_{11.3}$ 分别表示标距为 $5.65\sqrt{S_0}$ 或 $11.3\sqrt{S_0}$（S_0 为试样原始截面面积）的试样拉断伸长率，A_{100} 表示标距为 100mm 的试样拉断伸长率。

　　3　σ_{con} 为预应力钢筋张拉控制应力；f_{ptk} 为冷轧扭钢筋抗拉强度标准值。

冷轧扭钢筋与混凝土的握裹力与其螺距大小有直接关系。螺距越小，握裹力越大，但加工难度也越大，因此应选择适宜的螺距。冷轧扭钢筋在拉伸时无明显屈服台阶，为安全起见，其抗拉设计强度采用 $0.8\sigma_b$。

（5）预应力混凝土用钢丝和钢绞线。预应力混凝土用钢丝按加工状态分为冷拉钢丝（代号为 WCD）和消除应力钢丝两类。消除应力钢丝按松弛性能又分为低松弛级钢丝（代号为 WLR）和普通松弛级钢丝（代号为 WNR）。钢丝按外形分为光圆钢丝（代号为 P）、螺旋肋钢丝（代号为 H）、刻痕钢丝（代号为Ⅰ）共 3 种。

按国家标准《预应力混凝土用钢丝力》（GB/T 5223—2014）的规定，钢丝的力学性能要求见表 7-12～表 7-14。

表 7-12　　　　　　　　　　　　　冷拉钢丝的力学性能

公称直径 d_n (mm)	抗拉强度 σ_b (MPa)	规定非比例伸长应力 $\sigma_{p0.2}$ (MPa)	最大力下总伸长率 ($L_0=200$mm) δ_{gt} (%)	弯曲次数 (次/180°)	弯曲半径 R (mm)	断面收缩率 (%)	每210mm扭矩的扭转次数 n	初始应力相当于70%公称抗拉强度时，1000h后应力的松弛率 r (%)
	≥					≥		≤
3.00	1470	1100		4	7.5	—	—	
4.00	1570	1180		4	10		8	
	1670	1250				35		
5.00	1770	1330	1.5	4	15		8	8
6.00	1470	1100		5	15		7	
7.00	1570	1180		5	20	30	6	
	1670	1250						
8.00	1770	1330		5	20		5	

表 7-13　　　　　　　　　　消除应力光圆及螺旋肋钢丝的力学性能

公称直径 d_n (mm) ≥	抗拉强度 σ_b (MPa) ≥	规定非比例伸长应力 $\sigma_{p0.2}$ (MPa) ≥		最大力下总伸长率 ($L_0=200$mm) δ_{gt} (%) ≥	弯曲次数 (次/180°) ≥	弯曲半径 R (mm)	应力松弛性能		
							初始应力相当于公称抗拉强度的百分数 (%)	1000h后应力的松弛率 r (%) ≤	
		WLR	WNR					WLR	WLR
								对所有规格	
4.00	1470	1290	1250		3	10			
	1570	1380	1330						
4.80	1670	1470	1410		4	15			
	1770	1560	1500						
5.00	1860	1640	1580		4	15			
6.00	1470	1290	1250		4	15	60	1	4.5
6.25	1570	1380	1330	3.5	4	20	70	2	8
	1670	1470	1410		4	20	80	4.5	12
7.00	1770	1560	1500		4	20			
8.00	1470	1290	1250		4	20			
9.00	1570	1380	1330		4	25			
10.00	1470	1290	1250		4	25			
12.00					4	30			

表 7-14　　　　　　　　　　消除应力刻痕钢丝的力学性能

公称直径 d_n (mm)	抗拉强度 σ_b (MPa) ≥	规定非比例伸长应力 $\sigma_{p0.2}$ (MPa) ≥		最大力下总伸长率 ($L_0=200mm$) δ_{gt} (%) ≥	弯曲次数 (次/180°) ≥	弯曲半径 R (mm)	应力松弛性能		
							初始应力相当于公称抗拉强度的百分数 (%)	1000h 后应力的松弛率 r (%) ≤	
		WLR	WNR					WLR	WNR
							对所有规格		
≤5.0	1470	1290	1250	3.5	3	15	60	1.5	4.5
	1570	1380	1330				70	2.5	8
	1670	1470	1410				80	4.5	12
	1770	1560	1500						
	1860	1640	1580						
>5.0	1470	1290	1250			20			
	1570	1380	1330						
	1670	1470	1410						
	1770	1560	1500						

　　预应力钢绞线按捻制结构分为 5 类：用两根钢丝捻制的钢绞线（代号为 1×2）；用 3 根钢丝捻制的钢绞线（代号为 1×3）；用 3 根刻痕钢丝捻制的钢绞线（代号为 1×3Ⅰ）；用 7 根钢丝捻制的标准型钢绞线（代号为 1×7）、用 7 根钢丝捻制又经模拔的钢绞线 [代号为 (1×7) C]。

　　按国家标准《预应力混凝土用钢绞线》（GB/T 5224—2014）的规定，预应力钢绞线的力学性能要求见表 7-15。

表 7-15　　　　　　　　　　1×7 结构钢绞线的力学性能

钢绞线结构	钢绞线公称直径 d_n (mm)	抗拉强度 σ_b (MPa) ≥	整根钢绞线的最大应力 F_m (kN) ≥	规定非比例延伸力 $F_{p0.2}$ (kN) ≥	最大总伸长率 ($L_0 \geq 500mm$) δ_{gt} (%) ≥	应力松弛性能	
						初始负荷相当于公称最大力的百分数 (%)	1000h 后应力的松弛率 r (%) ≤
						对所有规格	
1×7	9.50	1720	94.3	84.8	3.5	60	1.0
		1860	102	91.8		70	2.5
		1960	107	96.3		80	4.5
	11.10	1720	128	115			
		1860	138	124			
		1960	145	131			
	12.70	1720	170	153			
		1860	184	166			
		1960	193	174			

续表

钢绞线结构	钢绞线公称直径 d_n (mm)	抗拉强度 δ_b (MPa) ≥	整根钢绞线的最大力 F_m (kN) ≥	规定非比例延伸力 $F_{p0.2}$ (kN) ≥	最大总伸长率 ($L_0 \geqslant 500mm$) δ_{gt} (%) ≥	应力松弛性能	
						初始负荷相当于公称最大力的百分数 (%)	1000h 后应力的松弛率 r (%) ≤
						对所有规格	
1×7	15.20	1470	206	185	3.5	60 70 80	1.0 2.5 4.5
		1570	220	198			
		1670	234	211			
		1720	241	217			
		1860	260	234			
		1960	274	247			
	15.70	1770	266	239			
		1860	279	251			
	17.80	1720	327	294			
		1860	353	318			
(1×7) C	12.70	1860	208	187			
	15.20	1820	300	270			
	18.00	1720	384	346			

注 规定非比例延伸力 $F_{p0.2}$ 不小于整根钢绞线公称最大力 F_m 的 90%。

预应力钢丝和钢绞线主要用于大跨度、大负荷的桥梁、电杆、枕轨、屋架和大跨度吊车梁等，安全可靠，节约钢材，且不需冷拉、焊接接头等加工，因此在土木工程中得到广泛应用。

◁))) 知识链接五：钢材的腐蚀与防止

钢材长期与介质接触时，必然会遭到腐蚀而出现破坏现象，当周围大气受到污染时，其腐蚀作用更为严重；腐蚀对结构的损害不仅表现为截面的减少，而且会产生局部坑蚀，导致严重的应力集中，从而促使结构破坏。尤其是在冲击、反复荷载作用下，更容易造成钢材韧性或疲劳强度的降低，直至出现脆裂。

1. 钢材腐蚀的原因

根据钢材表面与周围介质作用的原理不同，一般分为化学腐蚀和电化学腐蚀。

（1）化学腐蚀。化学腐蚀是由非电解质溶液或各种具有氧化作用的气体（如 O_2、CO_2、SO_2 或 H_2S 等）所引起纯化学性质的腐蚀，其特点是腐蚀过程中无电流产生。这种腐蚀多数是氧化作用，它在钢材表面形成疏松的氧化物，尤其是在温度和湿度较高的条件下，其腐蚀速率更快。

（2）电化学腐蚀。电化学腐蚀是钢材与电解质溶液相接触而形成原电池作用而发生的腐蚀。钢材中含有铁素体、渗碳体、游离碳和其他成分，由于这些成分的电极电位不同，也就是活泼性不同，会形成微电池而造成钢材的电化学腐蚀。特别是钢材与其他电极电位差别较大的物质接触时，更容易产生严重的电化学腐蚀。

2. 钢材的防腐蚀

腐蚀是影响土木工程中钢材使用寿命的主要因素之一，为延长钢结构物的使用寿命，必须做好钢材的防腐蚀。防止钢材腐蚀的主要方法有以下三种：

（1）保护膜法。保护膜法是利用保护膜使金属与周围介质隔离，从而避免或延缓外界腐蚀性介质对钢材的破坏作用。例如在钢材表面喷涂涂料、搪瓷、塑料等，或以金属镀层作为保护膜。采用电镀或喷镀的方法，在钢材表面覆盖一层耐腐蚀的金属，从而显著提高其抗腐蚀能力，如利用锌、锡、铬、银等金属材料进行的喷镀等。

（2）合金化。合金化是在碳素钢中加入可提高其抗腐蚀能力的合金元素，如加入铬、镍、锡、钛、铜等制成的不同合金。通常加入 17%～20% 的铬及 7%～10% 的镍可制成耐腐蚀性很强的合金，称为高镍铬不锈钢。

（3）电化学保护法。电化学保护法是针对钢材的电化学腐蚀而采取的保护措施，可分为阳极保护法和阳极保护法。在土木工程中，常采用阴极保护法来保护钢结构，它是在钢结构上接一块较钢铁更为活泼的金属，如锌、镁，因为锌和镁比钢铁的电位低，当产生电化学腐蚀时，锌、镁成为其原电池的阳极而遭到破坏（牺牲阳极），而钢铁结构作为阴极而得到保护。这种方法常用于难以采取覆盖保护措施的部位，如蒸气锅炉、轮船外壳、地下管道、港工结构、钢结构桥梁等。

此外，在钢筋混凝土结构中，主要是通过形成较强的碱性环境，利用钢筋表面稳定的钝化膜来防止其遭到化学腐蚀。

NO.7　钢结构建筑

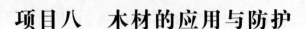

项目八　木材的应用与防护

🎯 能力目标	通过学生完成制定的木材选择及性能测试项目，使学生重点掌握木材的种类、木材的技术性质，熟悉不同种类木材的综合应用，了解木材的生产及防护措施等。在项目完成及展示的过程中，通过团队分工合作，培养学生的执行能力和沟通能力
🧠 知识目标	本章主要的知识点包括木材的种类、木材的技术性质指标、木材的应用及防护措施等。具体包括：木材的优缺点、木材的分类和两大类树种各自的特点和用途。了解木材宏观与微观结构的特征，从宏观构造的三个切面（横切面、径切面、弦切面）来认识木材的各个部分，掌握木材的物理性质和力学性质。熟悉木材的各向异性、湿胀干缩性、含水率对木材性质的影响，木材强度大小的影响因素等。此外，还应了解木材在建筑工程中的主要用途及木材的综合利用途径，木材的腐朽原理及防腐方法
📋 能力训练任务	根据不同的工程环境选择合适的木材，了解木材技术性质检测的方法，能够制定不同种类木材的应用方案，并进行木材防护处理。同时，在任务完成过程中，培养学生自主获取知识的能力和团队协作的精神，鼓励学生创造性地解决问题

单元项目　木材的应用及防护

☆ **任务描述**

　　每组学生通过项目任务，熟悉木材的种类，在适合的情景下选择合适的木材种类，掌握木材的技术性质指标，能够理解木材在应用时的主要技术指标的意义，并掌握木材的防护措施等。

　　任务一：根据使用条件选择合适的木材种类。

　　任务二：根据使用条件，考虑实际工程中木材的主要技术性质指标。

　　任务三：根据实际使用情况，编写木材的防腐、防火等防护措施。

　　各小组选用不同的工程背景，具体工程概况如下：

　　小组一：

　　江苏某公园现需修建一木拱桥，该公园占地面积 255600m²，山上清泉喷泻，山间溪水潺潺，并流入潭，蜿蜒流向园中央的人工湖，亭台楼榭错落有致，充满了中国古典韵味。现需在该人工湖上建设一木拱桥，需兼顾实用引导、艺术欣赏两种功能。桥身长 112m、宽6m，荷载为城市 A 级。

　　选择修建木拱桥的木材种类，并说明原因，确定木材的主要技术指标与防护措施。

　　小组二：

　　La Boiserie 多功能活动中心于 2013 年在法国建成，是一个木结构建筑，建筑面积1740m²，可以容纳 1000 人。这是一个由木板和草砖搭建起来的建筑，场馆后方，一块 12米长倾斜着的雪松木板支撑着音乐厅的外幕墙，这种双层幕墙的设计一方面拉伸了视觉的深度，同时也展现出一种光与影的有效互动，图 8-1 为活动中心外景，图 8-2 为活动中心内景。

现根据该项目，试分析木结构房屋的优缺点，以及现代木结构房屋的发展趋势，并对所使用木材的主要技术参数及防护措施进行设计。

图 8-1　木结构活动中心外景　　　　　　图 8-2　木结构活动中心内景

小组三：

由 LS3P Associates 设计的 Live Oak 银行总部采用现代木结构，这所私人控股银行是美国最成功的金融机构之一，总部设于北卡罗来纳州威尔明顿市。该项目旨在为职工创建最优质的工作环境，能根据他们的独特需求进行定制，图 8-3 为该办公楼外景。

建筑师极力保留场地的数目和自然特征，并保证每间办公室和空座空间的良好视野。建筑外部材料是用了柏木壁板，使得建筑更好地融入环境中。建筑设有中央休息室，内设有大厨房、咖啡厅、软垫休闲座椅和双层高的落地玻璃窗，能俯瞰中庭和露台风景，图 8-4 为办公楼内景。

现根据该项目，试分析木结构房屋的优缺点，以及现代木结构房屋的发展趋势，并对所使用木材的主要技术参数及防护措施进行设计。

图 8-3　木结构办公楼外景　　　　　　图 8-4　木结构办公楼内景

小组四：

意大利托斯卡尼浴场采用木结构双曲面屋顶，该项目位于意大利托斯卡尼区，于 2009 年 7 月开始建造，该年 11 月完工。木结构双曲面屋顶面积达 2200m²，木构件曲率半径为 5～250m。整个木结构双曲面造型新颖，视觉效果干净、震撼，设计图如图 8-5 所示，图 8-6、图 8-7 分别为屋顶外景与内景。

现根据该项目，试分析木结构屋的优缺点，以及现代木结构房屋的发展趋势，并对所使用木材的主要技术参数及防护措施进行设计。

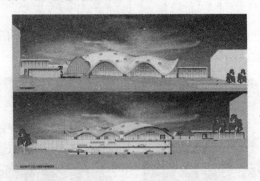

图 8-5　木结构双曲面屋顶设计图

图 8-6　木结构双曲面屋顶外景

图 8-7　木结构双曲面屋顶内景

🔍 任务分析

树木分为针叶树和阔叶树两大类。针叶树理直、木质较软、易加工、变形小。大部分阔叶树质密、木质较硬、加工较难、易翘裂、纹理美观，适用于室内装修。

⚙ 任务实施

学生根据教师提供的背景资料，并利用图书馆、网络等多种途径获取信息和资料，组织学习和探究，整理和归纳信息资料。学生自由组队，制定学习计划，并进行分工合作，完成教师制定的学习任务。在课堂上，学生以团队形式进行汇报，展示学习成果，并由其他团队及教师进行点评。

📌 知识链接

🔊 知识链接一：木材的分类和构造

木材是天然生长的有机高分子材料，具有很多优良的性能，如轻质、高强，导电、导热低，有较好的弹性和韧性，能够承受冲击和振动，易于加工等。木材用于建筑工程已有悠久的历史，是重要的建筑材料之一，如建筑物的屋架、梁、柱、门、窗、地板以及室内装修、装饰等，都需要使用大量的木材。目前，随着社会对环境保护意识的增强，木材逐渐被其他材料所取代，已经较少用于外部结构材料，但由于其美丽的天然纹理和良好的装饰效果，所以仍然被用作装饰与装修材料。

1. 木材的分类

树木按照树叶形状可以分为针叶树和阔叶树，详细介绍见表8-1。

图8-8为针叶树，图8-9为阔叶树，图8-10为松木，图8-11为水曲柳木。

表 8-1　　　　　　　　　　　　　　　　　树木的分类及应用

分类标准	分类名称	说　　明	主要用途
按树种分类	针叶树	树叶细长如针，多为常绿树，材质一般较软，有的含树脂，故又称软材，如：红松、落叶松、云杉、冷杉、杉木、柏木等，都属此类	建筑工程，木制包装，桥梁，家具，造船，电杆，坑木，枕木，桩木，机械模型等
	阔叶树	树叶宽大，叶脉成网状，大部分为落叶树，材质较坚硬，故称硬材。如：樟木、水曲柳、青冈、柚木、山毛榉、色木等，都属此类。也有少数质地稍软的，如桦木、椴木、山杨、青杨等，都属此类	建筑工程，木材包装，机械制造，造船，车辆，桥梁，枕木，家具，坑木及胶合板等

图8-8　针叶树

图8-9　阔叶树

图8-10　松木

图8-11　水曲柳木

2. 木材的构造

木材的构造是决定木材性质的主要因素，不同树种以及生长环境条件不同的树木，其构造差别很大。研究木材的构造通常从宏观和微观两个方面进行。

（1）木材的宏观构造。木材的宏观构造用肉眼和放大镜就能观察到，通常从树干的 3 个切面进行剖析，即横切面、径切面和弦切面，见图 8 - 12。宏观上树木由树皮、木质部和髓心组成。髓心质量差、易腐蚀，故而工程中利用的主要是木质部。靠近髓心的木质部颜色较深，称为心材；靠近树皮的木质部颜色较浅，称为边材，通常心材的利用价值较边材大一些。木材横切面内的同心圆环称为年轮，年轮越密，木材的强度越高。同一年轮内春季生长的木质颜色较浅，称为春材或早材；夏季或秋季生长的颜色较深，称为夏材或晚材。

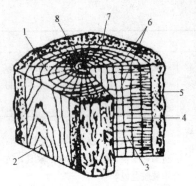

图 8 - 12　木材的宏观构造

1—横切面；2—弦切面；3—径切面；

4—木质部；5—树皮；6—髓线；

7—年轮；8—髓心

从髓心向外的辐射线，称为髓线，髓线与周围连接较差，木材干燥时易沿此开裂。年轮和髓线组成了木材天然美丽的纹理。

（2）木材的微观构造。木材的微观构造需在显微镜下观察，可以看到木材由无数管状细胞紧密结合而成，它们大部分为纵向排列，少数横向排列。

每个细胞又由细胞壁和细胞腔组成，木材的细胞壁越厚，细胞腔越小，木材越密实，其表观密度和强度就越大，但胀缩变形也越大。夏材的构造比春材密实。针叶树与阔叶树的微观构造有较大差别，如图 8 - 13 和图 8 - 14 所示。针叶树材显微构造简单而规则，其髓线较细而不明显。阔叶树显微构造较复杂，最大特点是髓线很发达，粗大而明显，这是鉴别阔叶树材的显著特征。

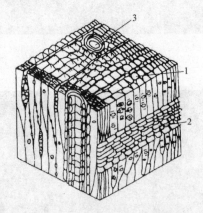

图 8 - 13　针叶树马尾松微观构造

1—管胞；2—髓线；3—树脂道

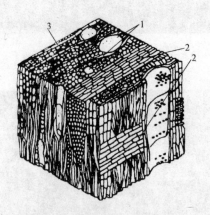

图 8 - 14　阔叶树柞木微观构造

1—导管；2—髓线；3—木纤维

🔊 知识链接二：木材的物理力学性质

木材的物理力学性质主要有含水量、湿胀干缩和强度等，其中含水量对木材的物理力学性质影响较大。

1. 木材的含水量

木材的含水量用含水率表示，是指木材中所含水的质量与干燥木材质量的百分数。新砍伐木材的含水率大于 35%，风干木材的含水率为 15%～25%；室内干燥木材的含水率通常为 8%～15%。木材中所含水分不同，木材的性质也不同。

（1）木材中的水分。木材中的水分按其存在的状态可分为自由水（毛细管水）、吸着水和化合水三类。

1）自由水。自由水是指以游离态存在于木材细胞的胞腔、细胞间隙和纹孔腔这类大毛细管中的水分，包括液态水和细胞腔内水蒸气两部分；理论上，毛细管内的水均受毛细管张力的束缚，张力大小与毛细管直径大小成反比，直径越大，表面张力越小，束缚力也越小。木材中大毛细管对水分的束缚力较微弱，水分蒸发、移动与水在自由界面的蒸发和移动相近。自由水多少主要由木材孔隙体积（孔隙度）决定，它影响到木材重量、燃烧性、渗透性和耐久性，对木材体积稳定性及力学、电学等性质无影响。

2）吸着水。吸着水是指以吸附状态存在于细胞壁中微毛细管的水，即细胞壁微纤丝之间的水分。木材胞壁中微纤丝之间的微毛细管直径很小，对水有较强的束缚力，除去吸着水需要消耗比除去自由水更多的能量。吸着水多少对木材物理力学性质和木材加工利用有着重要的影响。木材生产和使用过程中，应充分关注吸着水的变化与控制。

3）化合水。化合水是指与木材细胞壁物质组成呈牢固的化学结合状态的水。这部分水分含量极少，而且相对稳定，是木材的组成成分之一。一般温度下的热处理难以将木材中的化合水除去，如要除去化合水必须给矛更多能量加热木材，此时木材已处于破坏状态，不属于木材的正常使用范围。因此化合水对日常使用过程中的木材物理性质没有影响。

（2）木材的纤维饱和点。当木材中的吸附水达到饱和，但是没有自由水时，木材的含水率称为木材纤维饱和点。当木材中的含水率超过木材纤维饱和点时，木材的许多性质会发生变化。通常木材纤维饱和点在 23%～31% 之间波动，常以 30% 作为木材纤维饱和点。

（3）木材的平衡含水率。木材中所含的水分是随着环境的温度和湿度变化而改变的，当木材长时间处于一定温度和湿度的环境中时，木材中的含水量最后会达到与周围环境湿度相平衡，这时木材的含水率称为平衡含水率。木材的平衡含水率是木材进行干燥时的重要指标。为避免木材因含水率大幅度变化而引起变形和制品开裂，木材使用前须干燥至其使用环境常年平均平衡含水率。我国北方地区平均含水率约 12%，南方地区为 15%～20%。

2. 木材的湿胀与干缩变形

湿材因干燥而缩减其尺寸的现象称为干缩；干材因吸收水分而增加其尺寸与体积的现象称为湿胀。干缩和湿胀现象主要在木材含水率小于纤维饱和点的情况下发生，当木材含水率在纤维饱和点以上时，其尺寸、体积是不会发生变化的。木材干缩与木材湿胀发生在两个完全相反的方向上，二者均会引起木材尺寸与体积的变化。对于小尺寸而无束缚应力的木材，理论上说其干缩与湿胀是可逆的；对于大尺寸实木试件，由于干缩应力及吸湿滞后现象的存在，干缩与湿胀是不完全可逆的。

由于木材的非均匀构造，其胀缩变形各不相同，其中以弦向最大，径向次之，纵向即顺纹方向最小。木材的湿胀、干缩变形还随树种不同而不同，一般来说，表观密度大、夏材含量多的木材，胀缩变形就大。木材干燥时，其横截面上不同部位的变形情况不同，板材距髓心越远，由于其横向更接近于典型的弦向，因而干燥时收缩越大，致使板材产生背向髓心的反翘变形。

3. 木材的强度

(1) 木材强度的概念。在建筑结构中，木材常用的强度有抗拉、抗压、抗弯和抗剪强度。由于木材的构造各向不同，致使各向强度有差异，为此木材的强度有顺纹强度和横纹强度之分。木材的顺纹强度比其横纹强度要大得多，所以工程上均充分利用它们的顺纹强度。从理论上讲，木材强度中以顺纹抗拉强度为最大，其次是抗弯强度和顺纹抗压强度，但实际上是木材的顺纹抗压强度最高。当以顺纹抗压强度为1时，木材理论上各强度大小关系见表8-2。

表8-2　　　　　　　　　　　　　　木材各项强度的关系

抗拉		抗压		抗剪		抗弯
顺纹	横纹	顺纹	横纹	顺纹	横纹	
2～3	1/20～1/3	1	1/10～1/3	1/7～1/3	1/2～1	1.5～2

木材的强度检验是采用无疵病的木材制成标准试件，按《木材物理力学试验方法总则》(GB/T 1928—2009) 进行测定。试验时，木材在各向上受不同外力时的破坏情况各不相同，其中顺纹受压破坏是因细胞壁失去稳定所致，而非纤维断裂。横纹受压是因木材受力压紧后产生显著变形而造成破坏。顺纹抗拉破坏通常是因纤维间撕裂而后拉断所致。

木材受剪切作用时，由于作用力对于木材纤维方向的不同，可分为顺纹剪切、横纹剪切和横纹切断三种。顺纹剪切破坏是由于纤维间连接被撕裂而产生纵向位移和受横纹拉力作用所致；横纹剪切破坏完全是因剪切面中纤维的横向连接被撕裂的结果；横纹切断破坏则是木材纤维被切断，这时强度较大，一般为顺纹剪切的4～5倍。

(2) 影响木材强度的主要因素。

1) 含水量的影响。木材的强度受含水率的影响很大，其规律是当木材的含水率在纤维饱和点以下时，随含水率降低，即吸附水减少，细胞壁趋于紧密，木材强度增大，反之，则强度减小。当木材含水率在纤维饱和点以上变化时，木材强度不改变。

2) 负荷时间的影响。木材对长期荷载的抵抗能力与对暂时荷载不同。木材在外力长期作用下，只有当其应力远低于强度极限的某一定范围以下时，才可避免木材因长期负荷而被破坏。这是由于木材在外力作用下产生等速蠕滑，经过长时间最后达到急剧产生大量连续变形所致。

木材在长期荷载作用下不致引起破坏的最大强度，称为持久强度。木材的持久强度比其极限强度小得多，一般为极限强度的50%～60%。一切木结构都处于某一种负荷的长期作用下，因此在设计木结构时，应考虑负荷时间对木材强度的影响。

3) 温度的影响。木材随环境温度升高强度会降低。当温度由25℃升到50℃时，针叶树抗拉强度降低10%～15%，抗压强度降低20%～24%。当木材长期处于60～100℃温度下时，会引起水分和所含挥发物的蒸发，而呈暗褐色，强度明显下降，变形增大。温度超过140℃时，木材中的纤维素发生热裂解，色渐变黑，强度显著下降。因此，长期处于高温环境中的建筑物，不宜采用木结构。

4) 疵病的影响。木材在生长、采伐、保存过程中，所产生的内部和外部的缺陷，统称为疵病。木材的疵病主要有木节、斜纹、裂纹、腐朽和虫害等一般木材或多或少都存在一些疵病，致使木材的物理力学性质受到影响。

5）夏材率的影响。夏材比春材密实、强度高。木材中，夏材率越高，强度也越高，由于夏材率增高，木材表观密度也增大，故一般情况下，木材的表观密度大，强度也高。

))) 知识链接三：木材在工程中的应用

由于木材具有其独特的优良特性，特别是木质饰面优美的花纹，是其他装饰材料无法与之相比的，所以在建筑工程，尤其是装饰领域中，始终保持着重要的地位。

1. 木材的优良特性

木材具有下列主要的优良特性：

（1）质轻而强度高。木材的表观密度一般为 $550kg/cm^3$，顺纹抗拉强度和抗弯强度均在100MPa 左右，因此木材比强度高，属于轻质高强材料，具有很高的使用价值，可以作为结构材料，如图 8-15 所示。

（2）弹性和韧性好。能够承受较大的冲击荷载和振动荷载。

（3）导热系数小。木材为多孔结构材料，孔隙率达 50%，具有良好的保温隔热性能。

（4）装饰性好。木材具有美丽的天然纹理，用作室内装饰，给人以自然而高雅的美感。

（5）耐久性好。民间谚语有："干千年，湿千年，干干湿湿两千年"。意思是说，木材只要一直保持通风干燥，就不会腐朽破坏。

当然木材也有一定的缺点，如各向异性，胀缩变形大，易腐、易燃和天然疵病多等，但这些缺点经采取适当的措施，可大大减少其对木材应用的影响。

2. 木材在建筑中的应用

（1）木材在建筑结构中的应用。木材是传统的建筑材料，在古建筑和现代建筑中都得到了广泛应用。在结构上，木材主要用于构架和屋顶，如梁、柱、桁檩、望板和斗拱等。我国许多古建筑物均为木结构，它们在建筑技术和艺术上均有很高的水平，并具有独特的风格，见图 8-16。

图 8-15　木屋

图 8-16　木桥

（2）木装修与木装饰的应用。木材由于加工制造方便，故广泛用于房屋的门窗、地板、天花板、扶手、栏杆、隔断等。另外，木材在建筑工程中还常用作混凝土模板和木桩等。国内外，木材又被广泛应用于建筑室内装修和装饰，现将常用的装饰用人造板材简介如下。

1）木地板。木地板是由软木树材（松木、杉木）和硬木树材（如水曲柳、榆木、柚木、橡木、枫木、樱桃木、柞木等）经过加工处理而制成的木板拼铺而成。木地板可分为条木地板、拼花木地板、漆木地板、复合地板等。

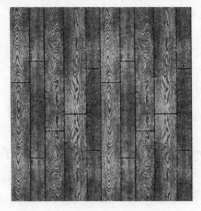

图 8-17　条木木地板

条木地板是使用最普遍的木质地板，地板面层有单双层之分。普通条木地板（单层）的板材常选用松、杉等软木树材，硬木条板多选用水曲柳、柞木、枫木、柚木、榆木等硬质木材。条木地板自重轻，弹性好，脚感舒适，其导热性小，冬暖夏凉，且易于清洁，适用于办公室、会议室、会客室、休息室、旅馆客房、住宅起居室、卧室、幼儿园及实验室等场所，如图 8-17 所示。

拼花木地板是由水曲柳、柞木、胡桃木、柚木、枫木、榆木、柳桉等优良木材，经干燥处理后加工出的条状小木板。它具有纹理美观、弹性好、耐磨性强、坚硬、耐腐等特点，且拼花木地板一般经过远红外线干燥，含水率恒定，因而变形稳定，易保持地面平整、光滑而不翘曲变形，适用于高级楼宇、宾馆、别墅、会议室、展览馆、体育馆和住宅等的地面装饰，如图 8-18 所示。

图 8-18　拼花木地板

漆木地板是国际上最新流行的高级装饰材料。这种地板的基板选用正的树种，经先进设备严格按规定进行锯割、干燥、定型、定湿等科学化处理，再进行精细加工而成精密的企口地板基板，然后对企口基板表面进行封闭处理，并用树脂漆进行涂装的材板。漆木地板的宽度一般不大于 90mm，厚度在 15～20mm 之间，长度为 450～4000mm。漆木地板特别适合高档的住宅装修，容易与室内其他装饰产生和谐感，无论应用在客厅、餐厅还是卧室，都能使人仿佛置身于大自然中。板宽一般根据装修部位的面积、格调决定，厚度根据使用功能选用，家庭中选用 15mm 较适宜，公共场所选用 18mm 以上为好。

复合地板分为实木复合地板和耐磨塑料贴面复合地板两类。

实木复合地板有三层结构，表层 4～7mm，选用珍贵树种的锯切板；中间层 7～12mm，选用一般木材；底层（防潮层）2～4mm，选用各种木材旋切单板。也有以多层胶合板为基层的多层实木复合地板。该地板既可以直接铺设在平整的地坪上，又可以像实木长条企口地板一样，铺设在毛地板上。

耐磨塑料贴面复合地板简称复合地板。它是以防潮薄膜为平衡层，硬质纤维板、中密度纤维板、刨花板为基层，木纹图案浸汁纸为装饰层，与耐磨高分子材料面层复合而成的新型地面装饰材料。复合地板品种花样很多，色彩丰富，避免了木材受气候变化而产生的变形、虫蛀，以及防潮和经常性保养等问题，而且耐磨、阻燃、防潮、防静电、防滑、耐压、易清理、花纹整齐、色泽均匀，但其弹性不如实木地板。复合地板用于铺设实木地板的场所，还可以用于具有洁净要求的车间、实验室、游乐场所的健身房及医院等。但用在湿度较大的场所，应先做防潮处理。

2）护壁板。护壁板又称木台度。在铺设拼花木地板的房间内，往往采用护壁板，以使室内空间的材料格调一致，给人一种和谐、整体的感受。护壁板可采用木板、企口条板、胶合板等装饰而成，设计施工时可采取嵌条、拼缝、嵌装等手法进行构图，以达到装饰墙壁的目的，如图 8-19 所示。

（3）木花格。木花格是指用木材制作成具有若干个分格的木架，我国古代即用木花格作门窗、屏风、隔墙、栏杆、亭、台、楼、榭等各类建筑装饰，是东方文化特有的建筑装饰形式。花格的尺寸、形状、花型设计一般都各不相同，体现了不同时代、不同地域的文化内涵，如图 8-20 所示。

图 8-19　护壁板

图 8-20　木花格

（4）旋切微薄木。旋切微薄木是以色木、桦木或多瘤的树根为原料，经水煮软后，旋切成厚 0.1mm 左右的薄片，再用胶粘剂粘贴在坚韧的纸上，制成卷材。旋切微薄木花纹美丽动人，材色悦目，真实感和立体感强，具有自然美的特点，主要用作高级建筑室内墙、门和橱柜等家具的饰面，如图 8-21 所示。

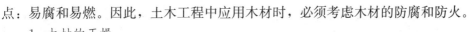

◁))知识链接四：木材的防护

木材具有很多优点，但也存在两大明显缺

图 8-21　旋切微薄木

点：易腐和易燃。因此，土木工程中应用木材时，必须考虑木材的防腐和防火。

1. 木材的干燥

为了防止木材的收缩、变形与开裂，必须对木材进行干燥，只有将木材干燥至规定的含水率后，才能保障其在长期使用过程中的稳定性。木材的干燥包括自然干燥和人工干燥两种方法。

自然干燥是指将木材放置在阴凉处，搁置成垛，在自然条件下利用自然通风和太阳能辐射进行干燥。这种方法的优点是简单易行，但同时也存在着干燥周期偏长的缺点，一般要经过数月或数年，才能达到一定的干燥要求，且干燥程度最大也只能达到平衡含水率，干燥过程中容易发生开裂和腐朽等现象。所以在实际中往往只是将自然干燥作为人工干燥的辅助措施，从而达到降低人工干燥能耗的目的。

人工干燥的方法则很多，包括窑干法、液体干燥法、高频电流电场干燥法、红外线干燥法、离心力干燥法和真空干燥法等，应根据具体要求和经济条件加以选择。生产中较为常用的是窑干法。窑干法是将木材置于具有保温隔热的密闭建筑物内，控制干燥介质（空气、炉气体、过热蒸汽等）的温度、湿度与气流速度和方向，进行木材干燥处理。

　2. 木材的腐朽与防蛀防腐处理

木材是天然有机材料，受到真菌侵害后会改变颜色，结构逐渐变得松软、脆弱，强度和耐久性降低的现象称为木材的腐朽。真菌在木材中生存和繁殖必须具备以下三个条件：

（1）水分。当木材含水率为35%～50%，也即稍大于纤维饱和点时，比较适宜真菌的繁殖生存，木材也就易发生腐朽。而含水率低于20%的木材不会发生腐朽。

（2）温度。真菌繁殖的适宜温度为25～35℃，温度低于5℃时真菌停止繁殖，高于60℃时真菌死亡。

（3）空气。真菌繁殖生存需要一定氧气的存在。

木材还会受到白蚁、天牛等昆虫的虫蛀腐朽，从而使木材强度严重降低，甚至结构崩溃。因此木材使用之前，必须对其进行防蛀防腐处理。根据木材产生腐朽的原因，通常可以通过破坏真菌生存条件、把木材变成有毒物质等措施加以防止。比如工程上采用加压处理法

图 8-22　常用木材防腐剂

把木材变成有毒物质。加压处理的方法是将水溶性的防腐剂置于封闭的容器内，经加压使化学物渗透到木材的内部，渗透的深度和保留程度视建筑要求而不同。加压处理的木材，有效地防御了昆虫微生物和腐蚀性真菌的噬食，确保和延长了木材在建筑上的使用寿命。图 8-22 为常用的木材防腐剂。

　3. 木材的防火与结构保护

由于火的巨大破坏性，在木构建筑中防火处理始终是摆在第一位的，一般通过防火剂对木材进行化学处理。所谓化学处理，就是通过防火剂的浸渍和表面涂覆两种途径来达到防火的目的。防火剂的浸渍处理与防腐剂的浸渍处理方法相类似，主要的作用是在起火时，能阻止或延缓木材温度的升高，降低火焰蔓延的速度以及减低火焰穿透木材的速度。而表面涂覆处理是将防火剂涂覆在木材表面，主要作用是将木材与热源隔开，以阻止木材的受热分解和放出可燃气体，此外还可防止空气直接与木材接触。表面涂覆处理多用于提高已建成的木结构的防火能力。

除了在木材加工过程中对其进行干燥、防蛀、防火处理外，在木构建筑的设计施工过程中还可以通过一系列的手段来达到保护木材，提高建筑物使用寿命的目的。一般来说，大部分的措施都是为了确保木材干燥，防止水分渗透，保证木结构的防潮防水性能而设计的。因为除了少数的大灾大难外，大多数木构建筑面临的更直接的问题是自然环境中的水对其所产生的潜移默化的负面影响。

在现代木构建筑设计中，有许多行之有效的方法可以解决这一问题。例如在木结构和建筑物基础之间设置一层防水层，在屋顶设置防水气流通道，在外墙饰面与墙体之间留有通风空间或者铺设透气防水膜，在结构连接部位做好防止由湿度变化产生的收缩和膨胀对构件产

生破坏的预应力措施等技术手段，使木结构框架保持在一个透气、干燥的环境中，避免建筑物中水在木材表面的长期沉积，并且通过先期结构框架材料的防水加工处理，保证了木结构的防潮、防水性能。在防火方面，在防火等级要求苛刻的建筑中，除了在木材加工过程中运用化学防火剂进行防火处理外，还可以在房屋建造过程中采取在木材表面覆盖难燃或不燃的板材来达到防火的目的，这些板材通常是防火石膏板、水泥刨花板或石膏刨花板等。如此一来，通过阻断火焰和木结构的接触，就可以提升建筑的防火等级，满足规定的耐火极限。

NO. 8　现代木结构在建筑
工程中的应用

项目九　建筑功能材料性能检测与应用

能力目标	通过学习建筑功能材料，使学生能够识别各类建筑功能材料；能够正确地运用和使用各类建筑功能材料；能够选用适当的建筑功能材料来满足建筑物的性能要求
知识目标	了解防水材料的分类与材质要求；熟悉防水材料的规范、规程、执行标准；掌握防水材料的主要性能检测及应用；了解绝热、吸声材料的定义及适用范围；掌握绝热、吸声材料的主要类型和性能特点；了解绝热、吸声材料的作用原理
能力训练任务	能够根据具体的工程特点及防水要求合理选择防水材料，并能根据规范要求，采用正确的取样方法；掌握防水材料检测的具体操作内容与方法；在掌握各类建筑绝热、吸声材料的性能、特点及使用部位的基础上，能够根据建筑物的工程特点及工程部位，对建筑绝热、吸声材料进行初步选用并应用

单元项目一　防水材料的选用与性能检测

☆ 任务描述

每组学生通过项目任务，熟悉防水材料的规范、规程、执行标准，完成防水材料的合理选用及性能检测。针对不同的学习小组给出不同的工程条件，依据实际工程特点及对防水的具体要求，合理选用防水材料，采用正确的进场检验与取样方法，并进行其性能检测。

任务一：根据具体的工程特点及防水要求合理选择防水材料。

任务二：根据所选防水材料的类型进行防水材料的进场检验与取样。

任务三：进行防水材料的性能检验，并出具检测报告，做出防水材料的合格判定。

任务四：对所在地区的建筑工程进行调查研究，总结并确定出几种最常用的防水材料类型，详细说明其质量标准、检测标准、施工工艺及所适用的工程部位。

各小组选用不同的工程背景，具体工程概况如下：

小组一：

西安某住宅小区，5 号楼总建筑面积约 11949m²，地下 1 层，地上 16 层，建筑高度为 47.6m，结构形式为剪力墙结构，屋面采用上人屋面，作娱乐活动场地，针对屋面工程的特点，为确保屋面防水工程质量，工程设计为倒置式屋面防水构造。现要求根据本工程的具体情况为 5 号楼屋面选择合适的防水材料，熟悉防水材料的进场检验与取样，进行防水材料的性能检测，并做出防水材料的合格判定。

小组二：

杭州市某高层建筑，屋面为上人屋面，屋面上有各种管道、空调设备、水箱基础和屋顶花园设施等，该屋面对防水要求较高，要求防水层质量轻、防水性能好、耐久、造价低、施工方便等。现要求根据本工程的具体情况为该建筑屋面选择合适的防水材料，熟悉防水材料的进场检验与取样，进行防水材料的性能检测，并做出防水材料的合格判定。

小组三：

北京市某高校新建一栋20层留学生公寓，主体是全现浇钢筋混凝土框架剪力墙结构，建筑面积为38400m²，建筑高度为62.6m。由于工期比较紧张，冬期必须连续施工，结构施工期间正好跨越整个施工期，屋面进行防水施工时恰逢雨季来临。现要求根据本工程的具体情况为屋面选择合适的防水材料，熟悉防水材料的进场检验与取样，进行防水材料的性能检测，并做出防水材料的合格判定。

小组四：

海口市某办公大楼由主楼和裙楼两部分组成，平面呈不规则四边形，主楼29层，裙楼4层，地下2层，总建筑面积81650m²。该工程5月完成主体施工，屋面防水施工安排在8月，阳光辐射强烈，气温较高。现要求根据本工程的具体情况为主楼及裙楼屋面选择合适的防水材料，熟悉防水材料的进场检验与取样，进行防水材料的性能检测，并做出防水材料的合格判定。

小组五：

北京市某综合写字楼建筑面积为15.6万m²，从北向南分为A、B、C三段，B段为主楼，高18层，A、C段为侧楼，高度各13层；地下室3层，由汽车库和设备层等组成。地下室防水工程质量要求高，工期紧。现要求根据本工程的具体情况为地下室底板、顶板及结构外围选择合适的防水材料，熟悉防水材料的进场检验与取样，进行防水材料的性能检测，并做出防水材料的合格判定。

小组六：

北京市某工程是一座集商业、娱乐、餐饮、办公及公寓于一体的现代化建筑，地下3层，地上30层，总建筑面积为14.97万m²。该工程地下一层为公共用房，地下二层为车库，地下三层为设备层。基础底板东西长153m，南北宽128m，基础底面积为2万m²。基础底标高为—12.5m，基础底板有集水坑30多个。该工程所处位置地下水位高，下挖0.5m即见水，地下有滞水。该工程6月开始打护坡桩，防水施工正好赶上冬季，负温防水施工难度较大。现要求根据本工程的具体情况为地下室底板、顶板及结构外围选择合适的防水材料，熟悉防水材料的进场检验与取样，进行防水材料的性能检测，并做出防水材料的合格判定。

小组七：

成都市某酒店为6层框架结构，建筑面积5435m²，客房均设置独立卫生间，卫生间空间较为狭小，阴阳角多，且穿墙管道较多，由于工期比较紧，卫生间防水施工恰逢在冬季，要求连续施工。现要求根据本工程的具体情况为该酒店卫生间选择合适的防水材料，熟悉防水材料的进场检验与取样，进行防水材料的性能检测，并做出防水材料的合格判定。

小组八：

某工程总建筑面积为70509m²，结构类型为框架-核心筒结构，基础形式为筏板基础。基底标高：—12.26、—11.61、—11.11、—8.46m。地下水位标高：—20.51～—19.21m。地下墙体高度：地下二层为4.10、4.74、5.39m；地下一层为4.56m。基础底板厚度：800、600、500mm。现要求根据本工程的具体情况为地下室底板、顶板及结构外围选择合适的防水材料，熟悉防水材料的进场检验与取样，进行防水材料的性能检测，并做出防水材料的合格判定。

🔍 **任务分析** --

防水材料是防水工程的物质基础，不同的建筑结构、使用环境及使用部位等因素都会影响防水材料的选择，本单元介绍了几种常用防水材料的特性及应用，以及防水材料的进场检验和性能检测。学生通过学习、阅读文献，掌握不同防水材料的适用范围，并了解各种防水材料在应用时的注意事项。

⚙️ **任务实施** --

学生分组讨论，制定工作计划，进行任务分配，利用图书馆、网络等多种途径获取信息和资料，组织学习和探讨，整理和归纳信息资料，完成教师制定的学习任务。对目前新型的防水材料做扩展性的了解，最后要求在课堂上，学生以团队形式进行汇报，展示学习成果，并由其他团队及教师进行点评。

🔧 **知识链接** --

防水材料主要是为了防止雨水、地下水、潮气、水蒸气及生活和生产用水浸入建筑材料内部，对建筑物造成破坏，影响人们的居住质量。

建筑防水材料依据其外观形态，可分为防水卷材、防水涂料、密封材料和刚性防水材料四大系列。建筑防水材料还可根据其特性分为柔性和刚性两类。柔性防水材料是指具有一定柔韧性和较大延伸率的防水材料，如防水卷材、有机涂料，它们构成柔性防水层。刚性防水材料是指具有较高强度、无延伸能力的防水材料，如防水砂浆、防水混凝土等，它们构成刚性防水层。

🔊 知识链接一：几种常用防水材料的特性及应用 ▮

防水材料是防水工程的物质基础，是保证建筑物与构建物防止雨水侵入、地下水等水分渗透的主要屏障。防水材料的优劣对防水工程的影响极大，因此必须从防水的材料着手来研究防水的问题。

1. 防水卷材

防水卷材是具有一定的塑性和强度、能够卷曲的片状防水材料，如图 9-1 所示。其主要用于屋顶、地下室、墙体等部位的防水工程中。根据其主要防水组成材料分为沥青防水卷材、高聚物改性沥青防水卷材、合成高分子防水卷材。根据环保和防水性能的要求，沥青防水卷材正逐渐被后两者取代。

图 9-1　防水卷材

（1）沥青防水卷材。沥青防水卷材是在基胎上浸涂沥青后，在表面撒布粉状或片状的隔离材料而制成的防水卷材。其低温柔性差、延伸率低、拉伸强度低、耐久性差，但生产成本低，适用于要求不高的防水、防潮工程。

常用的沥青防水卷材是石油沥青玻璃纤维胎防水卷材，简称沥青玻纤胎卷材。它是以玻纤毡为胎基，浸涂石油沥青，并在两面覆以隔离材料制成的防水卷材。卷材按单位面积质量分为 15、25 号；按上表面材料分为 PE 膜面和砂面两种，也可按生产厂要求采用的其他类型的上表面材料分类；按力学性能分为Ⅰ型和Ⅱ型。

沥青玻纤胎卷材的单位面积质量、可溶物含量、拉力、耐热性〔(85±2)℃受热2h，卷材的涂盖层应无滑动、流淌和滴落〕、低温柔性（在10℃或5℃下，卷材绕φ30的圆棒弯曲应无裂缝）、不透水性（在0.1MPa的水压作用下，持续30min，卷材应不透水）、钉杆撕裂强度、热老化等技术要求应符合现行国家标准《石油沥青玻璃纤维胎防水卷材》（GB/T 14686—2008）的有关规定。

沥青玻纤胎卷材适用于一般工业与民用建筑的多层防水，并用于包扎管道（热管道除外），作防腐保护层，也用于屋面、地下、水利等工程的多层防水。

（2）改性沥青防水卷材。普通沥青防水卷材的低温柔性、延伸性、拉伸强度等性能不理想，耐久性也不高，使用年限一般为5～8年。采用新型胎料和改性沥青，可有效地提高沥青防水卷材的使用年限、技术性能、冷施工及操作性能，还可降低污染，有效地提高防水质量。目前，我国改性沥青防水卷材主要有弹性体与塑性体两种，其分类见表9-1。

表9-1　　　　　　　　　　弹性体与塑性体改性沥青防水卷材的分类

卷材类别	简称	改性剂	分类		
			按胎基分	按表面隔离材料分	按材料性能分
弹性体改性沥青防水卷材	SBS防水卷材	苯乙烯-丁二烯-苯乙烯（SBS）热塑性弹性体	聚酯毡（PY）、玻纤毡（G）、玻纤增强聚酯毡（PYG）	上表面为聚乙烯膜（PE）、细砂（S）或矿物粒料（M）；下表面为聚乙烯膜（PE）或细砂（S）	Ⅰ型和Ⅱ型
塑性体改性沥青防水卷材	APP防水卷材	无规聚丙烯（APP）或聚烯烃类聚合物（APAO、APO等）			

弹性体与塑性体改性沥青防水卷材的技术要求应分别符合现行国家标准《弹性体改性沥青防水卷材》（GB 18242—2008）和《塑性体改性沥青防水卷材》（GB 18243—2008）的有关规定。其单位面积质量、面积及厚度应符合表9-2的规定。

表9-2　　　　　　　　　　卷材单位面积质量、面积及厚度

规格（公称厚度，mm）		3			4			5		
上表面材料		PE	S	M	PE	S	M	PE	S	M
下表面材料		PE	PE、S		PE	PE、S		PE	PE、S	
面积（m²/卷）	公称面积	10、15			10、7.5			7.5		
	偏差	±0.1			±0.1			±0.1		
单位面积质量（kg/m²）≥		3.3	3.5	4.0	4.3	4.5	5.0	5.3	5.5	6.0
厚度（mm）	平均值≥	3.0			4.0			5.0		
	最小单值	2.7			3.7			4.7		

弹性体与塑性体改性沥青防水卷材的性能指标应符合表9-3的规定。

表 9-3 　　　　　　　　　　　　　弹性体与塑性体改性沥青防水卷材的性能指标

项目		指标				
		I 型		II 型		
		PY	G	PY	G	PYG
可溶物含量 (g/m²) ≥	厚度为 3mm	2100				—
	厚度为 4mm	2900				—
	厚度为 5mm	3500				
	试验现象	—	胎基不燃	—	胎基不燃	
耐热性	试验温度 (℃)	90 (110)		105 (130)		
	试验现象	上表面和下表面的滑动平均值≤2mm；浸涂材料无流淌、滴落				
低温柔性	试验温度 (℃)	−20 (−7)		−25 (−15)		
	厚度为 3mm	绕 φ30 圆棒弯曲无裂缝				
	厚度为 4、5mm	绕 φ50 圆棒弯曲无裂缝				
不透水性	试验水压 (MPa)	0.3	0.2	0.3		
	持压时间 30min	不透水				
拉力 (N/50mm)	最大拉力≥	500	350	800	500	900
	次高峰拉力≥	—	—	—	—	800
	试验现象	拉伸过程中，试件中部无沥青涂盖层开裂或与胎基分离现象				
延伸率	最大峰时延伸率≥	30 (25)		40		—
	第二峰时延伸率≥	—				15
浸水后质量增加 (%)	PE、S	1.0				
	M	2.0				
渗油性（张） ≤		2（仅对弹性体卷材）				
接缝剥离强度（N/mm） ≥		1.5				
针杆撕裂强度（N） ≥		—				300
矿物粒料黏附性（g） ≤		2.0				
卷材下表面沥青涂盖层厚度（mm）≥		1.0				
老化试验 (80±2)℃ 受热 10d (%)	拉力保持率 ≥	90				
	延伸率保持率 ≥	80				
	低温柔性	−15 (−2)℃，弯曲无裂缝		−20 (−10)℃，弯曲无裂缝		
	尺寸变化率 ≤	0.7		0.7		0.3
	质量损失 ≤	1.0				

注　表中指标未注明的为弹性体和塑性体卷材的共同要求。括号中的数字为塑性体卷材的要求。

SBS 改性沥青防水卷材具有弹性范围大、延伸率高、胎基耐腐蚀、抗拉强度大、断裂后有一定的延伸性、耐疲劳、耐久性好的优点，既可用黏结剂进行冷施工，也可用喷灯热熔施工。

APP 防水卷材具有良好的橡胶质感，加之用优质聚酯或玻纤做胎基，故抗拉强度高，延伸率大，−50℃不龟裂，120℃不变形，150℃不流淌，老化期长。

SBS 防水卷材和 APP 防水卷材适用于工业与民用建筑的屋面及地下防水工程。玻纤增强聚酯毡（PYG）卷材可用于机械固定单层防水，但需要通过抗风荷载试验；玻纤毡（G）卷材适用于多层防水中的底层防水；表面隔离材料为细砂的防水卷材适用于地下工程防水。外露使用时，应采用上表面隔离材料为不透明矿物粒料的防水卷材。APP 防水卷材因其耐紫外线能力强，适应温度范围广，适合用于有强烈阳光辐射的地区，尤其适用于较高气温环境的建筑防水。

（3）合成高分子防水卷材。合成高分子防水卷材是以合成橡胶、合成树脂或它们两者的共混体为基料，加入适量的化学助剂和填充剂等，采用橡胶或塑料的加工工艺所制成的可卷曲片状防水材料。合成高分子防水卷材具有抗拉强度高、抗撕裂强度高、伸长率大、耐热性好、耐老化性好、耐腐蚀性强等特点，但其造价较高，是一种高档防水材料。目前常用的合成高分子防水卷材有三元乙丙橡胶防水卷材（EPDM 防水卷材）、聚氯乙烯防水卷材（PVC 防水卷材）、增强氯化聚乙烯防水卷材、氯化聚乙烯 - 橡胶共混防水卷材等。

1）三元乙丙橡胶防水卷材。三元乙丙橡胶防水卷材是以乙烯、丙烯和双环戊二烯或乙基降冰片烯三种单体共聚合成的三元乙丙橡胶为主体，掺入适量的丁基橡胶、软化剂、补强剂、填充剂、促进剂和硫化剂等，经过配料、密炼、拉片、过滤、热炼、挤出或压延成型、硫化、检验、分卷、包装等工序加工制成的可卷曲的高弹性防水材料（见图 9-2），具有耐候性好、耐腐蚀性强、使用寿命长、抗拉强度高、塑性好、对基层伸缩或开裂变形适应性强以及质量轻、可单层施工等特点，适用于民用建筑中的屋面、地下室等防水工程，以及交通工程中的水渠、桥梁、隧道等防水工程。在施工的过程中主要采用冷粘法或热熔法施工。

图 9-2　三元乙丙橡胶防水卷材

2）聚氯乙烯防水卷材。聚氯乙烯防水卷材是以聚氯乙烯树脂（PVC）为主要原料，掺入适量的改性剂、抗氧剂、紫外线吸收剂、着色剂、填充剂等，经捏合、塑化、挤出压延、整形、冷却、检验、分卷、包装等工序加工制成的可卷曲的片状防水材料，如图 9-3 所示。这种卷材具有抗拉强度较高、撕裂强度高、伸长率较大、耐老化性好、耐腐蚀性强、施工容易黏结等特点，而且热熔性能好。卷材接缝时，既可采用冷粘法，也可采用热风焊接法，使其形成接缝黏结牢固、封闭严密的整体防水层。聚氯乙烯防水卷材适用于屋面、地下室以及水坝、水渠等防水工程和防腐工程。

3）增强氯化聚乙烯防水卷材。增强氯化聚乙烯防水卷材是以氯化聚乙烯树脂为主体，以玻璃纤维网格布为增强材料，经过压延、复合、取卷、检验、包装等工序加工制成的可卷曲片状防水卷材，如图 9-4 所示。这种防水卷材具有强度高、耐臭氧、耐老化、易黏结和尺寸稳定性好等特点，适用于基层变形较小的屋面和地下室等防水工程。在条件允许时，最好采用空铺法、点粘法、条粘法进行防水层施工。

图9-3　聚氯乙烯防水卷材　　　　图9-4　增强氯化聚乙烯防水卷材

4）氯化聚乙烯橡胶共混防水卷材。氯化聚乙烯橡胶共混防水卷材是以氯化聚乙烯树脂和合成橡胶共同混合为主体，加入适量的硫化剂、促进剂、稳定剂、软化剂和填充剂等，经过素炼、混炼、过滤、压延（或挤出）成型、硫化、检验、分卷、包装等工序加工制成的高弹性防水卷材。这种防水卷材既具有氯化聚乙烯的高强度和较好的耐久性，又具有橡胶的高弹性、高塑性、耐低温性等特点。这种合成高分子聚合物的共混改性材料，在工业上被称为高分子"合金"，主要用于各种民用建筑、桥梁、道路、水利工程的防水。

2. 防水涂料

防水涂料以沥青、合成高分子材料为主体，在常温下呈无定形流动状态或半流态。其涂刷在工程部位的表面能够形成一层坚硬的防水膜。防水涂料与基面黏结力强，涂膜中的高分子物质能渗入基面微细的细缝内；涂膜有良好的柔韧性，对基层伸缩或开裂的适应性强，抗拉强度高；不污染环境，安全可靠；耐候性好，高温不流淌，低温不龟裂；形成的防水层自重小，特别适用于轻型屋面等的防水；施工简便，可喷涂施工、涂刷施工、冷施工，工期短，维修方便。防水涂料根据涂料的液态类型，可分为溶剂型、水乳型和反应型三类。按成膜物质的主要成分，可分为沥青类防水涂料、高聚物改性沥青防水涂料、合成高分子防水涂料。

（1）沥青类防水涂料。

1）沥青胶。沥青胶又称沥青玛蹄脂，它是在熔（溶）化的沥青中加入粉状或纤维状的填充料均匀混合而成。填充料粉状的有滑石粉、石灰石粉、白云石粉等，纤维状的有石棉屑、木纤维等。沥青胶的常用配合比为沥青70%～90%，矿粉10%～30%。如采用的沥青黏性较小，矿粉可多掺一些。一般矿粉越多，沥青胶的耐热性越好，黏结力越大，但柔韧性降低，施工流动性也变差。沥青胶有热用和冷用两种，一般工地施工为热用。配制热用沥青胶时，先将70%～90%的沥青加热至180～200℃，使其脱水，再与干燥混合填料热拌均匀后即可。热用沥青胶用于黏结和涂抹石油沥青油毡。冷用时需加入稀释剂将其稀释后于常温下施工应用，它可以涂刷成均匀的薄层。沥青胶主要用于黏结防水卷材、油毡、墙面砖及地面砖。

2）冷底子油。冷底子油是用稀释剂（汽油、柴油、煤油、苯等）对沥青进行稀释的产物，多在常温下施工，用于防水工程的底层。冷底子油黏度小，具有一定的流动性。冷底子油形成的涂膜较薄，一般不单独作防水材料使用，只作某些防水材料的配套材料。在铺贴防水油毡之前，将其涂布于混凝土、砂浆、木材等基层上，能很快渗入基层孔隙中，待溶剂挥发后，便与基面牢固结合。冷底子油主要用于水泥路面、地坪、屋面找平层的分仓缝、墙体裂缝、伸缩缝，还可用于沥青类防水卷材的基层处理。地下室防潮构造如图 9-5 所示。

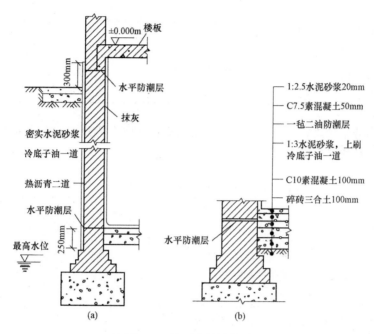

图 9-5　地下室防潮构造

（2）高聚物改性沥青防水涂料。高聚物改性沥青防水涂料是以沥青为基础，用合成高分子聚合物对其进行改性、配制而成的水乳型涂膜防水材料。常用的高聚物改性沥青防水涂料有溶剂型再生橡胶沥青防水涂料、溶剂型氯丁橡胶沥青防水涂料、SBS 橡胶改性沥青防水涂料等。各产品的特性及应用见表 9-4。

表 9-4　　　　　　　　　　　高聚物改性沥青防水涂料的特性及应用

名称	材料简介	材料特点	材料应用
溶剂型再生橡胶沥青防水涂料	以沥青为主要成分，再生橡胶为改性剂，汽油为溶剂，加入其他填料，经热拌而成	能在各种复杂表面形成无接缝的防水膜，具有一定的柔韧性和耐久性；涂料干燥固化迅速，能在常温下及较低温度下冷施工；原料来源广泛，生产成本比溶剂型氯丁橡胶沥青防水涂料低	工业及民用建筑混凝土屋面的防水层；楼层厕、浴、厨房间防水；旧油毡屋面维修和翻修；地下室、水池、冷库、地坪等的抗渗、防潮等；一般工程的防潮层、隔气层
溶剂型氯丁橡胶沥青防水涂料	氯丁橡胶和石油沥青溶于芳烃溶剂中形成的混合胶体溶液	延伸性好，抵抗基层变形能力很强，能适应多种复杂的表面，耐候性优良；涂料成膜较快，涂膜较致密、完整；耐水性、耐腐性优良；能在常温下及较低温度下冷施工	工业及民用建筑混凝土屋面的防水层；楼层厕所、浴室、厨房间防水；防腐蚀地坪的隔离层；旧油毡屋面维修；水池、地下室等的抗渗防潮等

名称	材料简介	材料特点	材料应用
SBS 橡胶改性沥青防水涂料	运用高分子合成技术，是新型特级橡胶防水涂料，加入了环氧树脂和树脂基团，使本产品更具多功能并环保	耐候性、抗酸性、抗变形性好，使用寿命长，抗拉强度高，伸长率大。对基层收缩和开裂变形适应性强	屋顶、天沟、阳台、外墙、卫生间、厨房、地下室、水池、下水道、矿井、隧道、管道、桥梁灌缝、地下及地上金属管道、高低温管道、保温管内外壁等防水、防潮、防腐蚀工程

（3）合成高分子防水材料。合成高分子防水涂料是以合成橡胶或合成树脂为主要成膜物质配制成的单组分或多组分的防水涂料。常用合成高分子防水涂料见表 9-5。

表 9-5　　　　　　　　　　　　常用合成高分子防水涂料

名称	材料成分	材料特点
聚氨酯防水涂料	聚氨酯预聚体、固化剂	耐候性好、耐碱性好、耐海水侵蚀性强
丙烯酸酯防水涂料	以丙烯酸树脂乳液为主料，加入适当的颜料、填料等配置而成	耐温度性能好、抗渗性强、不污染环境、施工简单
硅橡胶防水涂料	以硅橡胶乳液和其他乳液的复合物为基料，加入无机填料及各种助剂而成	防水性好、抗渗性好，具有一定的延伸性，抗裂性、耐候性好

3. 建筑密封材料

建筑密封材料是指能承受建筑物接缝位移以达到气密、水密的目的而嵌入结构接缝中的材料。

（1）建筑防水沥青嵌缝油膏。建筑防水沥青嵌缝油膏（简称沥青嵌缝油膏）是以石油沥青为基料，加入改性材料、稀释剂、填料等配制成的黑色膏状嵌缝材料。其具有良好的防水、防潮性能及塑性。沥青嵌缝油膏主要用于冷施工型的屋面、墙面伸缩缝防水密封及桥梁、涵洞、输水洞与地下工程等的防水密封。

（2）聚氨酯密封膏。聚氨酯密封膏是以聚氨基甲酸酯为主要成分的双组分反应型建筑密封材料。聚氨酯密封膏具有以下特点：

1）弹性高、伸长率大、耐久性好、耐低温、耐水、耐油、耐酸碱、耐疲劳等。

2）与水泥、木材、金属等有很好的黏结性。

3）施工效率高，施工简便，安全可靠。

聚氨酯密封膏价格适中，应用范围广泛。它适用于各种装配式建筑的屋面板、墙板、楼地面、卫生间等部位的接缝密封；建筑物沉降缝、伸缩缝的防水密封；桥梁、涵洞、管道、水池等工程的接缝防水密封；建筑物渗漏处的修补等。

（3）合成高分子止水带（条）。合成高分子止水带属定形建筑密封材料。其主要用于工业及民用建筑工程的地下及屋顶结构缝的防水工程；闸坝、桥梁、隧洞、溢洪道等水工建筑物变形缝的防漏止水；闸门、管道的密封止水等。常用的合成高分子止水材料有橡胶止水带及止水橡皮、塑料止水带及遇水膨胀型止水条等。

◁))知识链接二：防水材料的选用

1. 防水材料的防水功能要求

建筑物和构筑物的防水是依靠具有防水性能的材料来实现的，防水材料质量的优劣直接关系到防水层的耐久年限。

防水工程的质量在很大程度上取决于防水材料的性能和质量，材料是防水工程的基础。我们在进行防水工程施工时，所采用的防水材料必须符合国家或行业的材料质量标准，并应满足设计要求。对不同的防水做法，对材料也有不同的防水功能要求。

防水材料的共性要求有以下几点：

（1）具有良好的耐气候性，对光、热、臭氧等应具有一定的承受能力。

（2）具有抗水渗和耐酸碱性。

（3）对外界温度和外力具有一定的适应性，即材料的拉伸强度要高，断裂伸长率要大，能承受温差变化，以及各种外力与基层伸缩、开裂所引起的变形。

（4）整体性好，既能保持自身的黏结性，又能与基层牢固黏结，同时在外力作用下，有较高的剥离强度，形成稳定的不透水整体。

对于不同部位的防水工程，其防水材料的要求也各有其侧重点，具体要求如下：

（1）屋面防水工程所采用的防水材料其耐气候性、耐温度、耐外力的性能尤为重要。因为屋面防水层，尤其是不设保温屋的外露防水层长期经受着风吹、雨淋、日晒、雪冻等恶劣的自然环境侵袭和基层结构的变形影响。

（2）地下防水工程所采用的防水材料必须具备优质的抗渗能力和延伸率，具有良好的整体不透水性。这些要求是针对地下水的不断侵蚀，且水压较大，以及地下结构可能产生的变形等条件而提出的。

（3）室内厕浴间防水工程所选用的防水材料应能适合基层形状的变化并有利于管道设备的敷设，尤其不透水性优异，无接缝的整体涂膜最为理想。这是针对面积小、穿墙管道多、阴阳角多、卫生设备多等因素造成与地面、楼面、墙面连接构造较复杂等特点而提出的。

（4）建筑外墙板缝防水工程所选用的防水材料应是以具有较好的耐气候性、高延伸率以及黏结性、抗下垂性等性能为主的材料，一般选择防水密封材料并辅以衬垫保温隔热材料进行配套处理为宜。这是考虑到墙体有承受保温、隔热、防水综合功能的需要和缝隙构造连接的特殊形式而提出的。

（5）特殊构筑物防水工程所选用的防水材料应依据不同工程的特点和使用功能的不同要求，由设计酌情选定。

2. 传统防水材料和新型防水材料的区别

传统防水材料是指沥青纸胎油毡、沥青涂料等防水材料。这类防水材料存在温度敏感、拉伸强度和延伸率低、耐老化性能差的缺点。特别是用于外露防水工程，高低温特性都不好，容易引起老化、干裂、变形、折断和腐烂等现象。这类防水材料目前虽然已规定了"三毡四油"的防水做法，以适当延长其耐久年限，但却增加了防水层厚度，同时也增加了工人的劳动强度。特别是对于屋面形状复杂、凸出屋面部分较多的屋顶来说，施工很困难，质量也难以保证，也增加了维修保养的难度。

新型防水材料是相对传统石油沥青油毡及其辅助材料等传统防水材料而言的，其"新"字一般来说有两层意思：一是材料新；二是施工方法新。改善传统防水材料的性能指标和提高其防水能力，使传统防水材料成为防水新材料，是一条行之有效的途径，例如对沥青进行催化氧化处理，沥青的低温冷脆性能得到了根本的改变，使之成为优质氧化沥青，纸胎沥青油毡的性能得到了很大提高，在这基础上用玻璃布胎和玻璃纤维胎来逐步代替纸胎，从而进一步克服了纸胎强度低、伸长率差、吸油率低等缺点，提高了沥青油毡的品质。

3. 正确选择和合理使用防水材料

防水材料由于品种和性能各异，各已有着不同的优缺点及相应的适用范围和要求，因而应掌握这方面的知识。正确选择和合理使用防水材料，是提高防水质量的关键，也是设计和施工的前提。

(1) 材料的性能和特点。防水材料可分为柔性和刚性两大类。柔性防水材料拉伸强度高、延伸度大、质量小、施工方便，但操作技术要求较严，耐穿刺性和耐老化性不如刚性材料。同是柔性材料，卷材为工厂化生产，厚薄均匀，质量比较稳定，施工工艺简单，工效高，但卷材搭接接缝多，接缝处易脱开，对复杂表面及不平整基层施工难度大；而防水涂料的性能和特点与其恰好相反。同是卷材，合成高分子卷材、高聚物改性沥青卷材和沥青卷材也有不同的优缺点。由此可见，在选择防水材料时，必须注意其性能和特点。

(2) 建筑物功能与外界环境要求。在了解各类防水材料的性能和特点后，还应根据建筑物的结构类型、防水构造形式及节点部位外界气候情况（包括温度、湿度、酸雨、紫外线等）、建筑物的结构形式（整浇或装配式）与跨度、屋面坡度、地基变形程度和防水层暴露情况等决定相适应的材料。同时在选择防水材料时，还应严格按有关规范考虑到施工条件和市场价格因素。

◁))) 知识链接三：防水材料的进场检验与取样

1. 沥青

取样批量：同一产地、同一品牌、同一标号的产品，每 20t 为一验收批。

取样方法：取样部位应均匀分布，且不少于 5 处，每处取洁净试样共 1kg。

2. 石油沥青油毡

取样批量：同一厂家、同一品牌、同一标号、同一等级的产品，每 1000 卷为一验收批。大于一检验批的抽取 5 卷，每 500～1000 卷抽 4 卷，100～499 卷抽 3 卷，100 卷以下抽 2 卷，进行规格尺寸及外观检查。

取样方法：在外观质量检验合格的卷材中，任意取 1 卷进行物理性能检验。切除距离外层卷头的 2500mm 部分后顺纵向截取长度为 500mm 的全副卷材 2 块，1 块做物理性能检测、1 块备用。

3. 高聚物改性沥青防水卷材

取样批量：同一厂家、同一品牌、同一标号的产品，每 1000 卷为一验收批。大于一检验批的抽取 5 卷，每 500～1000 卷抽 4 卷，100～499 卷抽 3 卷，100 卷以下抽 2 卷，进行规格尺寸及外观检查。

取样方法：在外观质量检验合格的卷材中，任意取 1 卷进行物理性能检验。切除距离外层卷头的 2500mm 部分后顺纵向截取长度为 800mm 的全副卷材 2 块，1 块做物理性能检测、1 块备用。

4. 高分子防水卷材

取样方法和取样批量同高聚物改性沥青防水卷材，同时送检卷材搭接用胶。

5. 三元乙丙防水卷材、氯化聚乙烯－橡胶共混防水卷材

取样批量：同一厂家、同一规格、同一等级的产品，每3000m为一验收批。

取样方法：在同一检验批中抽取3卷，经过规格尺寸和外观质量检验合格后，任意取1卷，切除端头的300mm部分后，顺纵向截取长度为1800mm的卷材作为测定厚度和物理性能的检测用样品，同时要求送检卷材搭接用胶。

6. 聚氯乙烯、氯化聚乙烯防水卷材

取样批量：同一厂家、同一类型、同一规格的产品，每5000m为一验收批。

取样方法：在同一检验批中抽取3卷，经过规格尺寸和外观质量检验合格后，任意取1卷，切除端头的300mm部分后，顺纵向截取长度为300mm的卷材作为测定厚度和物理性能的检测用样品，同时要求送检胶黏剂。

7. 其他防水材料

聚氨酯防水涂料：甲组分每5t为一验收批，乙组分按产品质量配比确定，每一检验批按产品配比取样，甲、乙组分试样总质量为2kg。

高分子防水涂料：以每10t为一验收批。

合成高分子密封材料：同一规格品种每5t为一验收批。

有机防水涂料：同一规格品种每5t为一验收批。

由于建筑防水材料品种繁多，其他防水材料的取样方法可以参考相关标准和规范执行。

◁))) 知识链接四：防水材料的性能检测 ▐

为了规范各类防水材料的检测方法，提高防水材料的检验水平与准确性，防水材料的检测方法应参照有关标准的规定，如《建筑防水卷材试验方法》（GB/T 328—2007）、《建筑防水材料老化试验方法》（GB/T 18244—2000）等。

一、石油沥青技术性能检测

（一）沥青软化点试验

1. 试验目的

沥青的软化点是试样在规定尺寸的金属环内，上置规定尺寸和重量的钢球，放于水（5℃）或甘油（32.5℃）中，以（5±0.5）℃/min速度加热，至钢球下沉达到规定距离（25.4cm）时的温度，以℃表示，它在一定程度上表示沥青的温度稳定性。

2. 试验仪器

（1）软化点试验仪：由耐热玻璃烧杯、金属支架、钢球、试样环、钢球定位环、温度计等部件组成。耐热玻璃烧杯容量800～1000mL，直径不少于86mm，高不少于120mm，金属支架由两个主杆和三层平行的金属板组成。上层为一圆盘，直径略大于烧杯直径，中间有一圆孔，用以插放温度计。中层板上有两个孔，各放置金属环，中间有一小孔可支持温度计的测温端部。一侧立杆在距环上面51mm处刻有水高标记。环下面距下层底板为25.4mm，而下底板距烧杯底不少于12.7mm，也不得大于19mm。三层金属板和两个主杆由两螺母固定在一起；钢球直径为9.53mm，质量为（3.5±0.05）g；试样杯由黄铜或不锈钢制成，高（6.4±0.1）mm，下端有一个高度为2mm的凹槽，如图9-6所示；钢球定位环由黄铜或不锈钢制成，如图9-7、图9-8所示。

（2）温度计：0～80℃，分度为0.5℃。

（3）装有温度调节器的电炉或其他加热炉具（液化石油气、天然气等）。应采用带有振

荡搅拌器的加热电炉，振荡搅拌器置于烧杯底部。

（4）试样底板：金属板（表面粗糙度应达 $R_a0.8\mu m$）或玻璃板。

（5）恒温水槽：控温的准确度为 0.5℃。

（6）平直刮刀。

（7）甘油滑石粉隔离剂（甘油与滑石粉的质量比为 2∶1）。

（8）新煮沸过的蒸馏水。

（9）其他：石棉网。

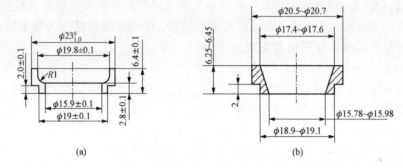

图 9-6　沥青软化点试样环（单位：mm）

（a）黄铜肩环；（b）黄铜锥环

图 9-7　软化点测定仪　　　图 9-8　软化点环与球

3. 试验步骤

准备工作：将试样环置于涂有甘油滑石粉隔离剂的试样底板上，将准备好的沥青试样徐徐注入试样环中至略高出环面。

如估计试样软化点高于 120℃，则试样环和试样底板（不用玻璃板）均应预热至 80～100℃。

试样在室温冷却 30min 后，用环夹夹住试样杯，并用热刮刀刮除环面上的试样，使其与环面齐平。

（1）试样软化点在 80℃以下者：

1）将装有试样的试样环连同试样底板置于（5±0.5）℃的恒温水槽中至少 15min；同时将金属支架、钢球、钢球定位环等也置于相同水槽中。

2）烧杯内注入新煮沸并冷却至5℃的蒸馏水，水面略低于立杆上的深度标记。

3）从恒温水槽中取出盛有试样的试样环放置在支架中层板的圆孔中，套上定位环；然后将整个环架放入烧杯中，调整水面至深度标记，并保持水温为（5±0.5）℃。环架上任何部分不得附有气泡。将0～80℃的温度计由上层板中心孔垂直插入，使端部测温头底部与试样环下面齐平。

4）将盛有水和环架的烧杯移至放有石棉网的加热炉具上，然后将钢球放在定位环中间的试样中央，立即开动振荡搅拌器，使水微微振荡，并开始加热，使杯中水温在3min后维持每分钟上升（5±0.5）℃。在加热过程中，应记录每分钟上升的温度值，如温度上升速度超出此范围，则试验应重做。

5）试样受热软化逐渐下坠，至与下层底板表面接触时，立即读取温度，准确至0.5℃。

（2）试样软化点在80℃以上者：

1）将装有试样的试样环连同试样底板置于装有（32±1）℃甘油的恒温槽中至少15min，同时将金属支架、钢球、钢球定位环等也置于甘油中。

2）在烧杯内注入预先加热至32℃的甘油，其液面略低于立杆上的深度标记。

3）从恒温槽中取出装有试样的试样环，按上述（1）的方法进行测定，准确至1℃。

4. 试验结果及数据整理

同一试样平行试验两次，当两次测定值的差值符合重复性试验精度要求时，取其平均值作为软化点试验结果，准确至0.5℃。

当试样软化点小于80℃时，重复性试验的允许差为1℃，复现性试验的允许差为4℃。

当试样软化点大于或等于80℃时，重复性试验的允许差为2℃，复现性试验的允许差为8℃。

5. 记录表格

记录格式如表9-6所示。

表9-6　　　　　　　　　　　　　沥青软化点试验记录表　　　　　　　　　　　　　℃

起始温度	第1min	第2min	第3min	第4min	第5min	第6min	第7min	第8min	测定值	平均值

试验者：　　　　记录者：　　　　校核者：　　　　日期：

6. 注意事项

（1）按照规定方法制作延度试件，应当满足试件在空气中冷却和在水浴中保温的时间。

（2）当估计软化点在80℃以下时，试验采用新煮沸并冷却至5℃的蒸馏水作为起始温度测定软化点；当估计软化点在80℃以上时，试验采用（32±1）℃的甘油作为起始温度测定软化点。

（3）环架放入烧杯后，烧杯中的蒸馏水或甘油应加入至环架深度标记处，环架上任何部分均不得有气泡。

（4）加热3min后使液体维持每分钟上升（5±0.5）℃，在整个测定过程中如温度上升速度超出此范围，应重做试验。

（5）两次平行试验测定值的差值应当符合重复性试验精度。

（二）沥青延度试验

1. 试验目的

掌握沥青延度的概念，熟悉测定沥青延度的试验步骤。

沥青延度是规定形状的试样在规定温度（25℃）条件下以规定拉伸速度（5cm/min）拉至断开时的长度，以 cm 表示。通过延度试验测定沥青能够承受的塑性变形总能力。

2. 试验仪器设备

（1）延度仪（见图 9-9）：将试件浸没于水中，能保持规定的试验温度及按照规定拉伸速度拉伸试件，且试验时无明显振动的延度仪均可使用。

（2）延度试模（见图 9-10）：黄铜制，由试模底板、两个端模和两个侧模组成。延度试模可从试模底板上取下。

图 9-9　延度仪　　　　　　　　　图 9-10　延度试模

（3）恒温水槽：容量不少于 10L，控制温度的准确度为 ±0.1℃，水槽中应设有带孔搁架，搁架距水槽底不得少于 50mm。试件浸入水中深度不小于 100mm。

（4）温度计：0～50℃，分度为 0.1℃。

（5）甘油滑石粉隔离剂（甘油与滑石粉的质量比为 2∶1）。

（6）其他：平刮刀、石棉网、酒精、食盐等。

3. 试验步骤

（1）将隔离剂拌和均匀，涂于清洁干燥的试模底板和两个侧模的内侧表面，并将试模在试模底板上安装。

（2）将加热脱水的沥青试样通过 0.6mm 筛过滤，然后将试样仔细自试模的一端至另一端往返数次缓缓注入模中，最后略高出试模，灌模时应注意勿使气泡混入。

（3）试件在室温中冷却 30～40min，然后置于规定试验温度 ±0.1℃ 的恒温水槽中，保持 30min 后取出，用热刮刀刮除高出试模的沥青，使沥青面与试模面齐平。沥青的刮法应自试模的中间刮向两端，且表面应刮得平滑。将试模连同底板再浸入规定试验温度的水槽中 1～1.5h。

（4）检查延度仪延伸速度是否符合规定要求，然后移动滑板使其指针正对标尺的零点，将延度仪注水，并使温度保持在（25±5）℃。

（5）将保温后的试件连同底板移入延度仪的水槽中，然后将盛有试样的试模自玻璃板或不锈钢板上取下，将试模两端的孔分别套在滑板及槽端固定板的金属柱上，并取下侧模。水面距试件表面应不小于 25mm。

（6）开动延度仪，并注意观察试样的延伸情况。此时应注意，在试验过程中，水温应始终保持在试验温度规定范围内，且仪器不得有振动，水面不得有晃动，当水槽采用循环水时，应暂时中断循环，停止水流。

在试验中，如发现沥青细丝浮于水面或沉入槽底，则应在水中加入酒精或食盐，调整水的密度至与试样相近后，重新试验。

（7）试件拉断时，读取指针所指标尺上的读数，以 cm 表示。在正常情况下，试件延伸时应成锥尖状，拉断时实际断面接近于零。如不能得到这种结果，则应在报告中注明。

4.试验结果与数据整理

同一试样，每次平行试验不少于 3 个，如 3 个测定结果均大于 100cm，试验结果记作"＞100cm"；有特殊需要时也可分别记录实测值。如 3 个测定结果中，有 1 个以上的测定值小于 100cm，且最大值或最小值与平均值之差满足重复性试验精密度要求，则取 3 个测定结果的平均值的整数作为延度试验结果，若平均值大于 100cm，记作"＞100cm"。若最大值或最小值与平均值之差不符合重复性试验精密度要求，则试验应重新进行。

当试验结果小于 100cm 时，重复性试验精度的允许差为平均值的 20%；复现性试验的允许差为平均值的 30%。

5.记录表格

记录格式如表 9-7 所示。

表 9-7　　　　　　　　　　　　　**沥青延度试验记录表**

试验温度（℃）	试验速度（cm/min）	测定值（mm）	平均值（mm）

试验者：　　　　记录者：　　　　校核者：　　　　日期：

6.注意事项

（1）按照规定方法制作延度试件，应当满足试件在空气中冷却和在水浴中保温的时间。

（2）检查延度仪拉伸速度是否符合要求，移动滑板是否能使指针对准标尺零点，检查水槽中水温是否符合规定温度。

（3）拉伸过程中水面距试件表面应不小于 25mm，如发现沥青丝浮于水面，则应在水中加入酒精；若发现沥青丝沉入槽底，则应在水中加入食盐，调整水的密度至与试样的密度接近后再进行测定。

（4）试样在断裂时的实际断面应为零，若得不到该结果，则应在报告中注明在此条件下无测定结果。

（5）3 个平行试验结果的最大值与最小值之差应满足重复性试验精度的要求。

（三）沥青针入度试验

1.试验目的

沥青针入度是在规定温度（25℃）和规定时间（5s）内，附加一定质量的标准针（100g）垂直贯入沥青试样中的深度，单位为 0.01mm。通过针入度的测定，掌握不同沥青的黏稠度，并进行沥青标号的划分。

2.试验仪器设备

（1）针入度仪（见图 9-11）：凡能保证针和针连杆在无明显摩擦下垂直运动，并能使指示针贯入深度准确至 0.01mm 的仪器均可使用。它的组成部分有拉杆、刻度盘、按钮、针连杆组合件，总质量为（100±0.05）g，以及调节试样高度的升降操作机件、调节针入度仪水平的螺旋、可自由转动调节距离的悬臂。

当为自动针入度仪时，其基本要求相同，但应附有对计时装置的校正检验方法，以便经常校验。

（2）标准针（见图 9-12）：由硬化回火的不锈钢制成，洛氏硬度为 HRC54～60，针及针杆总质量为（2.5±0.5）g，针杆上打印有号码标志，应对针妥善保管，防止碰撞针尖，使用过程中应当经常检验，并附有计量部门的检验单。

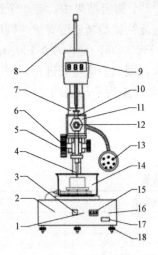

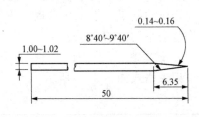

图 9-11　针入度仪外观　　　　　图 9-12　沥青针入度试验用针（单位：mm）

1—加热控制；2—时控选择按钮；3—启动开关；4—标准针；
5—砝码；6—微调手轮；7—升降支架；8—测杆；9—针入度显示器；
10—针连杆；11—电磁铁；12—手动释杆按钮；13—反光镜；
14—恒温浴；15—温度显示；16—温度调节；17—电源开关；
18—水平调节螺栓

（3）试样皿：金属制的圆柱形平底容器。小试样皿的内径 55mm、深 35mm，适用于针入度小于 200 的试样；大试样皿内径 70mm、深 45mm，适用于针入度为 200～350 的试样；对针入度大于 350 的试样需使用特殊试样皿，其深度不小于 60mm，试样体积不少于 125mL。

（4）恒温水槽：容量不少于 10L，控温精度为 ±0.1℃。水中应设有一带孔的搁板（台），位于水面下不少于 100mm、距水槽底不少于 50mm 处。

（5）平底玻璃皿：容量不少于 1L，深度不少于 80mm。内设有一不锈钢三脚支架，能使试样皿稳定。

（6）温度计：0～50℃，分度 0.1℃。

（7）秒表，分度 0.1s。

（8）试样皿盖：平板玻璃，直径不小于试样皿开口尺寸。

（9）溶剂：三氯乙烯等。

（10）其他：电炉或砂浴、石棉网、金属锅或瓷把坩埚等。

3. 试验步骤

（1）将恒温水槽调到要求的温度 25℃，保持稳定。

（2）将试样放在放有石棉垫的炉具上缓慢加热，时间不超过 30min，用玻璃棒轻轻搅拌，防止局部过热。加热脱水温度，石油沥青不超过软化点以上 100℃，煤沥青不超过软化点以上 50℃。沥青脱水后通过 0.6mm 滤筛过筛。

（3）试样注入试样皿中，高度应超过预计针入度值 10mm，盖上试样皿盖，防止落入灰尘。在 15~30℃室温中冷却 1~1.5h（小试样皿）或者 2~2.5h（特殊试样皿）后，再移入保持规定试验温度±0.1℃的恒温水槽中恒温 1~1.5h（小试样皿）、1.5~2h（大试样皿）或者 2~2.5h（特殊试样皿）。

（4）调整针入度仪使其水平。检查针连杆和导轨，以确认无水和其他外来物，无明显摩擦。用三氯乙烯或其他溶剂清洗标准针，并擦干。将标准针插入针连杆，用螺栓紧固。按试验条件，加上附加砝码。

（5）取出达到恒温的试样皿，并移入水温控制在试验温度±0.1℃（可用恒温水槽中的水）的平底玻璃皿中的三脚支架上，试样表面以上的水层深度不少于 10mm。

（6）将盛有试样的平底玻璃皿置于针入度仪的平台上。慢慢放下针连杆，用适当位置的反光镜或灯光反射观察，使针尖恰好与试样表面接触。拉下刻度盘的拉杆，使其与针连杆顶端轻轻接触，调节刻度盘或深度指示器的指针指示为零。

（7）开动秒表，在指针正指 5s 的瞬间，用手紧压按钮，使标准针自动下落贯入试样，经规定时间，停压按钮使针停止移动。拉下刻度盘拉杆，使其与针连杆顶端接触，读取刻度盘指针或位移指示器的读数，即为针入度，准确至 0.5（0.1mm）。当采用自动针入度仪时，计时与标准针落下贯入试样同时开始，至 5s 时自动停止。

（8）同一试样平行试验至少 3 次，各测试点之间及与试样皿边缘的距离不应小于 10mm。每次试验后应将盛有试样皿的平底玻璃皿放入恒温水槽，使平底玻璃皿中水温保持试验温度。每次试验应换一根干净的标准针，或将标准针取下用蘸有三氯乙烯溶剂的棉花或布揩净，再用干棉花或布擦干。

（9）测定针入度大于 200 的沥青试样时，至少用 3 支标准针，每次试验后将针留在试样中，直至 3 次平行试验完成后，才能将标准针取出。

4. 试验结果及数据整理

（1）同一试样的 3 次平行试样结果的最大值与最小值之差在下列允许偏差范围内时，计算 3 次试验结果的平均值，取整数作为针入度试验结果，以 0.1mm 为单位。当试验结果超出表 9-8 所规定的范围时，应重新进行试验。

表 9-8　　　　　　　　　　允许差值表

针入度（0.1mm）	0~49	50~149	150~249	250~500
允许差值（0.1mm）	2	4	12	20

（2）当试验结果小于 50（0.1mm）时，重复性试验的允许差为不超过 2（0.1mm），复现性试验的允许差为不超过 4（0.1mm）。

（3）当试验结果大于或等于 50（0.1mm）时，重复性试验的允许差为不超过平均值的 4%，复现性试验的允许差为不超过平均值的 8%。

5. 记录表格

记录格式如表9-9所示。

表9-9　　　　　　　　　　　沥青针入度试验记录表

试验温度（℃）	试针荷重（g）	贯入时间（s）	刻度盘初读数	刻度盘终读数	针入度（0.1mm）	
					测定值	平均值

试验者：　　　　记录者：　　　　校核者：　　　　日期：

6. 注意事项

（1）根据沥青的标号选择试样皿，试样深度应大于预计穿入深度10mm。不同的试样皿，其在恒温水浴中的恒温时间不同。

（2）测定针入度时，水温应控制在（25±1）℃范围内，试样表面以上的水层高度不应小于10mm。

（3）测定时针尖应刚好与试样表面接触，必要时用放置在合适位置的光源反射来观察。使活杆与针连杆顶端相接触，调节针入度刻度盘使指针为零。

（4）在3次重复测定时，各测定点之间及与试样皿边缘之间的距离不应小于10mm。

（5）3次平行试验结果的最大值与最小值之差应在规定的允许偏差范围内，若超过规定偏差，试验应重新做。

二、防水卷材技术性能检测

防水卷材技术性能检测的内容为弹性体改性沥青防水卷材的拉力、耐热度、不透水性、低温柔度四项重要指标。

（一）采用标准

（1）《建筑防水卷材试验方法　第1部分：沥青和高分子防水卷材　抽样规则》（GB/T 328.1—2007）。

（2）《建筑防水卷材试验方法　第8部分：沥青防水卷材　拉伸性能》（GB/T 328.8—2007）。

（3）《建筑防水卷材试验方法　第10部分：沥青和高分子防水卷材　不透水性》（GB/T 328.10—2007）。

（4）《建筑防水卷材试验方法　第11部分：沥青防水卷材　耐热性》（GB/T 328.11—2007）。

（5）《建筑防水卷材试验方法　第14部分：沥青防水卷材　低温柔性》（GB/T 328.14—2007）。

（6）《弹性体改性沥青防水卷材》（GB 18242—2008）。

（二）抽样方法与数量

抽样应根据相关方协议的要求，若没有相关协议，抽样方法可按图9-13进行，抽样数量可按表9-10执行，不要抽取损坏的卷材。

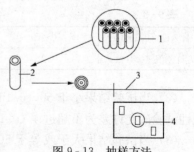

图9-13　抽样方法

1—交付批；2—样品；3—试样；4—试件

表 9 - 10　　　　　　　　　　　　　　抽样数量（GB/T 328.1—2007）

批量（m²）		样品数量（卷）	批量（m²）		样品数量（卷）
以上	直至		以上	直至	
—	1000	1	2500	5000	3
1000	2500	2	5000	—	4

（三）拉伸性能及延伸率检测

1. 试验原理及方法

将试样两端置于夹具内并夹牢，然后在两端同时施加拉力，测定试件被拉断时的最大拉力。

2. 试验目的及标准

通过拉力试验，检验卷材抵抗拉力破坏的能力，作为卷材使用的选择条件，《建筑防水卷材试验方法　第8部分：沥青防水卷材　拉伸性能》（GB/T 328.8—2007）规定，试验平均值应达到标准要求。

3. 主要仪器

（1）拉伸试验机有足够的量程（至少 2000N）和夹具移动速度（100±10）mm/min，夹具宽度不小于 50mm。夹具能随着试件拉力的增加而保持或增加夹持力，能夹住厚度不超 3mm 的产品试件，使其在夹具中的滑移不超过 1mm，更厚的产品不超过 2mm。这种夹持方法不应在夹具内、外产生过早的破坏。

（2）切割刀、温度计等。

4. 试验步骤要点

（1）制备两组试件，一组纵向 5 个试件，一组横向 5 个试件。试件在试样上距边缘 100mm 以上任意裁取，用模板或用裁刀，矩形试件宽度为（50±0.5）mm，长度为（200mm+2×夹持长度），长度方向为试验方向。

（2）除去试件表面的非持久层。试验前在（23±2）℃和相对湿度 30%～70%的条件下放置至少 20h。

（3）检查试件是否夹牢。

（4）检查试件长度方向中心线与试验机夹具中心是否在一条线上，夹具间距为（200±2）mm，做防止滑移的标记。

（5）控制夹具移动的恒定速度为（100±10）mm，控制试验温度为（23±2）℃。

5. 数据处理和试验结果评定

以每个方向 5 个试件拉力值的算术平均值，作为试件同一方向的试验结果。试验结果的平均值达到标准规定的指标时，判为该项指标合格。最大拉力时的伸长率按下式计算：

$$E = 100(L_1 - L_0)/L \qquad\qquad (9 - 1)$$

式中　E——最大拉力时伸长率，%；

　　　L_1——试件最大拉力时的标距，mm；

　　　L_0——试件初始标距，mm；

　　　L——夹具间距离。

分别计算纵向或横向 5 个试件最大拉力时延伸率的算术平均值，以此作为卷材的纵向或横向延伸率。试验结果的平均值达到标准规定的指标时，判为该项指标合格。

（四）不透水性检测

1. 试验原理及方法

对于沥青、塑料、橡胶类卷材，不透水性试验可以通过两种方法进行检测。方法一为测试卷材试件满足 60kPa 压力 24h，在整个试验过程中承受水压后试件表面的滤纸不变色；方法二为试件采用有 4 条狭缝的圆盘保持规定水压 24h，或采用 7 孔圆盘保持规定水压 30min，观测试件是否保持不渗水，最终压力与开始压力相比下降不超过 5%。

2. 试验目的及标准

检测沥青和高分子屋面防水卷材按规定步骤测定不透水性，即产品耐积水或有限面承受水压。

3. 主要仪器

方法一：一个带法兰盘的金属圆柱箱体，孔径 150mm，并连接到开放管子末端或容器，其间高差不低于 1m，试验装置如图 9-14 所示。

方法二：组成设备装置见图 9-15 和图 9-16，产生的压力作用于试件的一面。试件用有 4 条狭缝的圆盘（或 7 孔圆盘）盖上。缝的尺寸符合图 9-17 的规定，孔的尺寸形状符合图 9-18 的规定。

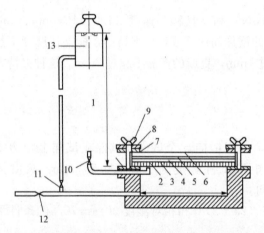

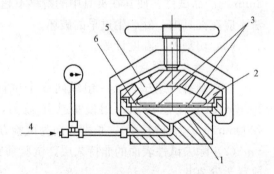

图 9-14　低压不透水性试验装置
1—下橡胶密封垫圈；2—试件迎水面；3、5—实验室用滤纸；
4—湿气指示混合物；6—普通圆玻璃板；7—上橡胶密封垫圈；
8—金属夹环；9—带翼螺母；10—排气阀；11—进水阀；
12—补水和排水阀；13—提供和控制水压为 60kPa 的装置

图 9-15　高压不透水性试验装置
1—狭缝；2—封盖；3—试件；4—静压力；
5—观测孔；6—开缝盘

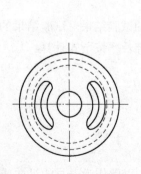

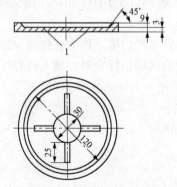

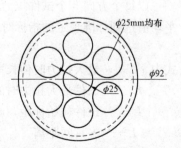

图 9-16　狭缝压力试验装置
封盖草图

图 9-17　开缝盘（单位：mm）
1—所有开缝盘的边都有约 0.5mm 半径弧度；
2—试件纵向方向

图 9-18　7 孔圆盘（单位：mm）

4. 试验步骤要点

（1）方法一（见图 9-14）：

1）放试件在低压不透水装置上，旋紧翼形螺母固定夹环。打开进水阀 11 让水进入，同时打开排气阀 10 排出空气，水出来关闭排气阀 10，说明设备已水满。

2）调整试件上表面所要求的压力。

3）保持水压（24±1）h。

4）检查试件，观察上面滤纸有无变色。

（2）方法二（见图 9-15）：

1）装置中充水直到满出，彻底排出水管中空气。

2）试件的上表面朝下放置在透水盘上，盖上规定的开缝盘（或 7 孔圆盘，见图 9-18），其中一个缝的方向与卷材纵向平行（见图 9-17）。

3）放上封盖，慢慢夹紧直至试件夹紧在盘上，用布或压缩空气干燥试件的非迎水面，慢慢加压到规定的压力。

4）达到规定压力后，保持压力（24±1）h ［7 孔盘保持规定压力（30±2）min］。

5）试验时观察试件的不透水性（水压突然下降或试件的非迎水面有水）。

5. 数据处理和试验结果评定

方法一：试件有明显的水渗到上面的滤纸产生色变，认为试验不符合不透水性要求。所有试件通过试验，则认为卷材不透水。

方法二：所有试件在规定的时间不透水，则认为不透水性试验通过。

（五）耐热性检测

1. 试验原理及方法

试件在规定温度下分别垂直悬挂在烘箱中，在规定的时间后测量试件两面涂盖层相对于胎体的位移，平均位移超过 2.0mm 为不合格。耐热性极限是指沥青卷材试件垂直悬挂涂盖层与胎体相比滑动 2mm 时的温度，它是通过在两个温度结果间插值测定的。

2. 试验目的及标准

通过耐热性检测，评定卷材的耐热性能，作为卷材环境温度要求的选择依据。

3. 主要仪器

（1）鼓风烘箱（不提供新鲜空气）。在试验范围内最大温度波动±2℃，当门打开 30s 后，恢复温度到工作温度的时间不超过 5min。

（2）热电偶。连接到外面的电子温度计，在规定范围内能测量到±1℃。

（3）悬挂装置（如夹子）。至少 100mm 宽，能夹住试件的整个宽度在一条线上，并被悬挂在试验区域（见图 9-19）。

（4）光学测量装置（如读数放大镜）。刻度 0.1mm。

（5）金属圆插销的插入装置。内径约 4mm。

（6）画线装置。画直的标记线。

4. 试验步骤要点

（1）整个试验期间，试验区域的温度波动不超过±2℃。

（2）试件露出的胎体处用悬挂装置夹住（涂盖层不要夹到）。

（3）间隔至少 30mm，将试件垂直悬挂在烘箱的相同高度。开关烘箱门放入试件的时间

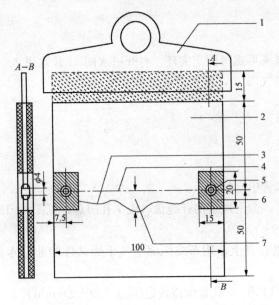

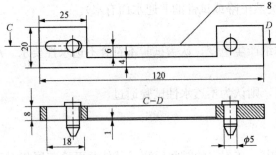

图 9-19 试件、悬挂装置和标记装置示例（单位：mm）

1—悬挂装置；2—试件；3—标记线 1；4—标记线 2；5—插销；

6—去除涂盖层；7—滑动 ΔL（最大距离）；8—直边

（六）低温柔性检测

1. 试验原理及方法

从试样上截取的试件，上表面和下表面分别绕浸在冷冻液中的机械弯曲装置弯曲 180°，弯曲后，检查试件涂盖层存在的裂纹。

2. 试验目的及标准

通过试验评定试样在规定负温下抵抗弯曲变形的能力，作为低温条件下卷材使用的选择依据（5 个试件中至少 4 个达到标准规定的要求）。

3. 主要仪器

（1）冷冻液。体积比为 1：1 的丙烯乙二醇/水溶液，低至 -25℃；或低于 -20℃ 的乙醇/水混合物，体积比为 2：1。

要在 30s 以内，对试件加热时间为 (120±2) min。

（4）试件和悬挂装置一起从烘箱中取出，相互间不能接触，在 (23±2)℃ 自由悬挂冷却至少 2h，然后除去悬挂装置。

（5）在试件两面画第二个标记，用光学测量装置在每个试件的两面测量两个标记底部间的最大距离 ΔL，精确至 0.1mm。

（6）耐热性极限对应的涂盖层位移正好为 2mm，通过对卷材上表面和下表面在间隔 5℃ 的不同温度段的每个试件的初步处理试验的平均值测定，其温度段总是 5 的倍数（如 100、105、110℃）。

5. 数据处理和试验结果评定

（1）计算卷材每个面 3 个试件的滑动平均值（0.1mm）。

（2）耐热性卷材上表面和下表面的滑动平均值不超过 2.0mm 为合格。

（3）耐热性极限通过线性图或计算每个试件上表面和下表面的两个结果测定，每个面修约到 1℃（见图 9-20）。

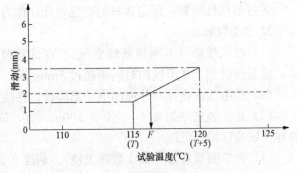

图 9-20 内插法耐热性极限测定（示例）

F—耐热性极限（示例为 117℃）

（2）弯曲轴。一个直径为（30±0.1）mm、能向上移动的圆筒。

（3）固定圆筒。两个不旋转、直径为（20±0.1）mm 的圆筒。

（4）半导体温度计（热敏探头）。精度 0.5℃。

4. 试验步骤要点

用一支测量精度为 0.5℃的半导体温度计检查试验温度，将温度计放入试验液体中与试验试件在同一水平面。试件在试验液体中应平放且完全浸入，用可以移动的装置支撑，该支撑装置应至少能放一组 5 个试件。

试验时，弯曲轴从下面顶着试件以 360mm/min 的速度升起，这样试件能弯曲 180°，电动控制系统能保证在每个试验过程中和试验温度下的移动速度保持在（360±40）mm/min。

裂缝通过项目检查，在试验过程中不应有任何人为的影响，为了准确评价，试件应在试验结束时露出冷冻液，移动部分通过设置适当的极限开关控制限定位置，如图 9-21 所示。

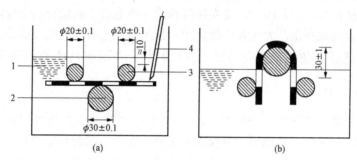

图 9-21　弯曲示意图（单位：mm）

（a）开始弯曲；（b）弯曲结束

1—冷冻液；2—弯曲轴；3—固定圆筒；4—半导体温度计

5. 数据处理和试验结果评定

一个试验面 5 个试件在规定温度下至少 4 个无裂缝为通过。上表面和下表面的试验结果要分别记录。

单元项目二　绝热保温材料选用及性能检测

⭐ 任务描述 --

每组学生通过项目任务，熟悉并掌握各类建筑绝热保温材料的性能、特点及适用工程部位，正确选择、合理使用绝热保温材料。针对不同的学习小组给出不同的工程条件，依据实际工程特点及具体要求，选用合理的绝热保温材料，并说明在具体施工时的注意事项及具体要求。

任务一：了解常用绝热保温材料的类型、主要性能及应用。

任务二：根据具体的工程特点及工程部位，初步选用绝热保温材料，并说明其在施工时的具体要求。

任务三：通过查阅相关文献资料，了解目前新型的绝热保温材料，并掌握其性能特点及应用。

各小组选用不同的工程背景，具体工程概况如下：

小组一：

哈尔滨市某高层建筑，屋面采用上人屋面，屋面上有各种管道、空调设备基础等，施工难度较大，要求在掌握常用建筑绝热保温材料性能及应用的基础上，根据工程特点，初步选择该高层建筑屋面的绝热保温材料，并说明具体的做法及施工时的注意事项。

小组二：

南京市某一高层住宅，屋面为平屋面，且采用上人屋面，屋面保温材料的选择应充分考虑防水、防潮、防结露等因素，要求在掌握常用建筑绝热保温材料性能及应用的基础上，根据工程特点，初步选择该住宅屋面的绝热保温材料，并说明具体的做法及施工时的注意事项。

小组三：

延安市某一高层住宅小区，有两层地下室，且地下室不是采暖空间，在冬季仍会有相当多的热量通过一楼地板传出，因而需要在建筑物的一楼地板下面填充高密度的保温材料，选材与施工时应注意防潮防水，要求在掌握常用建筑绝热保温材料性能及应用的基础上，根据工程特点，初步选择该住宅地下室的绝热保温材料，并说明具体的做法及施工时的注意事项。

小组四：

北京市某公寓楼，位于北京市朝阳区，为 24 层塔楼，结构类型采用现浇混凝土剪力墙结构，外墙外饰面贴面砖，外墙采用外保温的做法，要求在掌握常用建筑绝热保温材料性能及应用的基础上，根据工程特点，初步选择该住宅墙体的绝热保温材料，并说明具体的做法及施工时的注意事项。

小组五：

天津市某住宅楼，采用剪力墙结构，外墙结构面层主要为混凝土墙面，加气块填充墙，外装饰面为涂料和干挂石材两种，其中 1～4 层为干挂石材，4 层以上部分为涂料墙面，外墙采用外保温系统，要求在掌握常用建筑绝热保温材料性能及应用的基础上，根据工程特点，初步选择该住宅墙体的绝热保温材料，并说明具体的做法及施工时的注意事项。

小组六：

常州地区某工程总建筑面积为 8 万 m^2，由下部商业裙房和上部两栋 30 层的椭圆形塔楼（住宅）构成，楼顶为电梯间机房，该工程为外墙涂料面层，要求在掌握常用建筑绝热保温材料性能及应用的基础上，根据工程特点，初步选择该住宅墙体的绝热保温材料，并说明具体的做法及施工时的注意事项。

任务分析

绝热保温材料的选择需要综合考虑各种不同的因素，包括工程所在地、使用环境、施工条件、使用部位等。通过课堂教学及自主学习使学生了解相关知识点，掌握绝热保温材料选择的方法及注意事项。

任务实施

学生分组讨论，制定工作计划，进行任务分配，利用图书馆、网络等多种途径获取信息和资料，组织学习和探讨，整理和归纳信息资料，完成教师制定的学习任务。在课堂上，学生以团队形式进行汇报，展示学习成果，并由其他团队及教师进行点评。

知识链接

绝热保温材料是指用于建筑围护或者热工设备，阻抗热流传递的材料或者材料的复合体，既包括保温材料，也包括保冷材料。绝热保温材料一方面满足了建筑空间或热工设备的热环境要求，另一方面也节约了能源。按其成分分为无机绝热保温材料和有机绝热保温材料两大类。

在任何介质中，当两处存在温度差时，在这两部分之间就会产生热传递现象，热能将从温度较高的部分传递至温度较低的部分。如房屋内部的空气与室外的空气之间存在温差时，就会通过房屋外隔结构，主要是外墙、门窗、屋顶等产生传热现象。冬天，由于室内气温高于室外气温，热量从室内经围护结构向外传递，造成热损失；夏天，室外气温高，热的传递方向相反，即热量经由围护结构传至室内而使室温升高。

为了保持室内有适于人们工作、学习与生活的气温环境，房屋的围护结构所采用的建筑材料必须具有一定的保温隔热性能，在冬天不致使热量从室内向室外传递，在夏天不致使热量从室外向室内传递。围护结构保温隔热性能好，可使室内冬暖夏凉，节约供暖和降温的能源。因此合理使用绝热保温材料具有重要的节能意义。

知识链接一：绝热保温材料的基本特性

绝热保温材料一般均为轻质、疏松、多孔的纤维材料。按其成分可分为无机绝热材料、有机绝热材料和金属绝热材料三大类；按形态，又可分为纤维状、多孔（微孔、气泡）状、层状等数种，见表9-11。

表9-11　　　　　　　　　　主要绝热保温材料的分类

分类			品　　种
纤维状	无机质	天然	石棉纤维
		人造	矿物纤维（矿渣棉、岩棉、玻璃棉、硅酸铝棉等）
	有机质	天然	棉麻纤维、稻草纤维、草纤维等
		人造	软质纤维板类（木纤维板、草纤维板、稻壳板、蔗渣板等）
微孔状	无机质	天然	硅藻土
		人造	碳酸钙、碳酸镁等
	有机质	天然	炭化木材
气泡状	无机质	人造	膨胀珍珠岩、膨胀蛭石、加气混凝土、泡沫玻璃、泡沫硅玻璃、火山灰微珠、泡沫枯土等
	有机质	天然	软木
		人造	泡沫聚苯乙烯塑料、泡沫聚氨酯塑料、泡沫酚醛树脂、泡沫脲醛树脂、泡沫橡胶、钙塑绝热板等
层状	金属		铝箔、锡箔等

材料保温隔热性能的好坏是由材料导热系数（λ）的大小所决定的。导热系数越小，通过材料传送的热量越少，保温隔热性能就越好。材料的导热系数取决于材料的成分、内部结构、表观密度以及传热时的平均温度和材料的含水量。一般来说，表观密度越小，导热系数

越小。在材料成分、表观密度、平均温度、含水量等完全相同的条件下，多孔材料单位体积中气孔数量越多，导热系数越小；松散颗粒材料的导热系数随单位体积中颗粒数量的增多而减小，松散纤维材料的导热系数则随纤维截面的减少而减小。当材料的成分、表观密度、结构等条件完全相同时，多孔材料的导热系数随平均温度和含水量的增大而增大，随湿度的减小而减小。当材料处在 0～50℃ 范围内时，其导热系数基本不变。在高温时，材料的导热系数随温度的升高而增大。对各向异性材料（如木材等），当热流平行于纤维延伸方向时，热流受到的阻力小，其导热系数较大；而热流垂直于纤维延伸方向时，受到的阻力大，其导热系数就小。绝大多数建筑材料的导热系数都介于 0.023～3.49W/（m·K）之间，通常把导热系数不大于 0.23 的材料称为绝热材料，而将其中导热系数小于 0.14 的绝热材料称为保温材料。进而根据材料的适用温度范围，将可在零摄氏度以下使用的称为保冷材料，适用温度超过 1000℃ 者称为耐火保温材料。习惯上通常将保温材料分为三档，即低温保温材料，使用温度低于 250℃；中温保温材料，使用温度为 250～700℃；高温保温材料，使用温度高于 700℃。

对于各向异性的材料，其绝热性能与热流方向有关，纤维质材料从排列状态看，分为纤维方向与热流向垂直和纤维方向与热流向平行两种情况。对于各向异性的材料（如木材等），当热流向平行于纤维方向时，受到阻力较小；而垂直于纤维方向时，受到阻力较大。热流方向和纤维方向垂直时的绝热性能比热流方向和纤维方向平行时要好一些。以松木为例，当热流垂直于木纹时，导热系数为 0.17W/（m·K）；平行于木纹时，导热系数为 0.35W/（m·K）。

绝热保温材料除了保温或保冷的作用外，还应具备以下功能：①隔热防火。②减轻建筑物的自重。因此绝热材料的选用应符合以下基本要求：

（1）具有较低的导热系数。优质的保温绝热材料，要求其导热系数一般不应大于 0.14W/（m·K），即具有较高的孔隙率和较小的表观密度，一般不大于 600kg/m³。

（2）具有较低的吸湿性。大多数保温材料吸收水分之后，其保温性能会显著降低，甚至会引起材料自身的变质，故要使保温材料处于干燥状态。

（3）具有一定的承重能力。保温绝热材料的强度必须保证建筑和工程设备上的最低强度要求，其抗压大于 0.4MPa。

（4）具有良好的稳定性和足够的防火防腐能力。

（5）必须造价低廉，成型和使用方便。

知识链接二：常见的绝热保温材料

1. 无机绝热保温材料

（1）膨胀珍珠岩。珍珠岩是一种酸性火山玻璃质岩石，因具有珍珠裂隙结构而得名，有黄白、灰白、淡绿、褐、棕、灰、黑等颜色。我国珍珠岩的产地、储藏量极为丰富，各地珍珠岩矿石的矿物组成基本相同，主要是由酸性火山玻璃质组成。珍珠岩内含有结合水，当这种含水的玻璃熔岩受高温作用时，玻璃质即由固态软化为黏稠状态，内部水则由液态变为高压水蒸气向外扩散，使黏稠的玻璃质不断膨胀。膨胀的玻璃质如被迅速冷却达到软化温度以下时，则珍珠岩就形成了一种多孔结构的产品，这种产品就是膨胀珍珠岩（见图 9-22），由其制成的岩板称为膨胀珍珠岩板（见图 9-23）。

膨胀珍珠岩俗称珠光砂，又名珍珠岩粉，是以珍珠岩矿石经过破碎、筛分、预热，在高温（1260℃ 左右）中悬浮瞬间焙烧，体积骤然膨胀加工而成的一种白色或灰白色的中性无机砂状材料，颗粒结构呈蜂窝泡沫状，重量很轻，风吹可扬。它主要有保温、绝热、吸声的功能，并且无毒、不燃、无臭。其化学成分及导热系数见表 9 - 12 和表 9 - 13。

图 9 - 22　膨胀珍珠岩

图 9 - 23　膨胀珍珠岩板

表 9 - 12　　　　　　　　　　　膨胀珍珠岩的化学成分　　　　　　　　　　　　　%

SiO$_2$	Al$_2$O$_3$	Fe$_2$O$_3$+FeO	CaO	MgO	K$_2$O	Na$_2$O	H$_2$O
70 左右	11~14	<1	2 左右	少量	4 左右	3 左右	4~6

表 9 - 13　　　　　　　　　　　　膨胀珍珠岩的导热系数

等级	标号				
	70 号	100 号	150 号	200 号	250 号
优等品	0.047	0.052	0.058	0.064	0.070
一等品	0.049	0.054	0.060	0.066	0.072
合格品	0.051	0.056	0.062	0.068	0.074

注　膨胀珍珠岩按堆积密度分别为 70、100、150、200、250 号五个标号，各标号产品按照性能分为优等品、一等品、合格品三个等级。

（2）岩棉及岩棉制品。岩棉（见图 9 - 24）是以精选的玄武岩为主要原料，经高温熔融后，由高速离心设备（或喷吹设备）加工制成的人造无机纤维，具有质轻、不燃、导热系数小、吸声性能好、化学稳定性好等特点。在岩棉中加入特制的黏结剂，经过加工，即可制成岩棉板、岩棉缝板、岩棉保温带等各种岩棉制品。它们除具有上述岩棉所具有的一些特点外，还具有一定的强度及保温、绝热、隔冷、吸声性能好、工作温度高等突出优点，因此广泛应用于建筑、石油、化工、电力、冶金、国防、纺织和交通运输等行业，是各种建筑物、管道、贮罐、蒸馏塔、锅炉、烟道、热交换器、风机和车船等工业设备的优良保温、绝热、隔冷、吸声材料。常用岩棉制品的产品规格见表 9 - 14。

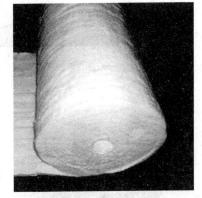
图 9 - 24　岩棉

表 9 - 14   常用岩棉制品的产品规格

制品名称	规格（mm）			
	长	宽	厚	内径
板	900、1000	500、600、700、800	30、40、50、60、70	
带	2400	910	30、40、50、60	
毡	910	630、910	50、60、70	
管壳	600、910、1000		34、40、50、60、70	22、38、45、57、89、108、133、159、194、219、245、273、325

（3）矿渣棉。矿渣棉（见图 9 - 25）也称矿棉，是利用工业废料矿渣为主要原料，经熔化、高速离心或喷吹法等工序制成的一种棉丝状的保温、隔热、吸声、防振无机纤维材料，具有表观密度小、导热系数低、高温作用下稳定、吸水率低、不燃、防蛀、耐腐蚀、吸声性能好、廉价等特点，但当垂直放置时会产生沉陷，使用时必须注意。另外由于各地生产的矿渣棉有的纤维较粗，施工操作时对人体皮肤有刺痒。近年来我国矿棉的主要生产厂家通过对生产进行改进，使矿棉纤维的直径从过去的 $12\mu m$ 降低到 $6\mu m$ 以下，刺痒皮肤的问题已基本解决。

（4）玻璃棉。玻璃棉（见图 9 - 26）是用玻璃原料或碎玻璃经熔融后，用离心法或气体喷射法制成的一种棉状纤维材料，具有较小的表观密度、较低的导热系数和较高的化学稳定性，以及不燃、不腐烂、吸湿性极小等优点。玻璃棉价格与矿棉制品相近，可制成沥青玻璃棉毡（板）及酚醛玻璃棉毡（板），使用方便，因此是广泛用在温度较低的热力设备和房屋建筑中的保温隔热材料。

图 9 - 25 矿渣棉

图 9 - 26 玻璃棉板

图 9 - 27 泡沫玻璃

（5）泡沫玻璃。泡沫玻璃（见图 9 - 27）由玻璃粉和发泡剂等经配料、烧制而成，气孔率达 80%～95%，气孔直径为 0.1～5mm，且大量为封闭而孤立的小气泡。其表观密度为 150～600kg/m³，导热系数为 0.058～0.128W/（m·K）。泡沫玻璃具有极强的耐气候性、耐久性，综合性能优异，它的使用寿命与建筑物同步，线膨胀系数与混凝土等墙体材料基本相同，与水泥砂浆黏结良好，施工方便，且强度较高。采用普通玻璃粉制成的泡沫玻璃最高使用温度为 $300\sim400℃$，若用无碱玻璃粉生产，则最高使用温度可达 $800\sim1000℃$，耐久性好，易加工，可满足多种绝热需要。

（6）纳米隔热保温涂料。涂刷在被施工表面能起到隔热保温作用的涂料叫隔热保温涂料。纳米隔热保温涂料是以合成树脂乳液为基料，引进反射率高、热阻大的纳米级反射隔热材料，如中空陶瓷粉末、氧化钇等而制成的隔热保温涂料，其导热系数低而反射率高，具有较好的发展前景。真空状态使分子传导传热和对流传热完全消失，因此采用真空填料以制备性能优良的保温涂料成为当前研究的热点之一。

2．有机绝热保温材料

（1）泡沫塑料。泡沫塑料是以各种树脂为基料，加入一定剂量的发泡剂、催化剂、稳定剂等辅助材料，经加热发泡而制成的一种具有轻质、耐热、吸声、防振性能的材料。泡沫塑料的种类很多，常以所用的树脂取名，如聚苯乙烯泡沫塑料、聚乙烯泡沫塑料、聚氯乙烯泡沫塑料等，其分类如表 9-15 所示。

表 9-15　　　　　　　　　　　泡沫塑料的分类

分类方法	按所用树脂分类	按其性质分类	按孔型结构分类
产品	聚氯乙烯泡沫塑料、聚苯乙烯泡沫塑料、脲醛泡沫塑料、聚氨酯泡沫塑料、环氧树脂泡沫塑料、酚醛泡沫塑料、有机硅泡沫塑料等	硬质泡沫塑料、轻质泡沫塑料、可发性泡沫塑料、自熄性泡沫塑料、乳业泡沫塑料	开孔型、闭孔型

聚苯乙烯泡沫塑料的表观密度为 $20\sim50kg/m^3$，导热系数为 $0.038\sim0.047W/(m\cdot K)$最高使用温度约 $70℃$。模塑聚苯乙烯泡沫塑料板简称聚苯板（也称 EPS 板），由可发性聚苯乙烯珠粒加热预发泡后，在模具中加热成型，具有质轻、导热系数小、保温隔热性能好、不吸水、耐酸碱性好等特点，同时具有弹性，能够抵抗冲击。挤塑聚苯乙烯泡沫塑料板也称 XPS 板，根据生产工艺的不同，有膨胀型和挤出型两种。膨胀型聚苯乙烯泡沫塑料板轻巧方便，吸水率低，抗压强度高，耐 $-80℃$ 低温，且易于切割，因而使用十分普遍。挤出型聚苯乙烯泡沫塑料板具有强度高、耐气候性能优异的特性，广泛用于倒置屋面、地板保温等。

聚氨酯泡沫塑料也称聚氨基甲酸酯泡沫塑料，是以聚醚树脂或聚酯树脂为主要原料，与甲苯二异氰酸酯、水、催化剂、泡沫稳定剂等按一定比例混合搅拌，进行发泡制成。聚氨酯泡沫塑料的表观密度为 $30\sim65kg/m^3$，导热系数为 $0.035\sim0.042W/(m\cdot K)$，最高使用温度可达 $120℃$，最低使用温度为 $-60℃$。按照产品的软硬划分，聚氨酯泡沫塑料有软质和硬质两种。软质聚氨酯泡沫塑料质轻、弹性好、耐撕力强、防震性能好。硬质聚氨酯泡沫塑料强度高、不吸水、不易变形、使用温度范围较宽、可与其他材料黏结、发泡施工方便，可直接浇注发泡。

脲醛泡沫塑料也称氨基泡沫塑料，是以脲醛树脂为主要原料，经发泡制成的一种硬质泡沫塑料。脲醛泡沫塑料外观洁白、质轻，具有表观密度小、保温性能好、高温不燃烧、防虫、隔热等优点。与其他泡沫塑料相比，脲醛泡沫塑料价格最低，但其质地疏松，机械强度很低，吸水、吸湿性强，被水浸泡后即失去强度。因此，使用时必须以塑料薄板或玻璃纤维布包封。一般多用作夹壁填充材料，也可用于蜂窝结构中的保温。

（2）窗用绝热薄膜。用于建筑物窗户的绝热，可以遮蔽阳光，防止室内陈设物褪色，降低冬季热量损失，节约能源，增加美感。其厚度为 $12\sim50\mu m$，使用时，将特制的防热片

（薄膜）贴在玻璃上，其功能是将透过玻璃的阳光反射出去，反射率高达80%。防热片能够减少紫外线的透过率，减轻紫外线对室内家具和织物的有害作用，减弱室内温度变化程度，也可以避免玻璃碎片伤人。

（3）植物纤维类绝热板。该类绝热材料是以稻草、木质纤维、麦秸、甘蔗渣等为原料经加工而成。其表观密度为 $200\sim1200kg/m^3$，导热系数为 $0.058\sim0.307W/（m·K）$，可用于墙体、地板、顶棚等，也可以用于冷藏库、包装箱等。

单元项目三 吸声、隔声材料选用

☆ 任务描述 --

每组学生通过项目任务，熟悉并掌握各类建筑常用吸声、隔声材料的性能、特点及适用工程部位，正确选择、合理使用吸声、隔声材料。针对不同的学习小组给出不同的工程条件，依据实际工程特点及具体要求，选用合理的吸声、隔声材料，并说明其在具体施工时的注意事项及具体要求。

任务一：了解建筑工程中常用吸声、隔声材料的性能、特点及应用。

任务二：能够根据建筑物的特点、功能要求，初步合理地选用建筑吸声、隔声材料，并掌握其在安装时的注意事项。

任务三：通过查阅相关文献资料，掌握目前新型的吸声、隔声材料，了解其性能特点及应用。

任务四：对所在地区的建筑工程进行调查研究，总结并确定出几种最常用的吸声、隔声材料类型，详细说明其质量标准、所适用的工程部位及安装时的注意事项。

各小组适用不同的工程背景，具体工程概况如下：

小组一：

以演播厅作为研究对象，学生通过查阅资料或实地进行调查研究，总结并确定出几种演播厅常用的建筑吸声、隔声材料，详细说明其质量标准、所适用的工程部位及安装时的注意事项。

小组二：

以电影院作为研究对象，学生通过查阅资料或实地进行调查研究，总结并确定出几种电影院常用的建筑吸声、隔声材料，详细说明其质量标准、所适用的工程部位及安装时的注意事项。

小组三：

以音乐厅作为研究对象，学生通过查阅资料或实地进行调查研究，总结并确定出几种音乐厅常用的建筑吸声、隔声材料，详细说明其质量标准、所适用的工程部位及安装时的注意事项。

小组四：

以室内体育馆作为研究对象，学生通过查阅资料或实地进行调查研究，总结并确定出几种室内体育馆常用的建筑吸声、隔声材料，详细说明其质量标准、所适用的工程部位及安装时的注意事项。

小组五：

以大礼堂作为研究对象，学生通过查阅资料或实地进行调查研究，总结并确定出几种大礼堂常用的建筑吸声、隔声材料，详细说明其质量标准、所适用的工程部位及安装时的注意事项。

小组六：

以酒店作为研究对象，学生通过查阅资料或实地进行调查研究，总结并确定出几种酒店常用的建筑吸声、隔声材料，详细说明其质量标准、所适用的工程部位及安装时的注意事项。

任务分析

吸声材料在建筑中的作用主要是用以改善室内收听声音的条件和控制噪声，因而在音乐厅、影剧院、大会堂、播音室及噪声大的工厂车间等室内的墙面、地面、顶棚等部位，应根据具体要求选用适当的吸声材料。

随着土木工程专业的快速发展，建筑材料也在不断更新。要求学生通过查阅文献，及时了解新型吸声、隔声材料的发展及特性，掌握新型建筑材料的发展动态前沿。

任务实施

学生分组讨论，制定工作计划，进行任务分配，利用图书馆、网络等多种途径获取信息和资料，组织学习和探讨，整理和归纳信息资料，完成教师制定的学习任务。在课堂上，学生以团队形式进行汇报，展示学习成果，并由其他团队及教师进行点评。

知识链接

吸声材料在建筑中的作用主要是用以改善室内收听声音的条件和控制噪声。保温绝热材料由于其轻质及结构上的多孔特征，故具有良好的吸声性能。除一些对声音有特殊要求的建筑物，如音乐厅、影剧院、大会堂、大教室、播音室等场所外，对于大多数一般的工业与民用建筑物来说，均无需单独使用吸声材料。其吸声功能的提高主要是靠与保温绝热及装饰等其他新型建材相结合来实现的，因此建筑绝热保温材料也是改善建筑物吸声功能不可或缺的物质基础。

材料吸声的性能以吸声系数衡量，吸声系数是指被吸收的能量与声波原先传递给材料的全部能量的百分比。吸声系数与声音的频率和声音的入射方向有关，因此吸声系数也是一定频率的声音从各个方向入射的吸收平均值。同一材料，对于高、中、低不同频率的吸声系数不同。为了全面反映材料的吸声性能，规定取 125、250、500、1000、2000、4000Hz 六个频率的吸声系数来表示材料吸声的频率特性。吸声材料在上述六个规定频率的平均吸声系数应大于 0.2。对于多孔吸声材料，其吸声效果受以下因素制约：

（1）材料的表观密度。同种多孔材料，随表观密度增大，其低频吸声效果提高，而高频吸声效果降低。

（2）材料的厚度。厚度增加，低频吸声效果提高，而对高频影响不大。

（3）孔隙的特征。孔隙越多、越均匀细小，吸声效果越好。

绝热材料要求气孔封闭，不相连通，可以有效地阻止热对流的进行，这种气孔越多，绝热性能越好。而吸声材料则要求气孔开放，互相连通，可通过摩擦使声能大量衰减，这种气孔越多,吸声性能越好。这些材质相同而气孔结构不同的多孔材料的制得,主要取决于原料组分的某些差别以及生产工艺中的热工制度和加压大小等来实现。

因吸声材料可较大程度吸收由空气传播的声波能量,在播音室、音乐厅、影剧院等的墙面、地面、顶棚等部位采用适当的吸声材料,能改善声波在室内的传播质量,保持良好的音响效果和舒适感。

隔声材料是能较大程度隔绝声波传播的材料。

🔊)) 知识链接一:材料的吸声性能

物体振动时,迫使邻近空气随着振动而形成声波,当声波接触到材料表面时,一部分被反射,一部分穿透材料,而其余部分则在材料内部的孔隙中引起空气分子与孔壁的摩擦和黏滞阻力,使相当一部分声能转化为热能而被吸收。被材料吸收的声能(包括穿透材料的声能在内)与原先传递给材料的全部声能之比,是评定材料吸声性能好坏的主要指标,称为吸声系数,用下式表示:

$$\alpha = \frac{E}{E_0} \qquad\qquad (9-2)$$

式中 α——材料的吸声系数;

E——被材料吸收(包括穿透)的声能;

E_0——传递给材料的全部入射声能。

假如入射声能的70%被吸收(包括穿透材料的声能在内),30%被反射,则该材料的吸声系数 α 就等于0.7。当入射声能100%被吸收而无反射时,吸收系数等于1。当门窗开启时,吸收系数相当于1。一般材料的吸声系数在0~1之间。

材料的吸声特性除与材料本身性质、厚度及材料表面的条件有关外,还与声波的入射角及频率有关。一般而言,材料内部开放连通的气孔越多,吸声性能越好。

为了改善声波在室内传播的质量,保持良好的音响效果和减少噪声的危害,在音乐厅、电影院、大会堂、播音室及工厂噪声大的车间等内部的墙面、地面、顶棚等部位,应选用适当的吸声材料。

建筑上常用的吸声材料及其吸声系数如表9-16所示,供选用时参考。

表9-16　　　　　建筑上常用的吸声材料及其吸声系数

分类及名称		厚度(cm)	表观密度(kg/m³)	各种频率下的吸声系数						装置情况
				125	250	500	1000	2000	4000	
无机材料	石膏板(有花纹)	—	—	0.03	0.05	0.06	0.09	0.04	0.06	贴实
	水泥蛭石板	4.0	—	0.14	0.46	0.78	0.50	0.60		
	石膏砂浆(掺水泥、玻璃纤维)	2.2	—	0.24	0.12	0.09	0.30	0.32	0.83	粉刷在墙上
	水泥膨胀珍珠岩板	5	350	0.16	0.46	0.64	0.48	0.56	0.56	贴实
	水泥砂浆	1.7	—	0.21	0.16	0.25	0.4	0.42	0.48	粉刷在墙上
	砖(清水墙面)			0.02	0.03	0.04	0.04	0.05	0.05	贴实

续表

分类及名称		厚度 （cm）	表观密度 （kg/m³）	各种频率下的吸声系数						装置情况
				125	250	500	1000	2000	4000	
木质 材料	软木板	2.5	260	0.05	0.11	0.25	0.63	0.70	0.70	贴实
	木丝板	3.0	—	0.10	0.36	0.62	0.53	0.71	0.90	钉在木龙骨上，后面留10cm空气层和留5cm空气层两种
	三夹板	0.3	—	0.21	0.73	0.21	0.19	0.08	0.12	
	穿孔五夹板	0.5	—	0.01	0.25	0.55	0.30	0.16	0.19	
	木花板	0.8	—	0.03	0.02	0.03	0.03	0.04	—	
	木质纤维板	1.1	—	0.06	0.15	0.28	0.30	0.33	0.31	
多孔 材料	泡沫玻璃	4.4	1260	0.11	0.32	0.52	0.44	0.52	0.33	贴实
	脲醛泡沫塑料	5.0	20	0.22	0.29	0.40	0.68	0.95	094	
	泡沫水泥 （外粉刷）	2.0	—	0.18	0.05	0.22	0.48	0.22	0.32	紧靠粉刷
	吸声蜂窝板	—		0.27	0.12	0.42	0.86	0.48	0.30	贴实
	泡沫塑料	1.0	—	0.03	0.06	0.12	0.41	0.85	0.67	
纤维 材料	矿渣棉	3.13	210	0.01	0.21	0.60	0.95	0.85	0.72	贴实
	玻璃棉	5.0	80	0.06	0.08	0.18	0.44	0.72	0.82	
	酚醛玻璃纤维板	8.0	100	0.25	0.55	0.80	0.92	0.98	0.95	

知识链接二：吸声材料的结构形式

1. 多孔吸声结构

多孔吸声结构是一种比较常用的吸声材料的结构形式，具有良好的中、高频吸声性能。多孔吸声结构具有大量的内外连通微孔，通气性良好。当声波入射到结构表面时，声波很快地顺着微孔进入结构内部，引起孔隙内的空气振动。由于摩擦、空气黏滞阻力和结构内部的热传导作用，使相当一部分声能转化为热能而被吸收。

2. 薄板振动吸声结构

薄板振动吸声结构的特点是具有低频吸声特性，同时还有助于声波的扩散。建筑中常用胶合板、薄木板、硬质纤维板、石膏板、石棉水泥板或金属板等，把它们固定在墙或顶棚的龙骨上，并在背后留有空气层，即成薄板振动吸声结构。

薄板振动结构是在声波作用下发生振动，薄板振动时由于板内部和龙骨之间出现摩擦损耗，使声能转变为机械振动，而起吸声作用。由于低频声波比高频声波更容易激起薄板振动，所以薄板振动吸声结构具有低频声波吸声特性。土木工程中常用的薄板振动吸声结构的共振频率为80～300Hz，在此共振频率附近的吸声系数最大，为0.2～0.5，而在其他共振频率附近的吸声系数就较低。

3. 共振吸声结构

共振吸声结构具有密闭的空腔和较小的开口孔隙，像一个瓶子。当瓶腔内空气受到外力激荡时，会按一定的频率振动，这就是共振吸声器。每个独立的共振吸声器都有一个共振频率，在其共振频率附近，颈部空气分子在声波的作用下像活塞一样进行往复运动，因摩擦而消耗声能。若在腔口蒙一层细布或疏松的棉絮，可以加宽共振频率范围和提高吸声量。为了获得较宽频率带的吸声性能，常采用组合共振吸声结构或穿孔板组合共振吸声结构。

4. 穿孔板组合共振吸声结构

穿孔板组合共振吸声结构具有适合中频的吸声特性。这种吸声结构与单独的共振吸声器相似，可看作是多个单独共振吸声器并联而成。穿孔板的厚度、穿孔率、孔径、孔距、背后空气层厚度以及是否填充多孔吸声材料等，都直接影响吸声结构的吸声性能。这种吸声结构由穿孔的胶合板、硬质纤维板、石膏板、石棉水泥板、铝合板、薄钢板等固定在龙骨上，并在背后设置空气层而构成。这种吸声结构在建筑中使用得比较普遍。

5. 柔性吸声结构

柔性吸声结构具有密闭的气孔和一定的弹性。如聚氯乙烯泡沫塑料，表面仍为多孔材料，但因其有密闭气孔，声波引起的空气振动不是直接传递至材料内部，只能相应地产生振动，在振动过程中由于克服材料内部的摩擦而消耗声能，引起声波衰减。这种材料的吸声特性是在一定的频率范围内出现一个或多个吸收频率。

6. 悬挂空间吸声结构

悬挂于空间的吸声体，由于声波与吸声材料有 2 个或 2 个以上的表面接触，增加了有效的吸声面积，产生边缘效应，加上声波的衍射作用，大大提高了吸声效果。实际应用时，可根据不同的使用部位和要求，设计成各种形式的悬挂空间吸声结构。空间吸声体有平板形、球形、椭圆形和棱锥形等多种形式。

7. 帘幕吸声结构

帘幕吸声结构是用具有通气性能的纺织品，安装在离开墙面或窗洞一段距离处，背后设置空气层。这种吸声体对中、高频都有一定的吸声效果。帘幕的吸声效果还与所用材料种类有关。帘幕吸声体安装拆卸方便，兼具装饰作用，应用价值高。

◁))) 知识链接三：吸声材料的选用及安装注意事项

在室内采用吸声材料可以抑止噪声，保持良好的音质（声音清晰且不失真），故在教室、礼堂和剧院等室内应当采用吸声材料。吸声材料的选用和安装必须注意以下几点：

（1）要使吸声材料充分发挥作用，应将其安装在最容易接触声波和反射次数最多的表面上，而不应把它集中在天花板或某一面的墙壁上，并应比较均匀地分布在室内各表面上。

（2）吸声材料强度一般较低，应设置在护壁线以上，以免碰撞破损。

（3）多孔吸声材料往往易于吸湿，安装时应考虑到湿胀干缩的影响。

（4）选用的吸声材料应不易虫蛀、腐朽，且不易燃烧。

（5）应尽可能选用吸声系数较高的材料，以便节约材料用量，降低成本。

（6）安装吸声材料时，应注意勿使材料的表面细孔被油漆的漆膜堵塞而降低其吸声效果。虽然有些吸声材料的名称与绝热材料相同，都属多孔性材料，但在材料的孔隙特征上有着完全不同的要求。绝热材料要求具有封闭且互不连通的气孔，这种气孔越多其绝热性能越好；而吸声材料则要求具有开放的互相连通的气孔，这种气孔越多其吸声性能越好。至于如何使名称相同的材料具有不同的孔隙特征，这主要取决于原料组分中的某些差别和生产工艺中的热工制度、加压大小等。例如泡沫玻璃采用焦炭、磷化硅、石墨为发泡剂时，就能制得封闭且互不连通的气孔。又如泡沫塑料在生产过程中采取不同的加热、加压制度，可获得孔隙特征不同的制品。

　　除了采用多孔吸声材料吸声外，还可将材料制作成不同的吸声结构，达到更好的吸声效果。常用的吸声结构形式有薄板共振吸声结构和穿孔板吸声结构。薄板共振吸声结构是采用薄板钉牢在靠墙的木龙骨上，薄板与板后的空气层构成了薄板共振吸声结构，在声波的交变压力作用下，迫使薄板振动，当声频正好为振动系统的共振频率时，其振动最强烈，吸声效果最显著。此种结构主要是吸收低频率的声音。

◁)) 知识链接四：隔声材料

　　能减弱或隔断声波传递的材料为隔声材料。人们要隔绝的声音，按其传播途径有空气声（通过空气的振动传播的声音）和固体声（通过固体的撞击或振动传播的声音）两种，两者隔声的原理不同。

　　隔绝空气声主要是遵循声学中的质量定律，即材料的密度越大，越不易受声波作用而产生振动，其隔声效果越好。所以，应选用密实的材料（如钢筋混凝土、钢板、实心砖等）作为隔绝空气声的材料。而吸声性能好的材料，如轻质、疏松、多孔材料的隔空气声效果不一定好。

　　隔绝固体声的最有效办法是断绝其声波继续传递的途径，即在产生和传递固体声波的结构（如梁、框架与楼板、隔墙，以及它们的交接处等）层中加入具有一定弹性的衬垫材料，如地毯、毛毡、橡胶或设置空气隔离层等，以阻止或减弱固体声波的继续传播。

　　吸声和隔声是完全不同的概念，常常被混淆。材料吸声和材料隔声的区别在于，材料吸声着眼于声源一侧反射声能的大小，目标是使反射声能变小。吸声材料对入射声能的衰减吸收，一般只有十分之几，因此其吸声能力即吸声系数可以用小数表示；材料隔声着眼于入射声源另一侧透射声能的大小，目标是使透射声能变小。隔声材料可使透射声能衰减到入射声能的 $10^{-4} \sim 10^{-3}$ 或更小，为方便表达，其隔声量用分贝的计量方法表示。

NO. 9　建筑工程特殊部位
防水工程做法

项目十　装饰材料性能检测与应用

能力目标	装饰材料一般指建筑物内外墙面、地面、顶棚装饰所需要的材料，它不仅装饰美化建筑、满足人的美感需要，还可改善和保护主体结构，延长结构的使用寿命。 　　学生通过完成设定的项目任务，了解装饰材料的种类及不同的物理、力学性质，掌握其选择依据。通过团队分工，培养学生团队的协作能力、沟通能力和执行能力
知识目标	了解认识装饰材料的分类及检测方法，掌握各种装饰材料的物理性质、力学性质、工艺性质，根据工程性质合理选择装饰材料
能力训练任务	通过项目任务，建立小组，分配任务，查找相关文献资料，根据不同项目的工程性质合理选择装饰材料

单元项目一　涂料的选用与检测

NO. 10　新型装饰材料

⭐ 任务描述

　　根据各种涂料的性质特点，进行涂料的化学成分分析，并针对不同的项目特点选择合理的涂料。

　　任务一：对项目所在地的气候情况（包括温度、湿度、酸雨、紫外线等）和原材料的分布进行详细的调查研究。

　　任务二：学习并掌握涂料的物理性质、工艺性质等技术性质，针对项目特点选择合理的涂料，并对所选装饰材料进行附着力、光泽度、耐水性等物理化学性能测试，出具涂料的检测报告。

　　各小组选用不同的工程背景，具体工程概况如下：

　　小组一：

　　某大厦二期工程位于黑龙江省哈尔滨市，勘察设计项目类别为行政办公区域中高层建筑，建筑面积 31 753m²，工程造价 6000 万元，政府将该大厦规划为重点商业中心区域的高级公共建筑，为特等防火等级建筑。整体装修风格为意大利式装修风格，色彩丰富，特别是多采用撞色风格。项目所在地区年平均气温低，日照高，湿度较大。现对该大厦二期工程的外墙、内墙部分的涂料进行选择，并对所选涂料进行附着力、光泽度、耐水性等物理化学性能测试，出具涂料的检测报告。

　　小组二：

　　山东省济南市某商场是全国大型百货零售企业贸易联合会成员单位，位于市区繁华中心。总建筑面积 16 000m²，建筑高 68m，建筑结构安全等级二级，建筑耐火等级甲级，防水等级一级。该商场二楼是婴幼儿商品服务中心，由于该区域属于婴幼儿活动区域，因此建筑装修环保等级要求高，婴幼儿休息区装修要求色彩丰富。试选择该婴幼儿商品服务中心区域的室内装修涂料，并对所选涂料进行附着力、光泽度、耐水性等物理化学性能测试，出具涂料的检测报告。

小组三：

郑州市某大剧院是由大剧院主体建筑及南北两侧的水下长廊、地下停车场、人工湖、绿地组成，总占地面积 7.893 万 m^2，建筑项目高 58m，三层，建筑结构安全等级一级，建筑耐火等级特级，防水等级二级，内墙装饰设计要求满足室内清洁度要求，建筑设计使用年限 100 年。现要求对该大剧院外墙、内墙的涂料进行合理选择，并对所选涂料进行附着力、光泽度、耐水性等物理化学性能测试，出具涂料的检测报告。

小组四：

三原县某卫生院，位于青海市三原县，属于 2007 年全国乡镇卫生院建设项目，位于青海湖沿边。项目总投资 259.53 万元，建筑面积 3290.51m^2，建筑结构安全等级三级，建筑耐火等级乙级，防水等级二级。该地区常年光照时间长，昼夜温差大，湿度小，较干燥。现要求为乡镇卫生院建设项目外墙、内墙选择合理的涂料，并对所选涂料进行附着力、光泽度、耐水性等物理化学性能测试，出具涂料的检测报告。

小组五：

某景区游客接待餐饮中心建设项目，总投资约 4503.80 万元，用地面积 500m^2，项目所在地区气候温和湿润，常年四季如春，光照充足，装修风格采用古朴田园风，餐饮中心装修风格需满足防油污、高光泽度、耐腐蚀性要求。现对该景区游客接待餐饮中心建设项目选择合理的涂料，并对所选涂料进行附着力、光泽度、耐水性等物理化学性能测试，出具涂料的检测报告。

小组六：

某国际购物中心位于福建省沿海区域，总建筑面积 25 万 m^2，商业面积 20 万 m^2，建筑格局分为地上七层，地下两层。该购物中心面朝大海，视野开阔，但也常年遭受海风等不利因素影响，装修墙体较易由于湿度高、酸碱度高而造成装修材料剥落。建筑结构安全等级一级，建筑耐火等级甲级，防水等级二级。现要求为该国际购物中心建设项目的外墙、内墙选择合理的涂料，并对所选涂料进行附着力、光泽度、耐水性等物理化学性能测试，出具涂料的检测报告。

任务分析

涂料种类的选择受诸多因素的影响，如使用工程类型、使用位置、使用环境、施工条件、施工设备等。通过学习以及翻转课堂使学生了解相关知识点，了解涂料的技术性质、种类选择及用途。

任务实施

学生根据任务进行项目规划，做出小组任务分配，根据任务查找相关资料。根据资料与教师交流讨论，提交报告，或可由教师提出其他方案。

知识链接

知识链接一：涂料的概念及其分类

涂料是指涂敷于物体表面，并能与物体表面材料很好黏结形成连续性膜，从而对物体起到装饰、保护或具有某些特殊功能的材料。涂料在物体表面干结形成的薄膜称为涂膜，又称涂层。涂料包括油漆，但油漆不代表涂料，其原因是早期涂料的主要原材料是天然树脂和油料，如松香、生漆、虫胶和亚麻子油、桐油等，所以称油漆。自 20 世纪 50 年代以来，随着石油化工的发展，各种合成树脂和溶剂、助剂的出现，油漆这一词已失去其确切的定义，故称涂料。但人们仍习惯把溶剂涂料称油漆，乳液型涂料称乳胶漆。

涂料的品种很多，各国分类方法也不尽相同，我国对于一般涂料的分类、命名方法见《涂料产品分类和命名》（GB/T 2705—2003）。常见的分类方法有以下几种：

（1）按建筑物的使用部位分为外墙涂料、内墙涂料、地面涂料、顶棚涂料、屋面涂料等。

（2）按主要成膜物质的属性分为有机涂料、无机涂料、复合涂料。

（3）按分散介质分为溶剂型涂料、水溶性涂料、乳液型涂料。

（4）按涂膜状态分为薄质涂料、厚质涂料、彩色复层凹凸花纹涂料、砂壁状涂料等。

（5）按涂料的功能分为建筑涂料、防水涂料、防毒涂料等。

◁)) 知识链接二：建筑涂料的组成物质 ▎

建筑涂料主要由主要成膜物质、次要成膜物质、辅助成膜物质组成。

1. 主要成膜物质

主要成膜物质在涂料中主要起成膜及黏结作用，使涂料在干燥或固化后能形成连续层，主要成膜物质的性能对涂料质量起决定性作用。

主要成膜物质分有机和无机两大类。有机涂料中的主要成膜物质为各种树脂。常用的合成树脂包括乳液型树脂和溶剂型树脂两类。乳液型树脂的成膜过程主要是乳液中的水分蒸发浓缩；溶剂型树脂的成膜过程主要是溶剂挥发，有时还伴随着化学反应。乳液型树脂对环境的污染较小，但低温储存和成膜均较困难，这类合成树脂主要有醋酸乙烯树脂系、氯乙烯树脂系和丁基树脂系。溶剂型合成树脂有单组分和多组分反应固化型两大类。溶液型树脂涂料是将树脂溶解于各类有机溶剂中。这类涂料干燥迅速，可在低温条件下涂饰施工，其涂膜光泽好，硬度较高，耐候性能优良，主要缺点是易燃，易污染环境，成本较高，含固量较低。反应固化型一般由主剂和固化剂双组分组成，施工时按一定的比例混合经反应固化成膜。涂膜机械性能和耐久性能优异，但施工操作较繁杂，并且必须计量准确，即配即用。

2. 次要成膜物质

次要成膜物质本身不能胶结成膜，分散在涂料中能改善涂料的某些性能。如调配涂料的色彩，提高涂料的遮盖力，增加涂料厚度，提高涂料的耐磨性，降低涂料的成本等。常用的次要成膜物质为着色颜料和体积颜料。着色颜料常用无机颜料，因建筑涂料通常应用在混凝土及砂浆等碱性基面上，因而必须具有耐碱性能，并且当外墙涂料用于建筑室外装饰时，由于长期暴露在阳光及风雨中，因此要求颜料具有较好的耐光耐晒性和耐候性。

3. 辅助成膜物质

辅助成膜物质包括溶剂和助剂。溶剂主要有有机溶剂和水。溶剂起到溶解或分散主要成膜物质，改善涂料的施工性能，增加涂料的渗透能力，改善涂料和基层的黏结，保证涂料的施工质量等作用。涂料施工后，溶剂逐渐挥发或蒸发，最终形成连续和均匀的涂膜。常用的有机溶剂有二甲苯、乙醇、正丁醇、丙酮、乙酸乙酯和溶剂油等。水也可作为溶剂，用于水溶性涂料或乳液性涂料。溶剂虽不是构成涂料的材料，但它对涂膜质量和涂料成本有很大的关系，选用溶剂一般要考虑其溶解力、挥发率、易燃性和毒性等问题。为了提高涂料的综合性质，并赋予涂膜某些特殊功能，在配制涂料时常加入相关助剂。其中提高固化前涂料性质的有分散剂、乳化剂、消泡剂、增稠剂、防流挂剂、防沉降剂和防冻剂等，提高固化后涂膜性能的助剂有增塑剂、稳定剂、抗氧剂、紫外光吸收剂等，此外还有催化剂、固化剂、催干剂、中和剂、防霉剂、难燃剂等。

（((）知识链接三：建筑涂料的技术性质 ▌

建筑涂料的技术性质包括涂料施工前和施工后两个方面的性能。

1. 施工前涂料的性能

施工前涂料的性能包括涂料在容器中的状态、施工操作性能、干燥时间、最低成膜温度和含固量等。容器中的状态主要指储存稳定性及均匀性。储存稳定性指涂料在运输和存放过程不产生分层离析、沉淀、结块、发霉、变性及改性等，包括低温（$-5℃$）、高温（$50℃$）和常温（$23℃$）储存稳定性。均匀性是指每桶溶液上、中、下三层的颜色、稠度及性能的均匀性，桶与桶、批与批和不同存放时间的均匀性。这些性能的测试主要采用肉眼观察。

施工操作性能主要包括涂料的开封、搅匀、提取方便与否，是否有挂流、油缩、拉丝、涂刷困难等现象，还包括便于重涂和补涂的性能。由于施工操作或其他原因，建筑物的某些部位（如阴阳角）往往需要重涂或补涂，因此要求硬化涂膜与涂料具有很好的相溶性，形成良好的整体，这些性能主要与涂料的黏度有关。

干燥时间分为表干时间与实干时间。表干是指以手指轻触标准试样涂膜，如有些发黏，但无涂料黏在手指上，即认为表面干燥，表干时间一般不得超过 2h。实干时间一般要求不超过 24h。

涂料的最低成膜温度规定了涂料施工作业的最低温度，水性及乳液型涂料的最低温度一般大于 $0℃$，否则水可能结冰而难以施工。溶剂型涂料的最低成膜温度主要与溶剂的沸点及固化反应特性有关。

含固量指在一定温度下加热挥发后余留物质的含量。它的大小对涂膜的厚度有直接影响，同时影响涂膜的致密性和其他性能。

此外，涂料的细度对涂膜的表面光泽度及耐污染性等有较大的影响。有时还需要测定建筑涂料的 pH 值、保水性、吸水率以及易稀释性和施工安全性等。

2. 施工后涂膜的性能

（1）遮盖率。遮盖率反映涂料对基层颜色的遮盖能力，即把涂料均匀地涂刷在黑白格玻璃板上，使其底色不再呈现的最小用量，以 g/m^2 表示。

（2）涂膜外观质量。涂膜与标准样板相比较，观察其是否符合色差范围，表面是否平整、光洁，有无结皮、皱纹、气泡及裂痕等现象。

（3）附着力与黏结程度。附着力即为涂膜与基层材料的黏附能力，能与基层共同变形不致脱落。影响附着力和黏结强度的主要因素有涂料对基层的渗透能力、涂料本身的分子结构以及基层的表面性状。涂料对基层的渗透主要与涂料的分子量、浸润性等有关，施工时的环境条件会影响成膜固化及涂膜质量。一般来说，气温过低、过高，相对湿度过大、过小都是不利的。

（4）耐磨损性。建筑涂料在使用过程中会受到风、沙、雨、雪及人为的磨损，尤其是地面涂料，磨损作用更加强烈。一般采用漆膜耐磨仪在一定荷载下转磨一定次数后，以涂料质量的损失克数表示耐磨损性。

（5）耐老化性。建筑涂料在使用过程中，其中的成膜物质在光照、大气中热、臭氧等因素的综合作用下会发生降解老化，使涂膜光泽降低，涂层粉化、变色、龟裂、磨损露底，甚至剥落等。建筑涂料的耐老化性需由耐老化性试验预测定。一些用于外墙的涂料，在良好的施工条件下，其耐老化性都在 10 年以上。

◁)) 知识链接四：常用建筑涂料 ▮

1. 常用外墙涂料

（1）丙烯酸酯外墙涂料。丙烯酸酯外墙涂料是以热塑性丙烯酸酯合成树脂为主要成膜物质，加入溶剂、填料、助剂等，经研磨而成的一种外墙涂料，具有较好的耐久性，使用寿命可达 10 年以上，是目前外墙涂料中较为优良的品种之一，也是我国目前高层建筑外墙及与装饰混凝土饰面应用较多的涂料品种之一。

丙酯酸外墙涂料的特点是耐候性好，在长期光照、日晒、雨淋的条件下，不易变色、粉化或脱落，对墙面有较好的渗透作用，结合牢固性好。使用时不受温度限制，即使在零度以下的严寒季节施工，也可很好地干燥成膜。施工方便，可采用刷涂、滚涂、喷涂等施工工艺，可以按用户要求配置成各种颜色。

（2）聚氨酯系外墙涂料。聚氨酯系外墙涂料是以聚氨酯与其他合成树脂复合体为主要成膜物质，添加颜料、填料、助剂组成的优质外墙涂料。主要品种有聚氨酯 - 丙烯酸酯外墙涂料和聚氨酯高弹性外墙涂料。

聚氨酯涂料由双组分按比例混合固化成膜，其含固量高，与混凝土、金属、木材等黏结牢固，涂膜柔软，弹性变形能力大，可以随基层的变形而伸缩，即使基层裂缝宽度达 0.3mm 以上也不至于将涂膜撕裂。经 1000h 的加速耐候试验，其伸长率、硬度、抗拉强度等性能几乎没有降低，经 5000 次以上伸缩疲劳试验不断裂，丙烯酸系厚质涂料在 500 次时就断裂。

聚氨酯涂料有极好的耐水、耐酸碱、耐污染性，涂膜光泽度好，呈瓷状质感，价格较贵。

聚氨酯系外墙涂料可做成各种颜色，一般为双组分或多组分涂料，施工时现场按比例配合，要求基层含水量不大于 8%。

常用的聚氨酯 - 丙烯酸酯外墙涂料为三组分涂料，施工前将甲、乙、丙三组分按比例充分搅拌后即可施工，涂料应在规定的时间内用完。

（3）丙烯酸酯有机硅涂料。丙烯酸酯有机硅涂料是以有机硅改性丙树脂为主要成膜物质，添加颜料、填料、助剂组成的优质溶剂型涂料。因有机硅的改性，使丙烯酸酯的耐候性和耐沾污性等性能大大提高。

丙烯酸酯有机硅涂料渗透性好，能渗入基层，增加基层的抗水性能，涂料的流平性好，涂膜光洁、耐磨、耐污染、易清洁，涂料施工方便，可刷涂、滚涂和喷涂，一般涂刷两道，间隔 4h 左右。涂刷前基层含水量应小于 8%，故在涂刷时和涂层干燥前应注意防止雨淋和尘土污染。

（4）氯化橡胶外墙涂料。氯化橡胶外墙涂料又称氯化橡胶水泥漆，是由氯化橡胶、溶剂、增塑剂、颜料、填料和助剂等配制而成的溶剂型外墙涂料。

氯化橡胶干燥快，数小时后可复涂第二道，比一般油漆快干数倍。能在 -20～+50℃ 环境中施工，施工基本不受季节影响。但施工中应注意防火和劳动保护。涂料具有优良的耐碱性、耐酸、耐候性、耐水性、耐久性和维修重涂性，并具有一定的防霉功能。涂料对水泥、混凝土、钢铁表面均有良好的附着能力，上下涂层因溶剂的溶解浸渗作用而紧密地黏在一起。是一种较为理想的溶剂型外墙涂料。

（5）苯-丙乳胶漆。苯-丙乳胶漆是由苯乙烯和丙烯类单体、乳化剂、引发剂等，通过乳液聚合反应，得到苯-丙共聚乳液，以此液为主要成膜物质，加入颜料填料和助剂组成的涂料，是目前应用较普遍的外墙乳液型涂料之一。

苯-丙乳胶漆具有丙烯酸类涂料的高耐光性、耐候性、不泛黄等特点，并具有优良的耐碱、耐水、耐湿擦洗等性能，外观细腻、色彩艳丽、质感好。苯-丙乳胶漆与水泥基材的附着力好，适用于外墙面的装饰。但其施工温度不宜低于8℃，施工时如涂料太稠，可加入少量水稀释，两道涂料施工间隔时间应不小于4h。1kg涂料可涂刷2～4m²，使用寿命为5～10年。

（6）丙烯酸酯乳液涂料。丙烯酸乳液涂料是以甲基丙烯酸甲酯、丙烯酸乙酯等丙烯系单体经乳液共聚而制得的纯丙烯酸酯系乳液为主要成膜物质，加入填料、颜料及其他助剂而制得的一种优质乳液型外墙涂料。

这种涂料的特点是较其他乳液型涂料的涂膜光泽柔和，耐候性与保光性、保色性优异，耐久性可达10年以上，但价格较贵。

（7）硅溶胶外墙涂料。硅溶胶外墙涂料是以胶体二氧化硅为主要成膜物质，加入颜料、填料及各种助剂，经混合、研磨而成。这类涂料的成膜机理是胶体二氧化硅单体在空气中失去水分逐渐聚合，随水分进一步蒸发而形成 Si-O-Si 涂膜。

JH80-2无机外墙涂料为常用的硅溶胶涂料。它是以硅溶胶（胶体二氧化硅）为主要成膜物质，加入成膜助剂、填料、颜料等均匀混合、研磨而制成的一种新型外墙涂料。该涂料的特点是以水为溶剂，对基层的干燥程度要求不高。涂料的耐候性、耐热性好，遇火不燃、无烟，耐污染性好、不易挂灰，施工中无挥发性有机溶剂产生，不污染环境，原料丰富。

（8）复层建筑涂料。它是由两种以上涂层组成的复合涂料。复层建筑涂料一般由基层封闭涂料（底层涂料）、主层涂料、面层涂料所组成。复层建筑涂料按主要成膜物质的不同，分为聚合物水泥系、硅酸盐系、合成树脂乳液系和反应固化型合成树脂乳液系四大类。

2. 常用内墙涂料

（1）常用丙烯酸内墙乳胶涂料。丙烯酸酯内墙乳胶涂料又称丙烯酸酯内墙乳胶漆。它是以热塑性丙烯酸酯合成树脂为主要成膜物质，具有很好的耐酸碱性，涂膜光泽性好，不易变色、粉化，耐碱性强，对墙面有较好的渗透性，黏结牢固，是较好的内墙涂料，但价格较高。

（2）聚醋酸乙烯乳液内墙涂料。该涂料是以聚醋酸为主要成膜物质，加入适量的颜料、填料及助剂加工而成。该涂料无毒、无味、不燃，易于加工、干燥快、透气性好、附着力强，其涂膜细腻、色彩鲜艳、装饰效果好、价格适中，但耐碱性、耐水性、耐候性等较差。

（3）聚乙烯醇类水溶性涂料。这类涂料是以聚乙烯醇树脂及其衍生物为主要成膜物质，涂料资源丰富，生产工艺简单，具有一定装饰效果，加工便宜，但涂膜的耐水性、耐洗刷性和耐久性较差。它是目前生产和应用较多的内墙顶棚涂料，主要用于档次较低的内墙装饰。

3. 常用地面涂料

（1）聚氨酯地面涂料。聚氨酯地面涂料分薄质罩面和厚质弹性地面涂料两类。薄质涂料主要用于木质地板或其他地面的罩面上光，厚质涂料用于涂刷水泥混凝土地面，形成无缝并具有弹性的耐磨涂层，故称为弹性地面涂料，这里仅介绍用于水泥混凝土地面的涂料。

聚氨酯弹性地面涂料是双组分常温固化型橡胶涂料。甲组分是聚氨酯预聚体，乙组分是由固化剂、颜料、填料及助剂按一定比例混合、研磨均匀制成。施工时按一定比例将两组分混合搅拌均匀后涂刷，两组分固化后形成具有一定弹性的彩色涂层。

该涂料的特点是涂料固化后，具有一定的弹性，且可加入少量的发泡剂形成含有适量泡沫的涂层，脚感舒适，适用于高级地面；与水泥、木材、金属、陶瓷等地面的黏结力强，整体性好；弹性变形能力大，不会因基底裂纹而导致涂层开裂；耐磨性好，并且耐油、耐水、耐酸、耐碱，是化工车间较为理想的地面材料；色彩丰富，可涂成各种颜色，也可做成各种图案；重涂性好、便于维修。但施工较复杂，施工中应注意通风、防火及劳动保护。价格较贵。

（2）聚氨酯 - 丙烯酸酯地面涂料。聚氨酯 - 丙烯酸地面涂料是以聚氨酯 - 丙烯酸树脂溶液为主要成膜物质，加入适量颜料、填料、助剂等配制而成的一种双组分固化型地面涂料。该涂料的特点是：涂膜光亮、平滑，有瓷质感，又称仿瓷地面涂料，具有很好的装饰性、耐磨性、耐水性、耐碱及耐化学药品性能。因涂料由双组分组成，施工时需要按规定比例现场调配，施工比较麻烦，要求严格。

（3）环氧树脂地面厚质涂料。该涂料是以环氧树脂 E44（6101）、E42（634）为主要成膜物质的双组分固化型涂料。甲组分为环氧树脂，乙组分为固化剂和助剂。为了改善涂膜的柔韧性，常掺入增塑剂。这种涂料固化后，涂膜坚硬、耐磨，具有一定的冲击韧性，耐化学腐蚀、耐油、耐水性好，与基层黏结力强，耐久性好，但施工操作较复杂。

4. 特种涂料

特种建筑涂料不仅具有保护和装饰功能，而且可赋予建筑物某些特殊功能，如防火、防腐、防霉、防辐射、隔热、隔声等。这里仅介绍其中的三种。

（1）建筑防火涂料。建筑防火涂料用于涂刷在基层材料表面，其涂层能使基层与火隔离，从而延长热侵入基层材料所需的时间，达到延迟和抑制火焰蔓延的作用，为消防灭火提供宝贵的时间。热侵入被涂物所需时间越长，涂料的防火性能越好。故防火涂料的主要作用是阻燃。如遇大火，防火涂料几乎不起作用。

防火涂料阻燃的基本原理为：①隔离火源与可燃物接触。如某些防火涂料的涂层在高温或火焰作用下能形成熔融的无机覆盖膜（如聚磷酸铵、硼酸等）把底材覆盖住，有效地隔绝底材与空气的接触。②降低环境及可燃物表面温度。某些涂料形成的涂层具有高热反射性能，及时辐射外部传来的热量。有些涂料的涂层在高温或火焰作用下能发生相变，吸收大量的热，从而达到降温的目的。③降低周围空气中氧气的浓度。某些涂料的涂层受热分解出 CO_2、NH_3 等不燃气体及水气，达到延缓燃烧速度或窒息燃烧的作用。

按照防火涂料的组成材料不同，可分为非膨胀型和膨胀型防火涂料两类。前者以含卤素、磷、氮等难燃性物质的高分子合成树脂为主要成膜物质，如卤化醇酸树脂、卤化聚酯、卤化酚醛、卤化环氧、卤化橡胶胶液、卤化聚丙烯酸酯乳液等，也可采用水玻璃、硅溶胶、磷酸盐等无机材料作为成膜物质。膨胀型防火涂料由难燃树脂、难燃剂、成碳剂、发泡剂

（三聚氰胺）等组成。这类涂料的涂层在火焰或高温作用下会发生膨胀，形成比原来涂层厚几十倍的泡沫碳质层，有效地阻挡外部热源对底材的作用，从而阻止燃烧的发生。阻燃效果比非膨胀型防火涂料好。

（2）防腐蚀涂料。涂于建筑物表面，能够保护建筑物避免酸、碱、盐及各种有机物侵蚀的涂料称为建筑防腐蚀涂料。

防腐蚀涂料的主要作用原理是把腐蚀介质与被涂基层隔离开来，使腐蚀介质无法渗入到被涂覆基层中去，从而达到防腐蚀的目的。

防腐蚀涂料应具备以下基本性能：

1）长期与腐蚀介质接触具有良好的稳定性。

2）涂层具有良好的抗渗性，能阻挡有害介质的侵入。

3）具有一定的装饰效果。

4）与建筑物表面黏结性好，便于涂层维修、重涂。

5）涂层的机械强度高，不会开裂和脱落。

6）涂层的耐候性好，能长期保持其防腐蚀能力。

防腐蚀涂料的生产方法与普通涂料一样，但在选择原料时应根据环境的具体要求，选用防腐蚀和耐候性好的原料。如成膜物质应选用环氧树脂、聚氨酯等；颜料、填料应选用化学稳定性好的瓷土、石英粉、刚玉粉、硫酸钡、石墨粉等。常用的防腐蚀涂料有聚氨酯防腐蚀涂料、环氧树脂防腐蚀涂料、乙烯树脂防腐蚀涂料、橡胶树脂防腐蚀涂料、改性呋喃树脂防腐蚀涂料等。

（3）防霉涂料。霉菌在一定的自然条件下大量存在，如黑曲霉、黄曲霉、变色曲霉、木霉、球毛壳霉、毛霉等，它们能在适宜条件下大量繁殖，从而腐蚀建筑物的表面，即使普通的装饰涂料也会受到霉菌不同程度的侵蚀。防霉涂料是在某些普通涂料中掺加适量相溶性防霉剂制成，因而防霉涂料的类型与品种和普通涂料相同。常用的防霉剂有五氯酚钠、醋酸苯汞、多菌灵等。其中前两种毒性较大，使用时要多加注意。对防霉剂的基本要求是成膜后能保持抑制霉菌生长的效能，不改变涂料的装饰和使用效果。

单元项目二　　使用装饰材料制作家居（公共）空间模型

⭐ 任务描述 --

学习并掌握陶瓷、塑料装饰材料的技术性质，并针对不同的项目确定技术可行、经济合理的装饰方案，利用选定的陶瓷、塑料等制作家居（公共）空间模型。

任务一：对项目所在地的气候情况（包括温度、湿度、酸雨、紫外线等）和项目所在地原材料的分布进行详细的调查研究。

任务二：学习并掌握各种陶瓷、塑料的墙面装饰板、地面装饰板、屋面装饰板的性质特点。

任务三：针对项目要求选择合理的装饰材料制作个性化家居（公共）空间模型。

各小组选用不同的工程背景，具体工程概况如下：

小组一：

位于厦门市鼓浪屿小岛的某海边度假别墅建设项目，项目规划别墅区建筑均面向大海设计，厦门市气候温和，湿度大，别墅区装修风格采用印度尼西亚民族风，总建筑面积52246m²，总造价为3.5亿元。建筑结构安全等级二级，建筑耐火等级甲级，防水等级二级。该地区是盐雾高发区。按照工程类型及环境特点对该工程室外及室内装修基本装饰材料的选择提出类型化建议，并针对别墅制作家居空间模型。

小组二：

青海省西宁市某小区三期工程位于青海王府大街与翠仁街道交叉口，项目建筑面积30927m²，五层，建筑结构安全等级一级，建筑耐火等级甲级，防水等级二级。该地区常年光照时间长，紫外线强。该小区被政府规划为青海市环保典范工程，环保要求高，装修统一采用欧式古典风格。小区靠近市某文化广场，隔噪要求高。按照工程类型及环境特点对该工程室内外装修用基本材料的选择提出类型化建议，并针对某户制作家居空间模型。

小组三：

烟台市某购物商厦位于环海路上，项目建筑总面积24 816m²，是烟台市最大的综合性购物中心，二层，建筑环保要求高，建筑设计使用年限50年。按照工程类型及环境特点对该工程室内外装修用基本材料的选择提出类型化建议，并针对商厦制作公共空间模型。

小组四：

上海市徐汇区某小区位于上海市外滩边，项目总建筑面积94 723m²，24层，建筑结构安全等级一级，建筑耐火等级甲级，防水等级二级。上海市一年中雨季时间较长，温度较为适宜，建筑防噪要求高。按照工程类型及环境特点对该工程室外装修用基本材料的选择提出类型化建议，并针对小区制作家居空间模型。

任务分析

要利用各种陶瓷、玻璃、塑料的墙面装饰板、地面装饰板、屋面装饰板制作家居空间模型，并对这几种材料的技术性质充分掌握。材料的技术性质包括物理性质、力学性质和工艺性质。材料的技术性质决定于其组成的材料的种类、特征及配合状态。

任务实施

学生根据任务进行项目规划，做出小组任务分配，根据任务查找相关资料，了解装饰装修材料的特点及发展应用。根据资料与教师交流讨论，提交报告。

知识链接

知识链接一：塑料装饰板

塑料装饰板是以树脂材料为浸渍材料或以树脂为基材，经一定工艺制成的具有装饰功能的板材。这类装饰材料有：塑料贴面装饰板、覆塑装饰板、聚氯乙烯塑料装饰板、硬质PVC透明板及有机玻璃等装饰板材。

1. 塑料贴面装饰板

塑料贴面装饰板是以酚醛树脂的纸质层为胎基，表面用三聚氰胺树脂浸渍过的印花纸作面层，经热压制成并可覆盖于各种基材上的一种装饰贴面材料。按表面质感不同，有镜面（有光）、柔光、木纹、浮雕贴面板等品种；按表面花色不同，有木纹、碎石纹、大理石纹、织物等图案。

塑料贴面装饰板的物理、化学及力学性能较好，密度一般为 $1.0\sim1.4g/cm^3$，大约为铝的 1/2、钢铁的 1/5，在装饰工程中可代替某些贵重金属板材，获得良好的装饰效果。其特点是吸水率小，防水性能好，具有较好的耐磨性、韧性和较高的力学特性，耐腐蚀性强，果汁、汽油、药水等溶液滴在表面 $4\sim6h$，擦拭后不留痕迹。

2. PVC 塑料装饰板

PVC 塑料装饰板是以 PVC 为基材，添加填料、稳定剂、色料等经捏合、混炼、拉片、切粒、挤压或压延而成的一种装饰板材。其特点是表面光滑、色泽鲜艳、防水、耐腐蚀、不变形、易清洗、可钉、可锯、可刨，可用于各种建筑物的室内装修、家具台面的铺设等。

PVC 塑料可制成透明塑料板，除了具备 PVC 塑料装饰板的性能外，还具有透明性，可部分代替有机玻璃制作广告牌、灯箱、展览台、橱窗、透明屋顶、防震玻璃、室内装饰及浴室隔断等，其价格低于有机玻璃。

3. 有机玻璃板材

有机玻璃板材简称有机玻璃，是一种透光率极好的热塑料性塑料。它是以甲基丙烯酸甲酯为主要基料，加入引发剂、增塑剂等聚合而成。有机玻璃的透光性极好，可透过光线的 99%，并能透过紫外线的 73.5%；机械强度较高，耐热性及抗寒性都较好；耐腐蚀性及绝缘性良好；在一定的条件下，尺寸稳定、容易加工。有机玻璃的缺点是质地较脆，易溶于有机溶剂，表面硬度不大，易擦毛等。其主要用作室内高级装饰材料及特殊的吸顶灯具，或室内隔断以及透明防护等。

4. 玻璃纤维增强塑料装饰板

玻璃纤维增强塑料装饰板俗称玻璃钢板。该材料质轻而强度高，又可制成透明装饰板，因此得名。玻璃钢板由玻璃纤维和树脂以及适当的助剂经调配制作而成。玻璃纤维具有很高的抗拉性能，强度可超过 1000MPa，玻纤很细，可编成玻纤布使用。玻璃钢装饰板质轻强度高，可制成板材、管材或工艺品，也可制成各种卫生洁具。

5. 塑料复合装饰板

塑料复合装饰板是以塑料贴面或以塑料薄膜为面层，以胶合板、纤维板、刨花板等板材为基层，采用胶合剂热压而成的一种装饰板材。用胶合板作基层的称覆塑胶合板，用中密度纤维作基层的称覆塑中密度纤维板，用刨花板作基层的称覆塑刨花板。

覆塑装饰板既有基层板的厚度、刚度，又具有塑料粘贴板和薄膜的光洁，质感强、美观、装饰效果好，并具有耐磨、耐烫、不变形、不开裂、易于清洗等特点，可用于汽车、火车、船舶、高级建筑室内装修及家具、仪表、电器设备的外壳装修。

◁))知识链接二：墙面塑料装饰材料▐

1. 塑料墙纸

塑料墙纸是以一定材料为基材，表面进行涂塑后，再经过印花、压花或发泡处理等多种工艺而制成的一种墙面装饰材料。它可根据需要加工成具有难燃、隔热、吸声、不易结露、可擦洗性能的塑料墙纸。

常用的塑料墙纸又称普通墙纸，是以 $80g/m^2$ 的纸作基材，涂以 $100g/m^2$ 左右的聚氯乙烯糊状树脂制成。其品种可分为单色印花、印花压花、平光、有光印花等，花色品种多，经济便宜，生产量大，是使用最为广泛的一种墙纸，可用于住宅、饭店等公用、民用建筑的内墙装饰。

　　发泡墙纸是以 $100g/m^2$ 纸作基材，上涂 $300\sim400g/m^2$ 的 PVC 糊状树脂，经印花、发泡处理制得。这种发泡墙纸富有弹性，并且具有凹凸状花纹或图案，色彩多样，立体感强，还具有吸声作用，但是易脏易积灰，不适于烟尘较大的场所。

　　特种墙纸是指具有特种功能的墙纸，包括耐水墙纸、防水墙纸、自粘型墙纸、特种面层墙纸和风景壁画型墙纸等。耐水墙纸采用玻璃纤维毡作为基材，使用于浴室、卫生间的墙面装饰，但是粘贴时接缝处应贴牢，否则水渗入可使胶粘剂溶解，从而导致耐水墙纸脱落。防火墙纸采用 $100\sim200g/m^2$ 石棉作为基材，同时面层的 PVC 中掺有阻燃剂，使该种墙纸具有很好的阻燃性，即使墙纸燃烧，也不会放出浓烟和毒气。自粘型墙纸的后面有不干胶层，使用时撕掉保护纸便可直接贴于墙面。特种面层墙纸采用金属、彩砂、丝绸、麻毛棉纤维等制成，可在墙面产生金属光泽、散射、珠光等艺术效果。风景壁画型墙纸的面层印刷成风景名胜或艺术壁画，常由几幅拼贴而成，适用于厅堂墙面。

　　2. 铝塑装饰板

　　铝塑装饰板是一种复合材料，采用高强度铝材及优质聚乙烯复合而成，是融合现代高科技成果的新型装饰材料。

　　铝塑装饰板有两种结构，一种是表面一层为薄铝板，结构层为 PVC 塑料；另一种是上、下两层为铝板，中层为热塑性芯板。铝板表面涂装耐候性极佳的聚偏二氟烯或聚酯涂层。铝塑装饰板具有质轻、比强度高、耐候性和耐腐蚀性优良、施工方便、易于清洁和保养等特点。由于芯板采用优质聚乙烯塑料制成，故同时具备良好的隔热、防振功能。铝塑装饰板外形平整、美观，可用作建筑物的幕墙饰面材料，可用于立柱、电梯、内墙等处，也可用作顶棚、拱肩板、挑口板和广告牌等处的装饰。

　　◁))) 知识链接三：地面塑料装饰材料

　　塑料地板的主要品种有块状塑料地板和塑料卷材地板两种。

　　块状塑料地板又称塑料地砖，主要由聚氯乙烯和碳酸钙等，经密炼、压延、压花或印花、发泡等工序制成。按材质可分为硬质和半硬质；按外观可分为单色、复色、印花、压花；按结构可分为单层和复层。规格主要为 $300mm\times300mm\times1.5mm$。块状塑料地板的表面虽然较硬，但仍有一定的柔性，行走时脚感较石材类好，噪声较小，耐热性、耐磨性、耐污染性较好，但抗折强度和硬度低，易被折断和划伤。它属于较低档的装饰材料，适用于餐厅、饭店、商店、住宅和办公室等。

　　塑料卷材地板俗称地板革，属于软质塑料，其生产工艺为压延法。产品可进行压花、印花、发泡等。生产时常以 PVC 作打底层或采用玻璃纤维毡等其他材料作为基层材料。与块状塑料地板相比，塑料卷材地板较柔软、脚感好，尤其是发泡塑料地板，施工方便、装饰性较好、易清洗、耐磨性好，但耐热性和耐燃性较差。其主要应用于住宅、办公室、实验室、饭店等地面装饰，也可用于台面装饰。另外还有针对一些特殊场合特制的塑料地板，如防静电塑料地板、防尘塑料地板等。

　　◁))) 知识链接四：屋面和顶棚塑料装饰材料

　　1. 聚碳酸酯塑料装饰板

　　聚碳酸酯塑料装饰板一般制成蜂窝状结构，以提高其刚度和隔热保温性能。该材料具有质轻、光透射比高（$36\%\sim82\%$）、隔热、隔声、抗冲击、强度高、阻燃、耐候性好和柔性好等特点。同时可以着色，使之具有各种色彩以调节变换光线的颜色，改变室内环境气氛。除用于制作屋面的透光顶棚、顶罩外，还可以加工成平板、曲面板、折板等，替代玻璃用于室内外的各种装饰。这种材料可制成尺寸很大的顶棚且不需支撑，适用于大面积采光屋面。

2. 钙塑泡沫天花板

聚乙烯等树脂中，加入大量碳酸钙、亚硫酸钙等填充料及其他添加剂等可制成钙塑泡沫天花板。它体积密度小、吸声、隔热、立体感强，但容易老化变色、阻燃性差。

◁》知识链接五：陶瓷装饰制品

1. 建筑陶瓷的基本知识

陶瓷以黏土和其他天然矿物为主要原料，经破碎、粉磨、计量、制坯、上釉焙烧等工艺过程制成。建筑陶瓷在我国已有悠久的历史，自古以来就作为优良的装饰材料之一。

按用途陶瓷可分为日用陶瓷、工业陶瓷、建筑陶瓷和工艺陶瓷，按材质结构和烧结程度又可分为瓷、炻和陶三大类。

陶质制品烧结程度相对较低，为多孔结构，通常吸水率较大（10%～22%）、强度较低、抗冻性较差、断面粗糙无光、不透明、敲击时声音粗哑，分无釉和施釉两种制品，适于室内使用。瓷质制品烧结程度高、结构致密、断面细致有光泽、强度高、坚硬耐磨、吸水率低（<1%）、有一定的半透明性，通常施有釉层。炻质制品介于两者之间，其结构比陶质致密，强度比陶质高，吸水率较小（1%～10%），坯体一般带有颜色，对原材料的要求不高，成本较低。因此建筑陶瓷大都采用炻质制品。

建筑陶瓷表面一般施一层釉面，可提高制品的装饰性，改善产品的物理力学性能，还可遮盖坯体的不良颜色。

2. 常用建筑陶瓷

（1）内墙釉面砖。内墙釉面砖又称陶质釉面砖，砖体为陶质结构，面层施有釉。釉面可分为单色、花色、图案。陶质釉面砖平整度和尺寸精度要求较高，表观质量较好，表面光滑、易清洗，一般用于厨房、卫生间等经常与水接触的内墙面，也可用于实验室、医院等墙面需经常清洁、卫生条件要求较高的场所。其力学性能可满足室内环境的要求。室外的气候条件及使用环境对外墙面砖的抗折、抗冲击性能及吸水率等性能要求较高，陶质釉面砖用于外墙装饰易出现龟裂，其抗渗、抗冻及贴牢固度易存在质量隐患。陶质釉面砖的技术性能应符合 GB/T 41005—1999《釉面内墙砖》的有关要求。

（2）墙地砖。墙地砖指用于外墙面和室内外地面装饰的面砖。其材质属于炻质，有施釉和不施釉之分。墙面砖应具有较高的抗折、抗冲击强度，质地致密、吸水率低、抗冻、抗渗、耐急冷急热，地面砖还应具有较高的耐磨性。

（3）卫生陶瓷。卫生陶瓷指用于浴室、盥洗室、厕所等处的卫生洗具，如洗面盆、坐便器、水槽等，多用耐火黏土经配料制浆、灌浆成型、上釉焙烧而成。卫生陶瓷结构形式多样，其造型美观、线条流畅，并节水。颜色为白色和彩色，表面光洁，易于清洗，耐化学腐蚀。其性能应符合《卫生陶瓷》（GB/T 6952—2015）的规定。

（4）建筑琉璃制品。建筑琉璃制品是用难熔黏土制坯，经干燥、上釉后熔烧而成。釉面颜色有黄、蓝、绿、青等。品种有瓦类（瓦筒、滴水瓦沟头）、脊类和饰件（博古、兽）。琉璃制品色彩绚丽，造型古朴，质坚耐久。主要用于具有民族特色的宫殿式房屋和园林中的亭、台、楼阁等。其性能应符合《建筑琉璃制品》（JC/T 765—2015）的要求。

参 考 文 献

[1] 西安建筑科技大学.建筑材料.4版.北京：中国建筑工业出版社，2013.
[2] 刘娟红，梁文泉.土木工程材料［M］.北京：机械工业出版社，2013.
[3] 刘军，沈阳建筑大学，浙江大学，等.土木工程材料［M］.北京：中国建筑工业出版社，2009.
[4] 湖南大学，等.土木工程材料.2版［M］.北京：中国建筑工业出版社，2011.
[5] 葛新亚.建筑装饰材料［M］.武汉：武汉理工大学出版社，2004.
[6] 宋少民，孙凌.土木工程材料（精编本）［M］.武汉：武汉理工大学出版社，2006.
[7] 王春阳.土木工程材料.2版［M］.北京：北京大学出版社，2009.